实用野生蘑菇鉴别宝典

（日）大作晃一·吹春俊光·吹春公子　著

吴筱茜　译

中国轻工业出版社

簇生黄韧伞

木版画　木下美香

出去采蘑菇吧！

秋日的一天，我在郊外散步时，意外被蘑菇吸引了注意力。说起蘑菇，不管是可以吃的蘑菇，还是吃一个就会致命的毒蘑菇，都长得很像，分布在郊外。我一边想着"可以吃就好了"，一边又不敢伸手去摘。

关于野生菌，没有能够简单分辨食用蘑菇和毒蘑菇的办法，只有像记住朋友的脸一样，将蘑菇一种一种记下来，包括毒蘑菇在内。家附近路边的树上长出来的是这种蘑菇，公园的树桩上一到秋天就会长出那种蘑菇……要做到这样，除了了解各种菌种生长的地点和季节，以及熟悉蘑菇的特点和外形之外，别无他法。

随着对蘑菇了解的加深，对蘑菇的食用方法也会逐渐产生兴趣。思考着"这种蘑菇更适合用于日式、西式还是其他的料理"等问题的同时，通过吃，和野生菌长久地"打交道"。在这个过程中，也能够进入到我们的邻居——蘑菇的世界里。如此一来，就能够认识到，蘑菇在地球上生于森林，同时也起着维护森林的作用，是地球上不可或缺、重要的一部分。

本书为初次接触蘑菇的人而写，以不可或缺的基本菌种为中心，记录了365种食用蘑菇和毒蘑菇。请牢牢掌握本书所记录的蘑菇。在日本，带名字的菌种约有3000种，据说已被发现的蘑菇共有一万种左右，包括不知名的菌种在内。郊外还有许多图鉴里没有记录的、没有名字的菌种。本书可以作为采蘑菇路上的向导。

除了有蘑菇生活形态的照片，本书还有许多在摄影工作室、从各个角度拍摄的蘑菇的图片。从多角度看蘑菇，或许能更好地记住蘑菇的特征。同时，本书有来自一线研究者们的撰稿，为你介绍毒蘑菇和食用蘑菇最前沿的研究成果。此外，书中还有法式蘑菇料理的主厨介绍蘑菇的烹饪方法。

对于野生菌，越了解越能发现其内涵之深。从身边的公园、路边的树等，到山脚，再到涌出温泉的深山，这些地方的蘑菇，还有许多未知的种类，等着你去发现。蘑菇的世界就在身边。带上这本书，一起邀游蘑菇的王国吧！

吹春俊光

2016年8月

目录

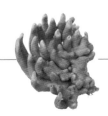

专栏

采蘑菇的基础知识 ························· **259**

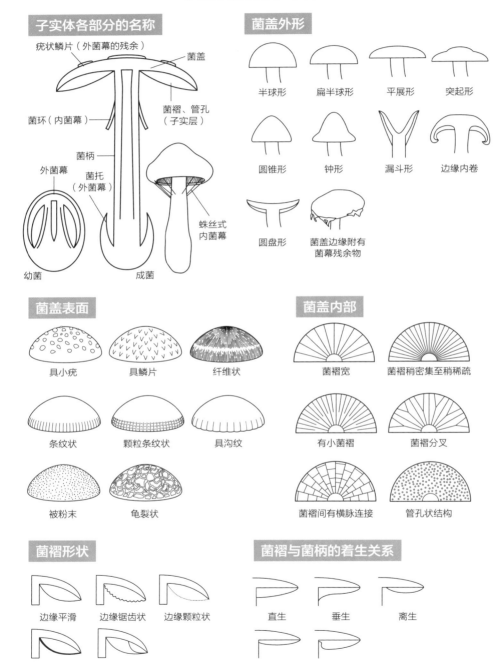

伞菌类各部位名称

子实体各部分的名称

疣状鳞片（外菌幕的残余）

菌盖

菌环（内菌幕）

菌褶、管孔（子实层）

菌柄

外菌幕

菌托（外菌幕）

蛛丝式内菌幕

幼菌

成菌

菌盖外形

半球形　扁半球形　平展形　突起形

圆锥形　钟形　漏斗形　边缘内卷

圆盘形　菌盖边缘附有菌幕残余物

菌盖表面

具小疣　具鳞片　纤维状

条纹状　颗粒条纹状　具沟纹

被粉末　龟裂状

菌盖内部

菌褶宽　菌褶稍密集至稍稀疏

有小菌褶　菌褶分叉

菌褶间有横脉连接　管孔状结构

菌褶形状

边缘平滑　边缘锯齿状　边缘颗粒状

边缘颜色不同　有小菌褶

菌褶与菌柄的着生关系

直生　垂生　离生

上生　弯生

菌柄表面

纵行棱纹

网纹状

具陷窝

腺点状

纤维状

具鳞片

菌托的形状

苞状

浅杯状

瓣裂

环带状

数圈颗粒状

粉状

腹菌类各部位名称

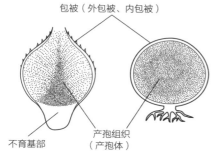

包被（外包被、内包被）

不育基部

产孢组织（产孢体）

菌盖及表面的黏液为产孢组织（产孢体）

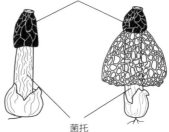

菌托

子囊菌类各部位名称

下图带点的部分为子实层（子囊孢子形成的地方）

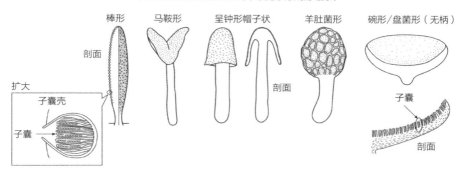

扩大
子囊壳
子囊

棒形
剖面

马鞍形

呈钟形帽子状
剖面

羊肚菌形

碗形/盘菌形（无柄）
子囊
剖面

如何使用本书

本书从12页开始，到257页为止，按菌科和菌属介绍365种食用蘑菇和毒蘑菇。为了方便比较，相似的近缘蘑菇会记录在同一页。

…… 可食用或有毒等区别（详情参照下页）

…… 菌科名

…… 本页主要介绍的蘑菇

…… 美味值，三颗星表示最好吃

…… 本页介绍的相似的近缘蘑菇

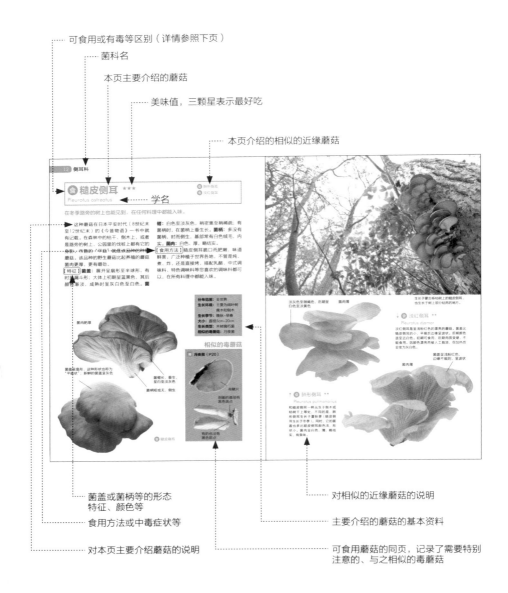

…… 学名

…… 菌盖或菌柄等的形态
特征、颜色等

…… 食用方法或中毒症状等

…… 对本页主要介绍蘑菇的说明

…… 对相似的近缘蘑菇的说明

…… 主要介绍的蘑菇的基本资料

…… 可食用蘑菇的同页，记录了需要特别
注意的、与之相似的毒蘑菇

关于食用蘑菇和毒蘑菇

本书所介绍的蘑菇，将按照食用性和毒性分为以下六种，每种蘑菇的名字前面都有标识：食用蘑菇标为绿色；须注意的、不适合食用的、毒性不明的蘑菇都标为黄色；毒蘑菇和药用蘑菇标为红色。

1. 食用蘑菇 食
一般情况下可以采集并食用的蘑菇。

2. 须注意的蘑菇 注
通常可食用，但也有被报告过食用这种蘑菇后中毒的案例。

3. 不适合食用的蘑菇 不
虽没有明确的中毒案例和有毒成分，但由于肉质硬、形状过小、味道不好等原因，不适合食用。

4. 毒性不明的蘑菇 ?
研究深度不足，其毒性不明。

5. 毒蘑菇 毒
明确有中毒案例和有毒成分的毒蘑菇（其中也有很多毒性不明）。

6. 药用蘑菇 药
作为药用的蘑菇。

※ 上述的"毒蘑菇"不必赘述，"不适合食用的蘑菇、毒性不明的蘑菇"也绝对不可以食用。关于毒蘑菇，本书第276~278 页也记录了相关注意事项，请与毒蘑菇的介绍一起阅读。

※ 日本对于蘑菇的研究还不够充分，据说已有名字的蘑菇尚不到日本产蘑菇的 1/3，约有 3000 种，本书介绍的菌种约占 1/10，只是野生菌的冰山一角，请见谅。

※ 找到野生菌是很困难的事情，初学者通过草率判断来找野生菌，容易出现重大事故。食用野生菌时，在参照像本书这样的图鉴的同时，也一定要遵从知识及经验丰富的专家的指导。

※ 本书对野生菌的食毒的记载，建立在所引图鉴（P287）等资料的基础上。野生菌食毒的基准因人而异，同时也和个人的体质和身体状况有很大的关系。另外，野生菌菌种根据产地和时期等不同因素，不同成分的量也会发生变化。就像贝形圆孢侧耳（一度被认为可食用，后来被证实有毒）一样，依然有新的野生菌中毒案例被报告。根据本书的记载食用野生菌时，如发生意外，请自行负责。

※ 本书不仅仅记录了蘑菇的食用性和毒性，还希望将蘑菇作为契机，让读者走近大自然。同时，希望本书在读者思考地球环境和生物多样性问题时，能够有所帮助。

● **关于学名**
蘑菇所属的分类（菌科等）参照了今关和本乡于1988年及1989年发表的文献、胜本于2010年发表的文献以及Index fungorum里的数据等（详情请参照287页）。如果一个蘑菇有两个候补的学名时，会选择最新、最正确的一个。但是在作者（吹春俊光）无法判断哪个学名最合适的情况下，不另作分类，会将两个都记上。同时，书中也尽可能地使用了一直被使用中、为人所熟知的学名。两个学名虽写在一起，但这并不意味着蘑菇是因分类不同而名字不同。另外，蘑菇的学名里省略了命名者的名字。

本书记载的蘑菇分类表

Basidiomycota 担子菌门	
Agaricomycotina 伞菌亚门	
Agaricomycetes 伞菌纲	
Agaricomycetidae 伞菌亚纲	
Agaricales 伞菌目	
Agaricaceae 伞菌科	Agaricus 双孢蘑菇， Calvatia 头状秃马勃， Chlorophyllum 大青褶伞， Coprinus 毛头鬼伞， Echinoderma 锐鳞环柄菇， Lepiota 冠状环柄菇， Leucoagaricus 美洲白环蘑， Lycoperdon 网纹马勃， Macrolepiota 高大环柄菇， Phaeolepiota 金盖鳞伞
Amanitaceae 鹅膏科	Amanita 豹斑毒鹅膏
Bolbitiaceae 粪锈伞科	Descolea 黄环鳞伞， Panaeolus 蝶形斑褶菇
Clavariaceae 珊瑚菌科	Clavaria 紫珊瑚菌， Clavulinopsis 梭形黄拟锁瑚菌
Cortinariaceae 丝膜菌科	Cortinarius 细柄丝膜菌
Entolomataceae 粉褶菌科	Entoloma 毒粉褶菌
Fistulinaceae 牛舌菌科	Fistulina 牛舌菌
Hydnangiaceae 轴腹菌科	Laccaria 红蜡蘑
Hygrophoraceae 蜡伞科	Cuphophyllus 洁白拱顶菇， Gliophorus 青绿湿伞， Hygrocybe 锥形湿伞， Hygrophorus 红菇蜡伞
Hymenogastraceae 腹菌科	Galerina 簇生盔孢菌， Gymnopilus 橘黄裸伞， Hebeloma 长根滑锈伞， Psilocybe 阿根廷光盖伞
Inocybaceae 丝盖伞科	Inocybe 球孢丝盖伞
Lyophyllaceae 离褶伞科	Hypsizygus 真姬菇， Leucocybe 银白离褶伞， Lyophyllum 玉蕈离褶伞， Termitomyces 根白蚁伞
Marasmiaceae 小皮伞科	Baeospora 小孢伞， Marasmius 紫红小皮伞， Pleurocybella 贝形圆孢侧耳
Mycenaceae 小菇科	Panellus 美味扇菇
Omphalotaceae 光茸菌科	Lentinula 香菇， Omphalotus 月夜菌
Physalacriaceae 膨瑚菌科	Armillaria 蜜环菌， Dactylosporina 毛柄小火焰菌， Flammulina 毛柄金钱菌， Hymenopellis 长根菇， Mucidula 瓷真菌， Paraxerula 中华干蘑， Rhodotus 掌状玫耳， Strobilurus 小鹅膏， Xerula 中华干蘑
Pleurotaceae 侧耳科	Pleurotus 糙皮侧耳
Pluteaceae 光柄菇科	Pluteus 灰光柄菇， Volvariella 草菇
Psathyrellaceae 鬼伞科	Coprinellus 晶粒小鬼伞， Coprinopsis 墨汁拟鬼伞， Lacrymaria 泪珠垂齿菌， Psathyrella 黄盖小脆柄菇
Strophariaceae 球盖菇科	Agrocybe 田头菇， Cyclocybe 柱形田头菇， Hypholoma 砖红垂幕菇， Leratiomyces 鳞片勒氏菇， Pholiota 翘鳞伞， Stropharia 铜绿球盖菇
Tricholomataceae 口蘑科	Ampulloclitocybe 棒柄杯伞， Aspropaxillus 群大银杏茸， Catathelasma 梭柄松苞菇， Clitocybe 深凹杯伞， Lepista 紫丁香蘑， Leucopaxillus 大白桩菇， Macrocybe 大白口蘑， Paralepistopsis 红褐杯伞， Squamanita 脐突菌瘿伞， Tricholoma 松口蘑， Tricholosporum 浓香蘑
Boletales 牛肝菌目	
Boletaceae 牛肝菌科	Aureoboletus 细南牛肝菌， Baorangia 假美柄牛肝菌， Boletellus 木生条孢牛肝菌， Boletus 美味牛肝菌， Caloboletus 美柄牛肝菌， Chalciporus 胡椒牛肝菌， Cyanoboletus 粉状绒盖牛肝菌， Harrya 黄脚粉孢牛肝菌， Heimioporus 日本海氏牛肝菌， Leccinellum 灰疣柄牛肝菌， Leccinum 褐疣柄牛肝菌， Neoboletus 有毒新牛肝菌， Phylloporus 美丽褶孔牛肝菌， Pseudoaustroboletus 粗壮粉孢牛肝菌， Retiboletus 粗网柄牛肝菌， Rugiboletus 远东疣柄牛肝菌， Strobilomyces 松塔牛肝菌， Sutorius 紫盖粉孢牛肝菌， Tylopilus 苦粉孢牛肝菌， Xanthoconium 褐金孢牛肝菌， Xerocomus 裘氏紫褐牛肝菌
Diplocystidiaceae 双管菌科	Astraeus 硬皮地星
Gomphidiaceae 铆钉菇科	Gomphidius 红铆钉菇
Gyroporaceae 圆孢牛肝菌科	Gyroporus 栗色圆孔牛肝菌
Paxillaceae 网褶菌科	Gyrodon 铅色短孢牛肝菌， Paxillus 卷边网褶菌
Rhizopogonaceae 须腹菌科	Rhizopogon 瑰色须腹菌
Sclerodermataceae 硬皮马勃科	Scleroderma 硬皮马勃
Suillaceae 乳牛肝菌科	Boletinus 空柄小牛肝菌， Suillus 褐环乳牛肝菌
Phallomycetidae 鬼笔亚纲	
Gomphales 钉菇目	
Gomphaceae 钉菇科	Gomphus 紫陀螺菌， Ramaria 丛枝菌属菌种， Turbinellus 毛钉菇
Phallales 鬼笔目	
Phallaceae 鬼笔科	Phallus 白鬼笔
归属亚纲未定	
Auriculariales 木耳目	
Auriculariaceae 木耳科	Auricularia 木耳
Exidiaceae 黑耳科	Pseudohydnum 胶质假齿菌
Cantharellales 鸡油菌目	
Cantharellaceae 鸡油菌科	Cantharellus 鸡油菌， Craterellus 灰黑喇叭菌
Hydnaceae 齿菌科	Hydnum 卷缘齿菌
Polyporales 多孔菌目	
Fomitopsidaceae 拟层孔菌科	Laetiporus 奶油绚孔菌， Piptoporellus 梭伦剥管菌
Ganodermataceae 灵芝科	Ganoderma 亮盖灵芝
Meripilaceae 薄孔菌科	Grifola 灰树花孔菌， Meripilus 巨盖孔菌
Meruliaceae 皱孔菌科	Mycoleptodonoides 长齿白齿耳菌
Phanerochaetaceae 平革菌科	Climacodon 北方肉齿耳
Polyporaceae 多孔菌科	Neolentinus 木质新香菇（无菌环的豹皮菇）
Sparassidaceae 绣球菌科	Sparassis 绣球菌
Russulales 红菇目	
Albatrellaceae 地花菌科	Albatrellus 地花菌， Laeticutis 毛地花菌， Neoalbatrellus 蓝孔地花菌， Polypus 散放多孔菌
Auriscalpiaceae 耳匙菌科	Auriscalpium 耳匙菌
Bondarzewiaceae 刺孢多孔菌科	Bondarzewia 伯克利瘤孢多孔菌
Hericiaceae 猴头菌科	Hericium 珊瑚状猴头菌
Russulaceae 红菇科	Lactarius 红汁乳菇， Russula 毒红菇
Thelephorales 革菌目	
Bankeraceae 烟白齿菌科	Bankera 褐白班克齿菌， Boletopsis 白黑拟牛肝孔菌， Sarcodon 香肉齿菌
Tremellomycetes 银耳纲	
Tremellales 银耳目	
Tremellaceae 银耳科	Tremella 银耳
Ascomycota 子囊菌门	
Pezizomycotina 子囊菌亚门	
Leotiomycetes 锤舌菌纲	
Leotiomycetidae 锤舌菌亚纲	
Helotiales 柔膜菌目	
Helotiaceae 柔膜菌科	Cordierites 叶状盘菌
Leotiales 锤舌菌目	
Bulgariaceae 胶陀螺菌科	Bulgaria 胶陀螺
Leotiaceae 锤舌菌科	Leotia 滑润锤舌菌
Pezizomycetidae 盘菌亚纲	
Pezizales 盘菌目	
Discinaceae 平盘菌科	Gyromitra 紫褐鹿花菌
Helvellaceae 马鞍菌科	Helvella 皱柄白马鞍菌
Morchellaceae 羊肚菌科	Morchella 羊肚菌， Verpa 皱盖钟菌
Sarcosomataceae 肉盘菌科	Trichaleurina 大胶鼓
Tuberaceae 块菌科	Tuber 印度块菌
Sordariomycetes 粪壳菌纲	
Hypocreomycetidae 肉座菌亚纲	
Hypocrelaes 肉座菌目	
Cordycipitaceae 虫草科	Cordyceps 蛹虫草， Isaria 虫草棒束孢
Hypocreaceae 肉座菌科	Podostroma 红角肉棒菌
Ophiocordycipitaceae 线虫草科	Ophiocordyceps 冬虫夏草
Taphrinomycotina 外囊菌亚门	
Neolectomycetes 粒毛盘菌纲	
Neolectales 粒毛盘菌目	
Neolectaceae 粒毛盘菌科	Neolecta 畸果无丝盘菌

以上分类参考了《岩波生物学辞典》岩佐庸他 编（第五版、2013 年）、Index fungorum (http://www.indexfungorum.org/Names/Names.asp) 等的内容。

365种
食用蘑菇和毒蘑菇

一种红菇

※ 关于野生菌的食毒

　　本书对野生菌的食毒的记载，建立在所引图鉴等资料的基础上。野生菌是否可食用很大程度上因人而异，中毒的情况与个人的体质、身体状况等有很大的关系。另外，野生菌菌种根据产地和时期等不同，不同成分的量也会发生变化。就像贝形圆孢侧耳（一度被认为可以食用，后来被证实有毒）一样，依然有新的野生菌中毒案例被报告。根据本书的记载食用野生菌时，如发生意外，请自行负责。

食 糙皮侧耳 ★★★

Pleurotus ostreatus

食 肺形侧耳
食 淡红侧耳

在冬季路旁的树上也能见到，在任何料理中都能入味。

这种蘑菇在日本平安时代（8世纪末至12世纪末）的《今昔物语》一书中就有记载。在森林中的枯干、倒木上，或者是路旁的树上、公园里的伐桩上都有它的身影。市售的"平菇"就是该品种的种植蘑菇。该品种的野生蘑菇比起养殖的蘑菇菌肉更厚，更有嚼劲。

【特征】**菌盖：** 展开呈扇形至半球形，有时呈漏斗形；大体上初期呈蓝黑色，其后颜色渐淡，成熟时呈灰白色至白色。**菌褶：** 白色至淡灰色，稍密集至稍稀疏；有菌柄时，在菌柄上垂生长。**菌柄：** 多没有菌柄，时而侧生，基部常有白色绒毛，内实。**菌肉：** 白色、厚，略结实。

【食用方法】糙皮侧耳脆口而肥嫩，味道鲜美，广泛种植于世界各地，不管是炖、煮、炸，还是直接烤，搭配乳酪、中式调味料、特色调味料等您喜欢的调味料都可以，在所有料理中都能入味。

分布范围：	全世界
生长环境：	主要为阔叶树腐木和倒木
生长季节：	晚秋~早春
大小：	直径5cm~20cm
生长类型：	木材腐朽菌
相似的毒蘑菇：	月夜菌

菌肉肥厚

菌盖呈扇形，这种形状也称为"平菇状"；新鲜的菌盖呈灰色

菌褶长，垂生，呈白至淡灰色

菌柄短或无，侧生

食 糙皮侧耳

相似的毒蘑菇

毒 月夜菌（P20）

有鳞片

剖面的基部有黑色斑点

有的也没有黑色斑点

淡灰色至微褐色，后期呈
白色至淡黄色

菌肉薄

生长于蒙古栎枯树上的糙皮侧耳，
也生长于树上部分枯死的地方。

↓ 食 淡红侧耳 ★★

Pleurotus djamor

淡红侧耳是呈浅粉红色的漂亮的蘑菇。菌盖比糙皮侧耳的小，平展后边缘呈波状。后期颜色退至近白色。初期可食用，后期肉质变硬，不能食用。因颜色漂亮而被人工栽培，但加热后会变为灰白色。

菌盖呈浅粉红色，
边缘不规则，呈波状

菌肉薄

↑ 食 肺形侧耳 ★★

Pleurotus pulmonarius

和糙皮侧耳一样丛生于倒木或枯树干上等处，不同的是，肺形侧耳生长于夏秋季（糙皮侧耳生长于冬季）。同时，它的菌盖也多比糙皮侧耳颜色浅、形状小。菌肉呈白色、薄，略结实，有臭味。

食 榆黄蘑 ★★

Pleurotus cornucopiae (＝P.citrinopileatus)

多分布在北方，色泽金黄，是糙皮侧耳的同类。

初夏至秋季以株状丛生于春榆（榆树）、水曲柳、栎、枫树等倒木、伐桩上的黄色小蘑菇。在日本是北方特产的蘑菇，常能在日本北海道或者中国东北地区采到，但在关东平原和关西地区是看不到的。
【特征】**菌盖：**鲜黄色至淡黄色，呈圆形平展，中部下凹呈喇叭状。表面光滑。**菌褶：**白色，于菌柄垂生，长、稍疏；后期稍微带有黄色。**菌柄：**基部合生在一起形成株状。**菌肉：**白色、薄，略结实，外皮有臭味。
【食用方法】像香菇或糙皮侧耳这样生于木材的蘑菇，一般要比紫丁香蘑等落叶分解菌好吃，本菌种也因为美味，而被人工栽培并商品化。味道淡，煮后肉质有弹性、口感脆，不论是和西式或日式料理搭配都很入味。加热后，好看的黄色会变成白灰褐色。

分布范围：	日本（本州北部以北、九州熊本）、中国东北部、俄罗斯远东地区
生长环境：	阔叶树（春榆、水曲柳等）
生长季节：	初夏~秋季
大小：	直径5cm~6cm
生长类型：	木材腐朽菌

食 榆黄蘑　生长于春榆的倒木的榆黄蘑。黄色的菌盖近覆瓦状丛生。

刺芹侧耳与阿魏侧耳

吹春俊光

侧耳科的刺芹侧耳（Pleurotus eryngii）于20世纪末左右在日本开始商业栽培，现在作为食用蘑菇而为人所熟知。刺芹侧耳原本分布于地中海沿岸地区，在伞形科刺芹属的植物上生长。翻看侧耳属专著（Hilber 1982）就会发现，书中有属伞形科的胡萝卜被刺芹侧耳感染的图片。如此看来，刺芹侧耳似乎是引起伞形科植物发生病变的原因。那么，这究竟是一种什么样的野生菌呢？不禁令人浮想联翩。

在那之后，我翻看了一本旧图鉴，里面有一张很直观的刺芹侧耳图。可以看到，图中描绘了糙皮侧耳从被认为是伞形科刺芹属的植物中生长出来的样子。

另外，阿魏侧耳及其和刺芹侧耳的杂交菌种等，都被作为新品种在日本各地出售。这些蘑菇的肉质都很好，适合用来做像奶油炒蘑菇这样的西式料理。那么，阿魏侧耳本身到底是什么呢？

人工栽培的阿魏侧耳。图片/农业组合法人 蘑菇之乡（日本福冈县大木町）

日本国家森林综合研究所对其遗传因子进行分析后表明，阿魏侧耳及其同类为刺芹侧耳的变种。另外，阿魏侧耳据说原本是来自于中国的新疆地区的野生菌，后来被广泛栽培。

被作为阿魏侧耳的学名使用过一段时间的白灵侧耳，是意大利西西里岛上特有的菌种，同样被当作是刺芹侧耳的同类，并与其杂交。利用其特性，将刺芹侧耳和阿魏侧耳及其同类杂交，培养出现在各种各样的人工栽培品种。如今，蘑菇的烹饪方法不再向日式料理"一边倒"，有时更适合用来制作西式料理。

被出售的刺芹侧耳。以"cardococo"的名字在西班牙格拉纳达出售。摄影：藤枝 融

野生刺芹侧耳的样子。是少有的描绘其像寄生一样生长于伞形科植物的图片。《波利特的菌类图鉴》（1855年）J.J.Paulet著 图片提供/日本千叶县立中央博物馆

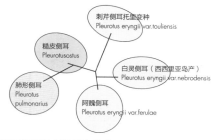

糙皮侧耳和刺芹侧耳的近缘关系。上图表明阿魏侧耳和白灵侧耳为刺芹侧耳的变种。参照Kawai,Babasaki&Neda（2008）文献的基础上，简化的系统图。

注 豹皮菇 ★
Neolentinus lepideus

注 木质新香菇

菌褶呈锯齿状，有菌环或无菌环。

单生或丛生于针叶树上，以松树的伐桩或枯木为主。以前被归类于伞菌目侧耳科的木质新香菇，经研究得知，包括有菌环和无菌环两种类型，经过详细讨论，根据有无菌环这一特征将木质新香菇归为另一菌种。

分布范围：	全世界、多分布于北半球
生长环境：	针叶树（松树等）
生长季节：	初夏~秋季
大小：	直径5cm~25cm
生长类型：	木材腐朽菌

注 木质新香菇 ★
Neolentinus suffrutescens

生于松树伐桩上的木质新香菇（无菌环的豹皮菇）。多见于平原。带有明显的黄色。单生或丛生。

【特征】**菌盖：** 白色至淡黄色，初期为球形，后期平展。呈同心圆状分布有淡红褐色至褐色的鳞片。**菌褶：** 白色，从弯生到垂生，稍疏；褶缘呈锯齿状是它的特征。**菌柄：** 有鳞片，呈白色至淡黄色；具偏白色的菌环；上部有竖纹，连接着菌褶。**菌肉：** 白色、厚而结实，有松脂香。

【食用方法·注意事项】虽可食用，但也有食用后引起消化系统中毒的情况。严禁生吃。

注 豹皮菇
平原上没有菌环的菌类较多，而有菌环的菌类多见于高原上。

注 木质新香菇

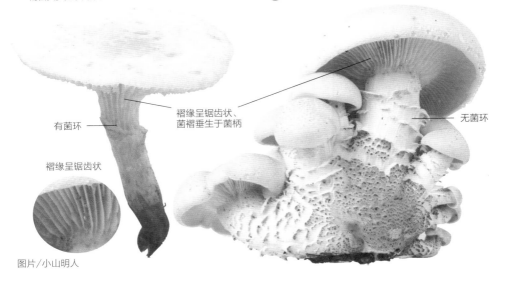

有菌环

褶缘呈锯齿状、菌褶垂生于菌柄

无菌环

褶缘呈锯齿状

图片/小山明人

毒 贝形圆孢侧耳

Pleurocybella porrigens

曾被加工成罐头的贝形圆孢侧耳，目前被认为是毒蘑菇。

常见生长于柳杉的树桩上。曾被食用，由其制成的罐头等加工品也有销售。但随着2004年日本修改传染病法，在对急性脑病的发病的原因进行调查的过程中，明确了有食用该种蘑菇后发病的案例，之后将该种蘑菇列为引起猝死的原因之一。

【特征】**菌盖：** 初期多呈圆形，后期长成贝形、扇形或半圆形；基部白色，有绒毛；边缘内卷。**菌褶：** 白色、垂生，窄而密。**菌柄：** 几乎无菌柄。**菌肉：** 白色、薄。**有毒成分：** 三种成分（糖蛋白、凝集素、低分子毒素Pleurocybellaziridine及衍生物）复合产生影响，糖蛋白和凝集素破坏血脑屏障，低分子毒素引发脑病。

【中毒症状】会引发走路不稳、下肢无力、失语、意识障碍、痉挛等症状，尤其在肾功能低下的情况下，急性脑病发作后易致死亡。贝形圆孢侧耳被指出含有能够破坏血液的红细胞和白细胞、引起急性贫血的有毒物质。血细胞遭到破坏后，可能会加剧肾脏受损，同时也有肾功能正常的情况下食用该种蘑菇后死亡的案例，因此要更加注意，应避免食用。

分布范围：	北半球温带以北
生长环境：	针叶树（主要为柳杉的倒木或残株等）
生长季节：	秋季
大小：	直径2cm~6cm
生长类型：	木材腐朽菌

毒 贝形圆孢侧耳　生长于柳杉枯木上的伞菌状白蘑菇。

曾经市售的贝形圆孢侧耳的罐头。
资料出处／根田仁

食 美味扇菇 ★★★

Panellus edulis

食 晚生扇菇

晚秋的山毛榉林里最后的蘑菇，寒冷的天气里会结冰。

　　呈覆瓦状，丛生于山毛榉和蒙古栎等的枯木或倒木上。生长的生态环境与月夜菌很相似。时有两种蘑菇杂生的情况，由于很容易将这两种蘑菇混淆，需要多加注意。将美味扇菇从中间分成两半后，可以看见其基部没有黑色斑点、不发光。其表皮下面有一层明胶使得表皮易剥落。

【特征】**菌盖：**呈半圆至肾脏形，污黄色至黄褐色，有时带有绿色或紫色，被绒毛覆盖。**菌褶：**呈白色至浅黄色，菌褶稍密。不垂生于菌柄。**菌柄：**粗短、侧生、表面带有黄褐色绒毛。**菌肉：**呈白色、肉嫩。

【食用方法】水分多，不适合油炸。适合用来煮汤、炖菜、下火锅。

分布范围：	北半球温带以北
生长环境：	阔叶树（山毛榉、蒙古栎）的腐木或倒木
生长季节：	秋季～晚秋
大小：	直径7cm~12cm
生长类型：	木材腐朽菌
相似的毒蘑菇：	月夜菌（P20）

没有黑色斑点

食 美味扇菇

在山毛榉、蒙古栎等的枯木上呈覆瓦状丛生。菌盖表面被绒毛覆盖，呈天鹅绒状。

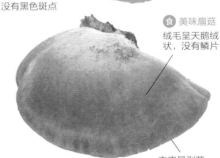

食 美味扇菇

绒毛呈天鹅绒状，没有鳞片

表皮易剥落

↓ 食 晚生扇菇 ★★★

Panellus serotinus

生于晚秋的阔叶林。与美味扇菇相比菌盖颜色更深，生长时期更晚。

食 香菇 ★★★

Lentinula edodes

人工栽培蘑菇的代表，晒干后味道更香甜。

多生长于阔叶林的倒木或树桩上。虽然是分布于东亚的菌种，目前已在世界各地被广泛栽培。"冬菇""香信""香菇"等干香菇的品种由蘑菇的生长环境和收获季节决定。

【特征】**菌盖：**呈茶褐色至深褐色，或为浅褐色。往往呈深鳞片状至龟甲状，有白色至浅褐色绒毛状的鳞片（菌幕残余物）。**菌褶：**弯生至上生，密，初期为白色，后期会形成褐色斑点。**菌柄：**上部有绒毛状菌环，但易消失。菌环以下为浅褐色，呈纤毛状至鳞片状。**菌肉：**呈白色、质地细密。菌柄结实，呈纤维状。

【食用方法】搭配任何料理都很合适，烤制时味道极佳。晒干会有独特的风味，香气沁人，营养价值也高。冷冻时也会有一样的效果。泡发干香菇能得到鲜美的高汤，是日本料理中不可或缺的食材。

分布范围：	东亚到东南亚的加里曼丹岛、新几内亚岛、澳大利亚、塔斯马尼亚岛、新西兰
生长环境：	阔叶树（山毛榉科）的倒木或残株
生长季节：	春季、秋季
大小：	直径4cm~10cm
生长类型：	木材腐朽菌
相似的毒蘑菇：	月夜菌（P20）

在日本西部，天然香菇常生长于锥属树种的树桩上。

毒 月夜菌

Omphalotus guepiniformis (＝O.japonicus)

月夜菌会在黑夜里发出怪异的光，引起的蘑菇中毒事故在日本排名第一。

虽然散发着很弱的光，但其像架子一样重叠生长于山毛榉或枫树等枯木的树干上，整体发光的样子是夏日山毛榉林里的一道风景。在《今昔物语》中出现过，与糙皮侧耳相似、名为"和太利"（日语名）的毒蘑菇就是月夜菌。由该种蘑菇引起的蘑菇中毒案例数在日本排名第一。孢子呈大球形，能在火锅食材中发现它的小碎片。月夜菌的发光物质学名为Lampteroflavin。

【特征】**菌盖：**呈扇形至半圆形，表面为紫褐色至淡褐色。幼菌时有深橙褐色鳞片，后期大体没有绒毛。**菌褶：**呈白色至奶油色，垂生，宽而密。**菌柄：**侧生，粗短而内实，与菌褶连接处有深色、呈菌环状的突起。基部剖面有黑色斑点，但有时也不明显。**菌肉：**白色、无味。**有毒成分：**illudin S、M。

【中毒症状】将10个中型月夜菌分为五人份食用，食用后一小时内会引起呕吐、腹痛、频繁腹泻等典型的肠胃中毒症状。需要约10天左右才能恢复。严重时会引发痉挛、脱水症状，甚至会出现死亡。

分布范围：	全日本
生长环境：	山毛榉等腐木的树干或倒木
生长季节：	夏季~秋季
大小：	直径10cm~20cm
生长类型：	木材腐朽菌

毒 月夜菌

在黑夜里发光的月夜菌。光亮弱，肉眼不可见。照片为延时曝光摄影。

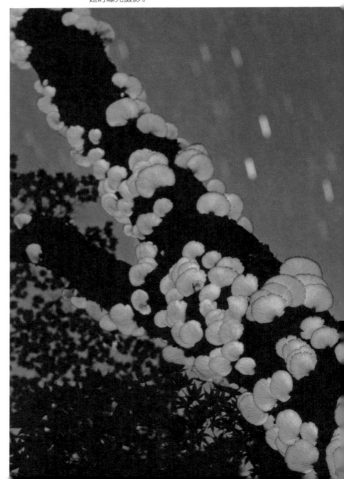

生长形态与香菇和美味扇菇很相似。

有鳞片

毒 月夜菌

剖面的根部黑色斑点

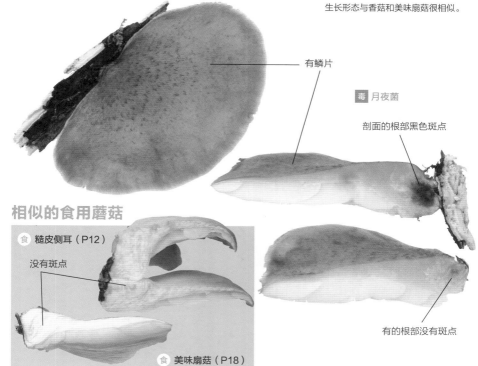

相似的食用蘑菇

食 糙皮侧耳（P12）

没有斑点

食 美味扇菇（P18）

有的根部没有斑点

食 牛舌菌 ★
Fistulina hepatica

森林里的半熟牛排。

在梅雨季节和秋季里生长于山毛榉科古木的根部或树干上。鲜色、肉红色至红褐色、暗褐色，有伤口时会渗出像血一样红色的汁液，这样的描述让牛舌菌听起来就像肝脏一样。欧美地区很早就有食用这种蘑菇的记录，日本人以前则不熟悉这种蘑菇，《雀巢菌谱》（1858年）里有唯一的记载："舌菌——狐狸的舌头，为毒菌。"

【特征】**菌盖：**呈扇形至近匙形或舌形，基部狭小；鲜色、肉红色至红褐色、暗褐色，有绒毛、微粒、粗糙。**管孔：**菌管管口直径约为0.2mm，密集排列在菌肉下面，管口初期近淡黄色至淡红色，生长后期或受伤后变为暗红色。**菌柄：**短或无，像带脂肪的肉一样质地柔软，带酸味。有伤口时会渗出像血一样红色的汁液，后期呈纤维状。

【食用方法】将生的牛舌菌切片后，可利用其酸味制作沙拉；同时也可以涂上黄油炙烤。

分布范围：	全世界
生长环境：	阔叶树（山毛榉科，尤其是栲树）
生长季节：	梅雨季、秋季
大小：	直径10cm~20cm
生长类型：	木材腐朽菌

食 牛舌菌
生长于山毛榉科古木的根部或树干上等处。
会引起心材褐色腐朽。

下面是像管道一样
独立的管孔

剖面和牛舌的
颜色一样

食 大盖小皮伞 ★

Marasmius maximus

即便晒干、干瘪后，也能恢复到湿润状态。

尤其是在初夏季节，群生或有时近丛生于树林、竹林、庭院内堆积的落叶上。是和小菇属菌种、金钱菌属菌种构成的落叶分解菌"三大家"之一。

【特征】**菌盖：**中部凸起或平；淡红褐色或带些绿色，中央为深褐色，干时表面发白；有放射状沟纹，中央稍微看得到褶纹。**菌褶：**颜色比菌盖的浅，稀疏。**菌柄：**带有褐色，略呈纤维状，上部有粉末，菌柄细，柱形，质韧。**菌肉：**菌肉薄，似革质。基部绒毛呈白色毛毯状，包裹着落叶。

【食用方法】可食用，但非一般的食用蘑菇。

分布范围：	日本、韩国
生长环境：	阔叶林、竹林、庭园
生长季节：	春季~秋季
大小：	直径3cm~10cm
生长类型：	腐生菌

不 紫红小皮伞 ★

Marasmius pulcherripes

该种蘑菇常和菌盖为茶褐色的琥珀小皮伞（Marasmius siccus）混淆，仅从菌盖的颜色不能分清两者，必须通过显微镜观察才能分辨出来。与琥珀小皮伞相比，紫红小皮伞的孢子更小。菌盖呈钟形至扁半球形平展，呈淡红色至紫红色、红褐色、肉桂色等。菌盖表面有放射状沟纹，中央向上稍微突起。菌褶稀疏，菌柄呈深褐色，上部为白色；铁丝状，角质层平滑。菌肉极薄，似革质。虽然不适合食用，但由于水分少，可以制成标本。

菌盖颜色各异

菌柄呈铁丝状

食 大盖小皮伞

食 酒色蜡蘑 ★

Laccaria vinaceoavellanea

食 红蜡蘑
食 双色蜡蘑
食 紫晶蜡蘑

在夏天也能和落叶分辨开的酒色蜡蘑。

菌盖有明显的沟纹，肉眼可轻松识别这种蘑菇。

【特征】**菌盖：**整体呈暗肉色，干燥时变浅，湿润时带有紫色。中部凹陷，周围有放射状皱纹或沟纹。**菌褶：**和菌盖同色，厚而稀疏，呈直生状垂生。**菌柄：**和菌盖同色，表面有竖纹。**菌肉：**肉色、薄。

【食用方法·注意事项】非一般的食用蘑菇，由于酒色蜡蘑的纤维质强，应避免过度食用。

分布范围：	日本、韩国、欧洲
生长环境：	杂木林、阔叶林（主要为山毛榉科）
生长季节：	夏季~秋季
大小：	直径4cm~8cm
生长类型：	外生菌根菌

食 酒色蜡蘑

菌褶稀疏

菌盖表面有深沟纹

菌柄中空

有竖纹

紫色，表面平滑，后期会起毛边

菌褶呈紫色，到后期颜色也不会改变

食 紫晶蜡蘑 ★

Laccaria amethystina

整体呈深紫色。表面平滑，中部下凹，后期覆盖有小鳞片。后期变干，颜色褪去变成浅褐色。菌褶厚而稀疏，颜色不变。

↓ 食 双色蜡蘑 ★

Laccaria bicolor

中部稍微下凹。有带黄褐色的肉色小鳞片。菌柄表面有竖纹，菌柄基部被紫色的绒毛覆盖，是依靠分解动植物排泄物以及动物的尸体获取养料生存的亚硝酸菌。

有带黄褐色的肉色小鳞片

食 红蜡蘑 ★

Laccaria laccata

呈肉色至黄褐色，变干后呈红褐色。虽与双色蜡蘑相似，但红蜡蘑的菌褶呈淡红色，稀疏；菌柄基部的绒毛呈白色，不会变成紫色。红蜡蘑纤维质强，应避免过度食用。

菌褶为淡红色

菌盖为肉色至黄褐色

有竖纹

菌柄基部有淡紫色的绒毛

白色的绒毛

食 红菇蜡伞 ★★

Hygrophorus russula

食 变红蜡伞　　食 柠檬黄蜡伞
食 淡紫蜡伞　　食 粉红蜡伞
食 洁白拱顶菇

在日本关东地区以北能大量采到的红褐色蘑菇。

生长于山毛榉科落叶阔叶林地上的中、大型蘑菇。日本关西地区比较少有，在山毛榉带以外的地方采不到。但在关东地区以北，红菇蜡伞多生长于枹栎和蒙古栎的混交林处，有时还会形成大的蘑菇圈。当在林床上发现粉色、大型的该种蘑菇排列在一起时，会不由自主地雀跃起来。

【特征】菌盖：扁半球形至近平展，表面呈白色、带深红色，尤其是中部呈红褐色。湿润时有黏性，受伤后或到后期有深红色斑点。**菌褶：**直生至垂生，近白色、常常有深红色斑点，较密且厚。**菌柄：**白色、带深红色，呈纤维状，内实。**菌肉：**呈白色至淡红色，带深红色斑点。

【食用方法】因其口感好、量大而人气高。适合油炸。煮后变成黄色。

分布范围：	北半球温带
生长环境：	阔叶林（山毛榉科）
生长季节：	秋季
大小：	直径5cm~12cm
生长类型：	外生菌根菌

菌褶上易形成深红色斑点

中部为红褐色

没有内菌幕（菌环）

湿润时有黏性

表面呈白色、带深红色

整体的颜色深，形状小

肉桂色

和菌盖颜色相同，有竖纹

呈深红褐色湿润时有黏性

受伤后或到后期会形成深红色斑点

食 变红蜡伞 ★

Hygrophorus erubescens
(＝H.capreolarius)

菌肉没有苦味。数量比较稀少。秋季生于银杉树下。

食 红菇蜡伞

中部为褐红色

有黏性

柠檬黄至黄色

菌盖及菌柄都有黏性

有内菌幕（菌环），但易消失

有绵状内菌幕（菌环），易消失

有紫褐色斑点

食 淡紫蜡伞 ★★

Hygrophorus purpurascens

虽与红菇蜡伞相似，但生长于亚高山带针叶林；淡紫蜡伞的菌柄上有白色纤维状的早脱落性内菌幕（菌环），这一点也与红菇蜡伞区分开来。淡紫蜡伞的菌盖有黏性，有纤毛状鳞片。菌褶稍疏，初期呈白色至淡黄色，后期带紫红色。

食 柠檬黄蜡伞 ★

Hygrophorus lucorum

呈柠檬黄至黄色，湿润时有显著的黏性，菌褶呈淡黄色，垂生，稀疏。菌柄呈白色至淡黄色，表面有一层黏液。幼菌时有菌环，内部实心变至空心。近秋末时群生于日本落叶松等针叶林的地上。因为黏性强，常附着于落叶或泥土上，即使将其与落叶等分开，柠檬黄蜡伞也会一点点将落叶等重新聚集在一起。

表面被黏液覆盖

肉色至粉黄色

周边颜色浅

整体呈白色，菌盖没有黏性

菌褶长而稀疏，垂生于菌柄上，褶间有横脉相连

菌柄上部被粉状的小鳞片覆盖

食 洁白拱顶菇 ★

Cuphophyllus virgineus
（=*Camarophyllus virgineus*）

整体呈白色，菌盖没有黏性。菌褶长而稀疏，垂生于菌柄上，褶间有横脉相连。菌柄向下部渐渐变细。

菌柄向下部渐渐变细

食 粉红蜡伞 ★

Hygrophorus pudorinus

秋季生长于日本中部以北或山麓地带的云杉、银杉等针叶林地上，有时形成大的蘑菇圈。菌盖呈粉黄色，边缘为浅色至白色。表面被胶质黏液覆盖，平滑，有些许纤维状条纹。菌盖边缘内卷，有绒毛。菌柄基部带有黄色，上部被粉状的小鳞片覆盖。味道独特，微苦，根据自己的喜好食用，吃过就再难忘记。

注 锥形湿伞 ★

Hygrocybe conica

毒 青绿湿伞

长得像蜡烛工艺品的锥形湿伞，碰到后会慢慢变黑。

整体呈蜡状，具有透明感，被碰到或老化后颜色会变黑。

【特征】**菌盖：** 初期呈圆锥形，后期稍微平展，但中部常常是尖的；呈红色至橙黄色；湿润时有黏性。**菌褶：** 呈淡黄色、厚、蜡质，多为离生。**菌柄：** 呈黄色至橙黄色，表面有呈纤维状、略弯曲的竖纹。**菌肉：** 呈白色至淡黄色，有透明感，整体质脆；被碰到后或老化后颜色会变黑。

【食用方法·注意事项】有的人会因其美观而将其放入沙拉中；但也有人因体质不同，或者是在醉酒等状态下食用后出现过中毒的情况。

分布范围：	全世界
生长环境：	杂木林、路边、竹林等
生长季节：	秋季
大小：	直径2cm~4cm
生长类型：	腐生菌

注 锥形湿伞

整体呈蜡状，具有透明感

圆锥形，呈红色至橙黄色，有黏性

中部尖

受伤会变黑

有略弯曲的竖纹

毒 青绿湿伞

Gliophorus psittacinus
(=Hygrocybe psittacina)

菌柄上部为绿色

菌褶为黄色

菌盖和菌柄都被明显的绿色黏液所覆盖，变干或老化后，底色会变成黄色至橙色、红褐色。菌柄上部会一直保持绿色。菌褶为黄色。类似的菌种有好几个，很难区分。在日本以外的青绿湿伞上发现有微量的裸盖菇素（一类具神经致幻作用的神经毒素），因此需要注意。

毒 棒柄杯伞

Ampulloclitocybe clavipes (＝Clitocybe clavipes)

吃过棒柄杯伞，饮酒易醉。

生长于秋季，尤其多生于日本落叶松林。被广泛食用，但饮酒时食用会中毒。另外，吃过棒柄杯伞后，一周内最好都不要喝酒。

【特征】**菌盖：**橙褐色至灰褐色，展开后菌褶长而垂生于菌柄上，形成倒圆锥形，后期中部略微下凹形成漏斗状。初期边缘大幅内卷。**菌褶：**呈白色至淡奶油色，长、垂生，分布密集。**菌柄：**比菌盖颜色浅，呈纤维质，向下膨大，内实。**菌肉：**白色。**有毒成分：**(E)-8-氧-十八碳烯酸等。

【中毒症状】如果和酒（主要成分为乙醇）一起食用，在30分钟至1小时内，乙醇被分解后产生的乙醛不能被完全分解为乙酸，而是以乙醛的形式继续留在体内，会使人喝醉后产生头痛、恶心欲吐等醉酒症状。严重的情况下甚至会导致人呼吸困难、意识不清。

分布范围：	北半球温带以北
生长环境：	主要为日本落叶松林
生长季节：	秋季
大小：	直径3cm~7cm
生长类型：	腐生菌

在秋季的日本落叶松林中，需要注意的蘑菇，其菌盖呈白色漏斗状展开

中部略微下凹

菌褶长，垂生于菌柄上

菌柄下部膨大

食 壮丽环苞菇 ★★★

食 棱柄松苞菇

Catathelasma imperiale

很难遇见形成菌圈的壮丽环苞菇。

分布范围： 日本、欧洲、北美西部
生长环境： 针叶林（日光冷杉、萨哈林冷杉等）
生长季节： 夏季~秋季
大小： 直径15cm~40cm
生长类型： 外生菌根菌

生长于亚高山带的日光冷杉和大白叶冷杉林等地方的大型真菌，也会形成蘑菇圈，但这种情况并不多。与松口蘑的形态相似，由于其生长的时期要早于松口蘑，因此日语中称为"早松"。

【特征】**菌盖：** 初期为污黄褐色，后期变为深褐色。半球形至平展。中部周围有不明显的鳞片。幼时边缘内卷，湿润时有黏性。**菌褶：** 白色，垂生，密集。**菌柄：** 粗而内实，有两重菌环，下面的菌环（外菌幕残留物）有时不明显。菌环上面呈白色，下面和菌盖同色。下部呈根状，变细深入地下。**菌肉：** 白色，质地细密，有臭味。

【食用方法】菌柄基部或幼菌带有些许苦味，薄切后油炸、和米饭一起煮或者用于煮汤，都很美味。

有两重菌环

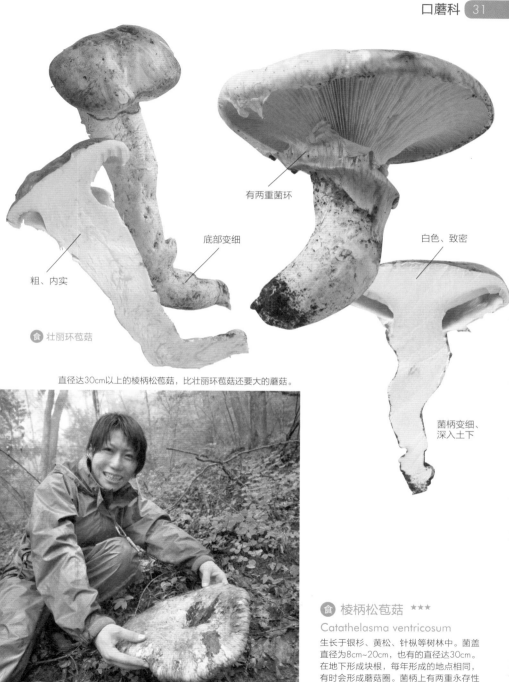

有两重菌环

底部变细

粗、内实

白色、致密

食 壮丽环苞菇

菌柄变细、深入土下

直径达30cm以上的棱柄松苞菇，比壮丽环苞菇还要大的蘑菇。

食 棱柄松苞菇 ★★★

Catathelasma ventricosum

生长于银杉、黄松、针枞等树林中。菌盖直径为8cm~20cm，也有的直径达30cm。在地下形成块根，每年形成的地点相同，有时会形成蘑菇圈。菌柄上有两重永存性的膜质菌环，菌环以上呈白色，以下和菌盖颜色相同，常带有灰褐色鳞片。

食 玉蕈离褶伞 ★★★

Lyophyllum shimeji

食 褐离褶伞

味道十分鲜美,真正的"美味蘑菇"。

玉蕈离褶伞是味道十分鲜美的蘑菇。玉蕈离褶伞生长于有机物稀少、土地贫瘠的森林里,同时也常生长于像生产木炭的小屋旁边这样的地方。作为外生菌根菌,它和松口蘑一样不易栽培。但近年来,由于在菌床上成功地对玉蕈离褶伞进行了人工栽培,使得市场上开始出售玉蕈离褶伞。此前市场上卖的玉蕈离褶伞实际上是人工栽培的真姬菇。

【特征】菌盖:半球形至扁半球形,后期平展。呈深灰褐色至浅灰褐色,表面平滑,有呈纤维状的白色斑纹。**菌褶:**呈白色至浅黄色,分布密集。弯生或者直生。**菌柄:**白色,下部粗壮,像酒壶一样。也有的菌柄在生长后上下变得一样大。**菌肉:**呈白色、质地细密。

【食用方法】味道超群,口感也好到无可挑剔。黄油炒蘑菇或铝箔烤蘑菇等简单的菜式都不错,最适合用于像火锅或汤类的日式料理。

分布范围:	日本
生长环境:	阔叶林(枹栎、赤松混交林)
生长季节:	秋季
大小:	直径2cm~8cm
生长类型:	外生菌根菌
相似的毒蘑菇:	褐盖粉褶菌(P144)

食 玉蕈离褶伞

生于枹栎和赤松的混交林里。每年都生长于同一个地方。

有呈纤维状的白色斑纹

虽然和松口蘑一样，玉蕈离褶伞也是难以被人工栽培的野生蘑菇，但仍可利用菌床进行人工栽培。近年来，日本利用了具有淀粉酶活性的菌床，使商业化栽培玉蕈离褶伞变得可能。在日本，目前被用于商业栽培的外生菌根菌只有玉蕈离褶伞，代表了日本先进的蘑菇栽培技术。

灰褐色

食 褐离褶伞

食 玉蕈离褶伞
（人工栽培品种）
菌柄下部膨大。

菌柄基部膨大

菌柄基部细

有块茎状
菌块

食 褐离褶伞 ★★★

Lyophyllum fumosum

和玉蕈离褶伞的生长环境相同。因其幼菌时期菌盖小而圆，聚集在一起看上去像释迦牟尼佛的螺发而得日语名"释迦菇"。多丛生于地下的块茎状菌块，灰褐色的菌盖呈株状扩张。搭配日式和西式料理都很合适，可将其当作玉蕈离褶伞使用。

食 荷叶离褶伞 ★★★
Lyophyllum decastes

多年间都生长于同一个地方，去田里就能采得到。

其菌丝延伸于埋在地下的木材中，后生长形成荷叶离褶伞。就像它的日语名字"田菇"一样，荷叶离褶伞生长于村庄附近的田地里，同时也常能够在路边、公园、灌木丛中、工地等地方看见它，就生长在我们身边，虽然是常见的蘑菇，但由于其菌盖的颜色及表面各不相同，如果不熟悉，也经常很难找到它。

【特征】菌盖：从扁半球形至平展。中部稍微下凹。呈灰白色至灰黄色，表面有细小的纤维状条纹，有的看上去像发霉了一样。后期会褪色变浅。菌褶：呈白色且密。直生或者为弯生至近垂生。菌柄：带灰褐色，内实，基部连在一起形成株状。

菌肉：白色，带有些臭味。

【食用方法】味道鲜美、口感好，不亚于玉蕈离褶伞，被广泛人工栽培。采摘荷叶离褶伞时，要注意不要让泥土夹进菌褶里。适合煮汤或下火锅。

分布范围：	北半球温带
生长环境：	耕地、路边、被埋在树林里的木材
生长季节：	秋季
大小：	直径4cm~9cm
生长类型：	腐生菌
相似的毒蘑菇：	褐盖粉褶菌（P144）

也有的看上去像发霉了一样

在森林中见不到

菌褶呈白色

和菌盖同色

菌褶呈白色

生长于有田地的村庄里

内实

可以在田里、公园里，以及工地里见到

食 荷叶离褶伞　生长在马路旁的荷叶离褶伞。每年都可以在路边发现它们，是不用上山也能在身边采到的美味蘑菇。

相似的毒蘑菇

毒 褐盖粉褶菌（P144）

菌褶为肉色，
呈微锯齿状。

菌柄中空

注 银白离褶伞 ★

Leucocybe connata (=Lyophyllum connatum)

像涂了石灰或白色颜料一样，纯白色。

丛生于日本东部到北海道范围内的山路旁。菌盖表面像涂了白粉、石灰或白色颜料一样，没有光泽。有少许香气，但和欧美地区的银白离褶伞气味不同，有待进一步讨论。

【特征】**菌盖：**从扁半球形至平展。边缘呈波状。像涂了白粉一样纯白，表面平滑，常常有环纹。**菌褶：**呈白色至淡黄色，密集分布，近垂生。**菌柄：**白色、细长，往往有数十枚子实体生长一起形成株状。初期内实，随着生长变为中空。**菌肉：**白色，肉薄而脆。

【食用方法·注意事项】有特殊的气味。也有认为其有毒的地区，有食用后引起肠胃轻度中毒的情况，需要注意。尽量避免生吃及过量食用。

分布范围：	日本东部~北海道
生长环境：	针叶、阔叶林内的路边与小河边
生长季节：	秋季
大小：	直径4cm~7cm
生长类型：	腐生菌

丛生于日本东部到北海道范围内的山路旁。其特点为菌盖表面像涂了白粉一样白。有些地区食用，但经证实其含有毒成分，需要注意。

食 真姬菇 ★★

Hypsizygus marmoreus

菌盖上有大理石花纹，源自于山毛榉森林。

真姬菇丛生于山毛榉带的山毛榉，以及枫树的枯木上，是日本北部数量较多的蘑菇。其特征为菌盖表面有大理石花纹。市售的"本菇"或"丛生口蘑"就是真姬菇的人工栽培品种。有这样一种说法：以前人工栽培的真姬菇，实际上是榆干离褶伞（H.lmarius）。这两个菌种常被混淆，直到最近它们的不同之处才得到了确认，即以菌盖表面有无大理石纹这一特征将两者区别开来，没有大理石纹的是榆干离褶伞。

【特征】**菌盖：**呈圆形或是偏向一方、形状歪斜，呈扁半球形平展，近白色至淡黄褐色，边缘颜色浅，表面有大理石纹。**菌**

褶：白色，直生至弯生，稍密。**菌柄：**中部稍弯。近白色，上下一样大，下部较粗，多于中部弯曲。**菌肉：**呈白色、肉厚，有一点臭味。

【食用方法】因为人工栽培的品种经过重重筛选，所以没有苦味，不管和什么料理搭配都很合适。野生的品种臭味重，有的味道略苦。

分布范围：	北半球温带以北
生长环境：	阔叶林（山毛榉科）
生长季节：	秋季
大小：	直径4cm~15cm
生长类型：	木材腐朽菌

食 真姬菇（栽培品）

大理石花纹

生长于山毛榉倒木上的真姬菇，人工栽培品种普及范围广，野生品种较少

野生品种也有大理石花纹

注 紫丁香蘑 ★
Lepista nuda

食 花脸香蘑　　毒 浓香蘑
食 紫褶毛孢口蘑

晚秋山阴处紫色的"队伍"。

漂亮的紫色蘑菇，晚秋（11月左右）生于杂木林和竹林等地，有时会形成蘑菇圈。丝膜菌属里有菌盖的颜色与之相近的蘑菇，本菌种以没有蛛丝式菌环（内菌幕）及菌褶不会变成褐色这两个特点与之相区别。近缘的花脸香蘑与本菌种的生长环境不同——在夏季生长，生于田地或堆肥场周边，以及路边或草坪等处。

【特征】**菌盖：**呈扁半球形，初期边缘内卷，不久后平展。初期为漂亮的紫色，其后不久退色为脏黄色至褐色。**菌褶：**紫色、密，弯生；后期不带褐色。**菌柄：**表面呈纤维状，基部膨大，没有菌环、内实。**菌肉：**肉厚、呈淡紫色。

注 紫丁香蘑
易生长在落叶多的地方。由于菌盖展开后会有臭味，建议在此之前采摘。

【食用方法·注意事项】菌盖展开后会有泥土的臭味，幼菌则无臭味、肉厚，口感好，与清汤或凉菜搭配都很合适。由于生吃会引起中毒，请一定要加热烹饪后再食用。

分布范围：	北半球一带、澳大利亚
生长环境：	杂木林、竹林
生长季节：	秋季
大小：	直径6cm~10cm
生长类型：	腐生菌
相似的毒蘑菇：	浓香蘑（P39）

菌褶密，呈紫色

无菌环

肉厚

注 紫丁香蘑

内实

从漂亮的紫色变为脏黄色至褐色

基部膨大

初期边缘内卷

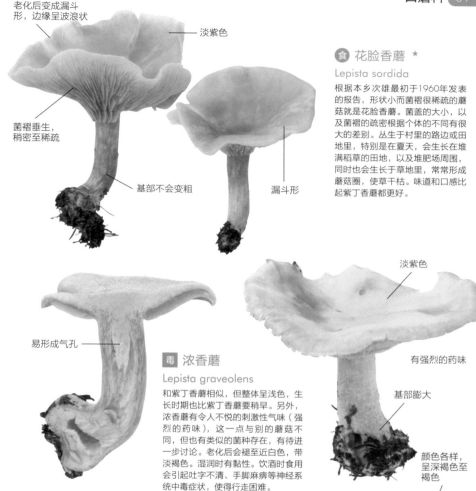

老化后变成漏斗形，边缘呈波浪状

淡紫色

菌褶垂生，稍密至稀疏

基部不会变粗

漏斗形

食 **花脸香蘑** ★

Lepista sordida

根据本乡次雄最初于1960年发表的报告，形状小而菌褶很稀疏的蘑菇就是花脸香蘑。菌盖的大小，以及菌褶的疏密根据个体的不同有很大的差别。丛生于村里的路边或田地里，特别是在夏天，会生长在堆满稻草的田地，以及堆肥场周围，同时也会生长于草地里，常常形成蘑菇圈，使草干枯。味道和口感比起紫丁香蘑都更好。

淡紫色

易形成气孔

有强烈的药味

毒 **浓香蘑**

Lepista graveolens

和紫丁香蘑相似，但整体呈浅色，生长时期也比紫丁香蘑要稍早。另外，浓香蘑有令人不悦的刺激性气味（强烈的药味），这一点与别的蘑菇不同，但也有类似的菌种存在，有待进一步讨论。老化后会褪至近白色，带淡褐色。湿润时有黏性。饮酒时食用会引起吐字不清、手脚麻痹等神经系统中毒症状，使得行走困难。

基部膨大

颜色各样，呈深褐色至褐色

菌褶密集

食 **紫褶毛孢口蘑** ★

Tricholosporum porphyrophyllum

菌盖湿润时有黏性，呈深褐色至褐色，与紫色相间，后期颜色变浅。菌褶密集，初期呈亮紫色，后期变淡，受伤时会慢慢变成褐色。

呈亮紫色，不久变淡

湿润时有黏性

食 大白口蘑 ★★
Macrocybe spectabilis

一株重可达100kg的巨大蘑菇，喜热。

以亚洲、非洲的热带地区为中心分布的超大型蘑菇。以日本九州、冲绳的标本为基础，1981年作为日本新产的品种发表。在那之后，经确认，从日本南部向北，至日本群马县为止都分布有这种蘑菇。但由于有无囊状体等不同的特点，日本产的该种蘑菇有多菌种混杂在一起的可能。

生长于埋藏着大量有机物的地方或肥沃的田里。

【特征】**菌盖：**前期呈扁半球形，后期平展，中部略下凹，呈珍珠色至象牙色，表面平滑。**菌褶：**和菌盖同色、密集，大体上为弯生。**菌柄：**内实，菌柄下部粗壮，基部融合在一起形成菌株。**菌肉：**白色、肉质结实，略有臭味。

【食用方法·注意事项】含有氰化物，禁止生吃，一定要加热之后才能食用。菌盖还未展开的蘑菇口感好，不论油炸、煮汤、烧烤等都很合适；但菌盖展开老化后，会散发出其他气味，变得不美味。

分布范围：	日本（群马县以南），亚洲、非洲的热带地区
生长环境：	富含有机物的耕地和路边
生长季节：	夏季~秋季
大小：	直径12cm~32cm
生长类型：	腐生菌

生长于埋藏着大量修竹林时折断的竹子的地方。

在日本千叶县发现的30kg以上的大型菌株。生长于埋藏着大量有机物的地方或肥沃的田里。

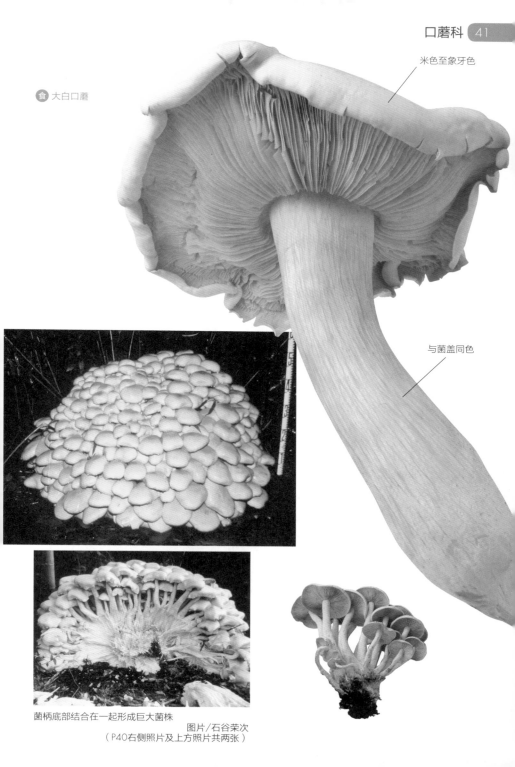

米色至象牙色

食 大白口蘑

与菌盖同色

菌柄底部结合在一起形成巨大菌株

图片/石谷荣次
（P40右侧照片及上方照片共两张）

毒 红褐杯伞

Paralepistopsis acromelalga (＝Clitocybe acromelalga)

虽然与多汁乳菇相似，但没有分泌白色乳液，会竖着裂开。

秋季分散或丛生于阔叶林、竹林、细竹林等。与多汁乳菇相似，不同之处在于没有分泌白色乳液。红褐杯伞具有普通蘑菇的气味，看上去完全可以食用，因此经常引发中毒事件，也从其引起的中毒症状得名"烫伤菌"（日语名）。

【特征】**菌盖：**初期呈中部凹陷的扁半球形，后期长成漏斗形；边缘多向内卷，呈橙褐色至红褐色，表面平滑，没有黏性。**菌褶：**长、垂生，分布密集，带淡奶油色至淡黄褐色。**菌柄：**纤维质地，竖着易裂开，中空，表面和菌盖颜色大致相同。下部多鼓起，基部被白色绒毛覆盖。**菌肉：**薄、带淡黄褐色。

有毒成分：Acromelic acid、stizolobate synthase等中枢神经毒素。

【中毒症状】食用后约一周的时间内，手足远端皮肤潮红、肿胀，火钳灼热般的痛感会持续10天到一个月以上。

分布范围：	日本、韩国
生长环境：	竹林、细竹林、杂木林
生长季节：	秋季
大小：	直径5cm~10cm
生长类型：	腐生菌

毒 红褐杯伞　丛生于杂木林林床。照片为生长于杉树林的红褐杯伞。

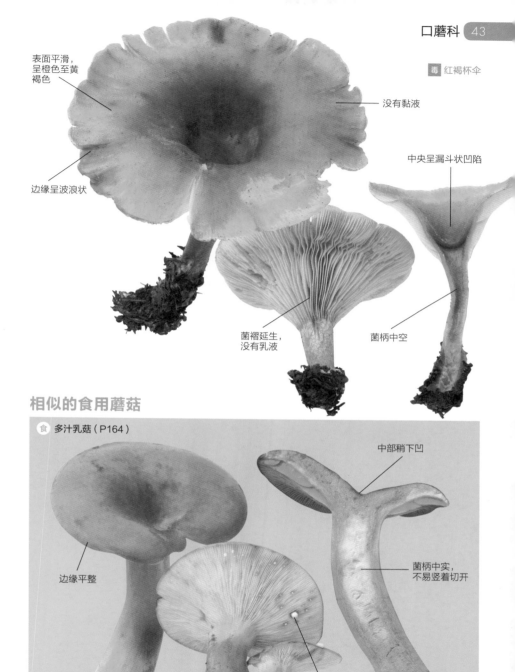

毒 红褐杯伞

表面平滑，呈橙色至黄褐色

没有黏液

中央呈漏斗状凹陷

边缘呈波浪状

菌褶延生，没有乳液

菌柄中空

相似的食用蘑菇

食 多汁乳菇（P164）

中部稍下凹

边缘平整

菌柄中实，不易竖着切开

有白色乳汁渗出

注 深凹杯伞 ★

食 浅黄绿杯伞

Clitocybe gibba (=Infundibulicybe gibba)

菌盖像杯子一样弯曲，是深凹杯伞形蘑菇的鼻祖。

有长而垂生的菌褶，是人们所说的深凹杯伞形蘑菇，比棒柄杯伞形状大。虽然饮酒时吃这种蘑菇不会中毒，但最好是少量食用。

【特征】**菌盖：**初期中部下陷呈扁半球形，后期边缘向外翻呈漏斗形。呈淡黄色至肉色、浅粉褐色，表面大体平滑，中部附近有小鳞片，大部分菌盖周边分布有放射状皱纹。**菌褶：**呈白色，长，垂生，密集分布。**菌柄：**和菌盖颜色相同或呈浅色，下部略膨大。内实而强韧。基部有白色绒毛。**菌肉：**白色、薄，略结实。

【食用方法·注意事项】和同属的红褐杯伞很相似，因此要注意区分。深凹杯伞以前是可以食用的，但经过研究，发现该蘑菇含有毒蕈碱类有毒成分，需要注意。

分布范围：	北半球一带
生长环境：	杂木林、草地
生长季节：	秋季
大小：	直径2cm~10cm
生长类型：	腐生菌
相似的毒蘑菇：	棒柄杯伞（P29）、红褐杯伞（P42）

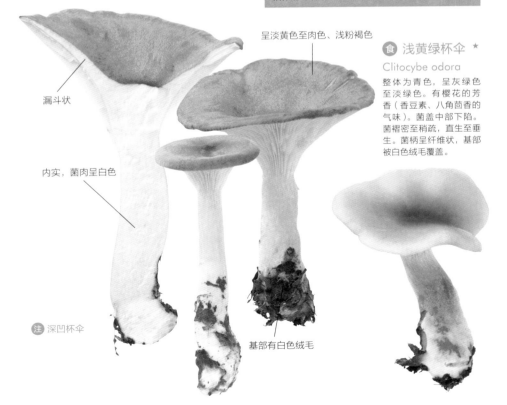

呈淡黄色至肉色、浅粉褐色

食 浅黄绿杯伞 ★

Clitocybe odora

整体为青色，呈灰绿色至淡绿色。有樱花的芳香（香豆素、八角茴香的气味）。菌盖中部下陷。菌褶密至稍疏，直生至垂生。菌柄呈纤维状，基部被白色绒毛覆盖。

漏斗状

内实，菌肉呈白色

注 深凹杯伞

基部有白色绒毛

注 粗壮杯伞 ★

Clitocybe robusta

从筐里迸发出韭菜的气味。

　　粗壮杯伞和韭菜一样有腐烂的味道。和水粉杯伞（C.nebularis）相似，蘑菇整体很白。在美国和日本可以食用，但如果煮不熟会引起肠胃中毒。严禁生吃。

【特征】菌盖：初期呈扁半球形，后期多平展，有时中部会下凹，呈乳白色至污白色，边缘略向内卷。**菌褶：**呈白色至淡黄色，垂生，密集。**菌柄：**和菌盖颜色相同或颜色更浅，基部粗壮。**菌肉：**白色，肉质细密。

【食用方法·注意事项】因其有独特的味道，汤汁味道很浓，适合用来凉拌或煮汤。但常因为煮不透或者个人体质问题，导致食用后中毒。

分布范围：	北半球一带
生长环境：	阔叶林、混交林
生长季节：	秋季
大小：	直径6cm~15cm
生长类型：	腐生菌
相似的毒蘑菇：	棒柄杯伞（P29）、红褐杯伞（P42）

边缘向内卷

菌褶垂直生长

根部粗壮

菌肉中实，呈白色

乳白色至淡褐色

通体白色

食 灰褐纹口蘑 ★★★
Tricholoma portentosum

食 黄绿口蘑	注 金黄褶口蘑
注 油黄口蘑	毒 毒蝇口蘑

在霜降时节生长于冷杉下。

晚秋时节丛生于松、冷杉等针叶林或和阔叶林的混交林中的中型蘑菇，生长于降霜的地方。

【特征】**菌盖：**初期半球形，后期近扁平，中部凸起；呈淡黄色至白色，表面覆盖有放射状黑褐色条纹。湿润时有黏性。**菌褶：**淡黄色，呈离生状弯生；菌褶长、稍疏。**菌柄：**下部呈黄白色，稍粗，内实。**菌肉：**白色至淡黄色。

【食用方法】菌盖较脆，煮过后肉质会变得有弹性，口感好。由于其肉汁鲜美，适合用来煮菜或炖汤。干燥后可保存，和干香菇一样，遇水后会恢复原形，肉汁也能融合在料理中。日本长野县木曾町的开田高原本土料理沾汁荞麦面，就是以这种蘑菇的肉汁为食材。

分布范围：北半球温带以北
生长环境：针叶林（主要为冷杉、松树）
生长季节：晚秋
大小：直径4cm~7cm
生长类型：外生菌根菌
相似的毒蘑菇：条纹口蘑（P49）

食 灰褐纹口蘑 生于山地里的针叶林或混交林，有时也聚集在一起生长。

表面呈黑褐色，但质地为淡黄色

黄白色

白色带黄色

基部稍粗

食 灰褐纹口蘑

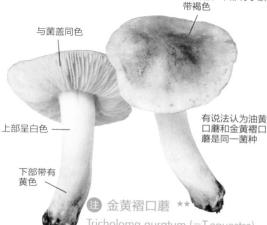

鲜黄色，中部有小鳞片，带褐色

与菌盖同色

上部呈白色

下部带有黄色

有说法认为油黄口蘑和金黄褶口蘑是同一菌种

注 金黄褶口蘑 ★★

Tricholoma auratum (=T.equestre)

晚秋霜降时节生长于海边的日本黑松林等地。因其颜色为亮黄色，在日语中被称为"金菌"。虽然容易与生长于阔叶林的油黄口蘑混淆，但本菌种生长于二针松林，且没有苦味。从以前开始一直被食用，但由于日本以外出现了因其近缘菌种中毒的例子，所以需要注意。

注 油黄口蘑 ★

Tricholoma flavovirens (=T.equestre)

菌盖呈黄色，中部密集分布着青褐色至褐色鳞片或纤维状条纹。菌褶呈柠檬黄色。秋季生于阔叶林。菌柄细，菌肉呈黄色，有苦味，这点与金黄褶口蘑不同。在日本以外有因其近缘菌种中毒的例子。

柠檬黄色

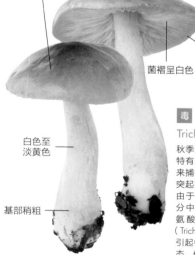

呈黄色，表面有深绿色纤维状条纹，湿润时有黏性

菌褶边缘带黄色

菌褶呈白色

白色至淡黄色

基部稍粗

毒 毒蝇口蘑

Tricholoma muscarium

秋季生长于杂木林地上，是日本特有的蘑菇。从很久以前就被用来捕捉苍蝇。其特征为中部常呈突起状。也有食用过的先例，但由于其用于捕杀苍蝇的有毒成分中含有具有强烈香味的膏蕈氨酸（Ibotenic acid）和口蘑酸（Tricholomic acid），食用过多会引起中枢神经系统出现恶醉的状态，使人陷入昏迷。

食 黄绿口蘑 ★

Tricholoma sejunctum

与灰褐纹口蘑相似，菌盖边缘与菌褶相接的地方有金黄褶口蘑般黄色的边缘。灰褐纹口蘑和金黄褶口蘑都没有苦味，但黄绿口蘑的味道略苦。食用时有嚼劲、口感好。如果担心味道苦，可以将其味道煮掉之后再进行烹饪。适用于清淡的料理。

顶部多尖

呈淡黄色，有带棕橄榄色的纤维状条纹

白色至淡黄色，内实

毒 褐黑口蘑

Tricholoma ustale

毒 条纹口蘑　　食 棕灰口蘑
注 鳞皂味口蘑　　毒 栗褐口蘑

外表看上去美味的褐黑口蘑，实为三大毒蘑菇之一。

与日本类脐菇、褐盖粉褶菌齐名，食用后出现多数中毒案例。由于其没有可疑的气味或味道，自然看上去像是可食用蘑菇，需要注意。虽然人们将生长在枹栎林等阔叶林的菌种称为"有毒的褐黑口蘑"，而将生长在松林里的菌种称为"可食用的褐黑口蘑"，将两个菌种区别开来，但两者仍然很容易混淆。同时，由于还可能存在着其他菌种，研究也还不够充分，因此需要注意。

【特征】**菌盖：**初期呈扁半球形，后期平展，中部凸起。棕褐色至栗褐色，表面平滑。幼菌时期边缘内卷，湿润时有黏性。**菌褶：**白色，密集。受伤或老化后会长出红褐色斑点。**菌柄：**比菌盖颜色浅，略呈纤维状。顶部白色，有细粉末。上下等大但下部稍粗，中空至髓状。**菌肉：**白色，受伤后部分菌肉会略变为红褐色。

【中毒症状】会引起伴随着头痛症状的呕吐、腹痛、腹泻等肠胃系统中毒。

分布范围：北半球温带
生长环境：杂木林、松林
生长季节：秋季
大小：直径3cm~8cm
生长类型：外生菌根菌

易长出褐色斑点

湿润时有黏性

菌褶呈白色

白色、中实

毒 褐黑口蘑

中部为黑色，多突出

灰色，有深色的纤维纹

毒 条纹口蘑

Tricholoma virgatum

秋季生于针叶林或山毛榉林地上。与可食用的灰褐纹口蘑（P46）相似，常被误食；但其为灰色，表面呈放射状密集分布着深色的条纹，中部大致为黑色，多突出。这样的菌盖外观，以及其具有强烈的苦味和辣味的特点，使其与灰褐纹口蘑区分开来。有毒成分不明，食用后会引起短时间的呕吐、胃痛和腹泻等肠胃系统中毒，严重时还会出现痉挛、脱水、酸中毒等症状。

灰白色

白色

有苦味和辣味

中部附近有烟灰色的小鳞片

表面呈毛刺至毛毡状

← 食 棕灰口蘑 ★

Tricholoma myomyces
(=T.terreum)

夏季至晚秋季节能在海边的日本黑松林里看到。菌盖呈淡灰色至深灰褐色，幼菌时期菌柄的上部有呈蜘蛛网状的内菌幕，但也容易消失。

偏橄榄绿色
（浅绿色）

有肥皂未添加香料时的味道

菌褶为灰白色

幼菌时有呈蜘蛛网状的内菌幕

灰色至浅灰色

注 鳞皂味口蘑 ★

Tricholoma saponaceum

秋季生长于赤松与枹栎、冷杉与枹栎等混交林中，有肥皂的味道。菌盖颜色为灰绿色，带橄榄绿、褐色、灰白色等，变化丰富。中部附近密集分布着粒状的烟灰色小鳞片的菌种是鳞皂味口蘑（ var. squamosum ），而中部没有烟灰色鳞片的菌种则为皂味口蘑（ var. saponaceum ），有时会根据有无鳞片这一特点区分两个种类；但现在则将这种情况作为菌种的变异。菌褶稀疏，菌肉受伤后会变成粉褐色。鳞皂味口蘑从很久以前就作为食用蘑菇，变化丰富，味道也各不相同，由于鳞皂味口蘑也引起过肠胃系统中毒，须注意，尤其禁止生吃。

→ 毒 栗褐口蘑

Tricholoma fulvum

褐黑口蘑的近缘菌种。菌盖呈栗褐色，中部颜色深，呈纤维状，湿润时有黏性。菌褶呈黄色，受伤或老化后会形成褐色斑点。从前是煮熟后就可以食用，但由于其引起过腹泻等肠胃系统中毒症状，应避免随意食用。有毒成分不明。

菌褶呈黄色，受伤或老化后会出现褐色斑点

菌柄中空

茶色，湿润时有黏性

食 松口蘑 ★★★
Tricholoma matsutake

食 粗壮口蘑

美味的松口蘑，香气与价格都是日本第一！

从《万叶集》诞生的时代（约公元8世纪）开始，松口蘑一直深受日本人喜爱。除了赤松林以外，松口蘑还生长于日本黑松、偃松、南日本铁杉、异叶铁杉和台湾云杉等的树林中，有时会形成蘑菇圈。最近的DNA鉴定表明，松口蘑与北欧的瑞典口蘑（T. nauseosum）为相同菌种。虽然蘑菇的学名一般以旧的名字优先命名，但由于日本的松口蘑闻名于世界，所以作为特例，保留了T.matsutake这一学名。【特征】菌盖：幼菌时期边缘内卷，初期呈扁半球形，后期平展，中部凸起。底色为白色，表面被褐色纤毛状的鳞片所覆盖。菌褶：弯生，白色，密集分布。老化后会出现褐色斑点。菌柄：和菌盖一样被褐色鳞片所覆盖，上部有绒毛状菌环，菌环以上呈白色。菌肉：白色，质地细密。

【食用方法】搭配任何料理都很合适，但更推荐用来烤、蒸，或与菜和肉一起放在米饭里煮，以发挥其香气。其香气的主要成分为蘑菇醇和肉桂酸甲酯，合成后被广泛使用。

分布范围：	日本、朝鲜半岛、中国、北欧
生长环境：	松林、南日本铁杉林
生长季节：	秋季
大小：	直径8cm~20cm
生长类型：	外生菌根菌

食 松口蘑　菌盖还未平展的幼菌更美味。菌褶被菌环包住，伤口少。

日本京都市中京区锦
市场出售的日本产松
口蘑。菌盖未平展的
幼菌十分珍稀。
图片/津田盛也

🍴 松口蘑　生长于亚高山带南日本铁杉林的松口蘑

比松口蘑的
形状小

老化后会出现
褐色斑点

基部变细

🍴 粗壮口蘑

🍴 粗壮口蘑 ★

Tricholoma robustum

秋季生长于赤松林，时间比松口蘑晚。虽然和松口蘑长得十分相
似，但是形状比松口蘑小，也没有香气，菌柄向下基部变细、变
尖。老化后菌褶会出现褐色斑点。虽然煮后会变黑，但煮出来的
肉汁味道鲜美，适合用来煮菜或炖汤。需要注意，相同的环境下
也会长出褐黑口蘑（P48）。

食 假松口蘑 ★★★
Tricholoma bakamatsutake

食 栗褐口蘑
? Squamanita sp. 菌瘿伞属菌种
食 Tricholoma anatolicum
食 白口蘑
食 脐突菌瘿伞

不生于松林，却具有比松口蘑更浓的香气。

生长于山毛榉科树林（枹栎、大叶栲、日本石柯等）。日本青森县津轻市给它起了"比松口蘑着急着露脸的傻家伙"的地方俗名。假松口蘑形状比松口蘑小，但香气比松口蘑浓。

【特征】**菌盖：**前期呈扁半球形，后期中部突出，平展。栗褐色，边缘呈浅色至白色。纤维状表皮裂开后形成鳞片。**菌褶：**白色，密集。**菌柄：**被纤维状鳞片所覆盖，有绒毛状菌环。菌柄上下大致等粗，内实。**菌肉：**白色，质地细密，具有比松口蘑更浓的香气。

【食用方法】使用方法与松口蘑一样。用来煮蘑菇饭时，浓浓的香气能在电饭煲里持续两三天。

分布范围：	日本、中国、新几内亚岛等
生长环境：	阔叶林（山毛榉科）
生长季节：	秋季
大小：	直径4cm~10cm
生长类型：	外生菌根菌
相似的毒蘑菇：	褐黑口蘑（P48）等菌盖呈茶色的蘑菇

菌褶呈白色

表面有纤维状鳞片

食 假松口蘑

有菌环

菌柄不细，上下等粗

整体带有黄色

食 假松口蘑
是具有浓烈香气的松口蘑的同类。

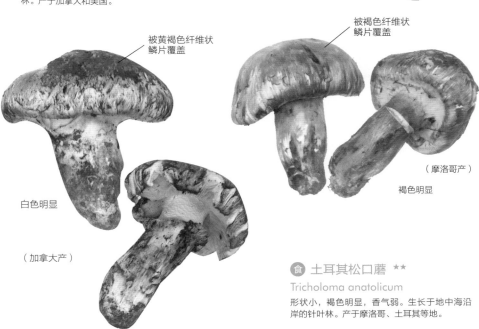

表面有纤维状毛刺

菌褶呈白色

有菌环

食 栗褐松口蘑 ★★

Tricholoma fulvocastaneum

生长于山毛榉科的阔叶林，形状和外观都与假松口蘑十分相似，但整体的褐色更加明显，没有松口蘑特有的香气。比假松口蘑形状稍大，菌环颜色更深，呈深褐色。其菌柄基部突然变细这点也与假松口蘑不同。菌肉呈白色，肉嫩。生长时期早于松口蘑，品种珍稀。食用方法虽与松口蘑一样，但没有香气，而嚼劲更好。在日本千叶县采不到足量假松口蘑时，常常会将栗褐松口蘑参杂在其中充数。

基部骤然变细

整体褐色明显

食 白口蘑 ★★

Tricholoma magnivelare

形状大，白色明显，香气弱而肉质坚实。产地为北美大陆西海岸的针叶林。产于加拿大和美国。

被褐色纤维状鳞片覆盖

被黄褐色纤维状鳞片覆盖

白色明显

（加拿大产）

（摩洛哥产）

褐色明显

食 土耳其松口蘑 ★★

Tricholoma anatolicum

形状小，褐色明显，香气弱。生长于地中海沿岸的针叶林。产于摩洛哥、土耳其等地。

← 食 脐突菌瘿伞 ★

Squamanita umbonata

菌柄基部膨大，实际上是由于脐突菌瘿伞寄生在别的菌种（有报告为丝盖伞属）的菌丝块上所导致的。

? 菌瘿伞属菌种

松口蘑与拟橙盖鹅膏的菌托完全连接在一起，样子令人惊奇。

图片/小寺祐三

? 菌瘿伞属菌种

Squamanita sp.

最初发现于日本大分县，后来在日本京都市内也被报告为未记录菌种。从拟橙盖鹅膏状的菌托上长出了松口蘑状的子实体，是形状奇特的稀有菌种。同时，该菌种有松口蘑似的香气。与脐突菌瘿伞一样，都是寄生在其他菌种菌丝块上的品种。

这条线以下为其他菌种（寄生于其他菌种上）

图片/村上康明

注 大白桩菇 ★★

Leucopaxillus giganteus

不 大银杏菌

形状非常大。

形状大，菌盖直径超过了40cm。整体呈白色，生长于堆积着厚厚的落叶、落枝的树林或竹林等地上，也常见于杉林里。由于其形状像相扑选手名为"大银杏"的发型，因此日语名为"大银杏菌"。

【特征】**菌盖：**呈扁半球形，幼菌时期边缘大幅内卷，平展后呈浅漏斗形。白色至淡黄色，有丝绸般的光泽，但后期表面会形成细微毛刺。**菌褶：**白色至淡黄色，垂生，密集。多数菌褶与菌柄相接处会出现分叉。**菌柄：**粗1.5cm~6.5cm，内实。与菌盖颜色几乎一致。**菌肉：**白色，质地细密，略有粉臭味。

【食用方法】新鲜的时候不用担心会有臭味，口感极佳。用来煮菜会散发出浓烈的香味，十足美味。形状大，分量够吃，不管用在什么料理中都合适。由于个人体质不同，可能会引起肠胃系统中毒，需要注意。

分布范围：	北半球温带以北
生长环境：	杉林、竹林、庭院
生长季节：	夏季~秋季
大小：	直径7cm~25cm
生长类型：	腐生菌

不 **北方白桩菇**

Aspropaxillus septentrionalis
(=Leucopaxillus septentrionalis)

初夏季节生长于山毛榉科的落叶树根旁，形状巨大，有的直径超过30cm。呈淡黄色至黄褐色，有独特的粉臭味，不适合食用。虽然幼菌可以食用，但因个人体质不同可能会引起肠胃系统中毒。

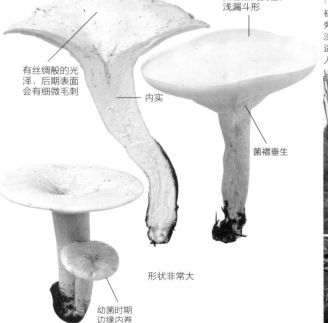

白色至浅黄色，浅漏斗形

有丝绸般的光泽，后期表面会有细微毛刺

内实

菌褶垂生

形状非常大

幼菌时期边缘内卷

日本的松口蘑，世界的松口蘑

根田仁、村田仁（日本国立开发法人 森林综合研究所）

如今在日本采不到的松口蘑

代表日本秋天味道的松口蘑，菌根形成于山毛榉科树种上，主要生于赤松林。过去在以日本京都府、广岛县、冈山县为中心的地区可以采到大量松口蘑。但是，近年由于松树枯黄、气候变化的影响，松口蘑的主要生产地向寒冷的地方迁移。从这几年间的松口蘑每年的生产量来看，海拔高的长野县和日本东北地区的岩手县常占据前两位。另外，除了关西以外的松口蘑产地，石川县及和歌山县等地的产量也常排名前几。

日本一年松口蘑的消费量约有1200吨，但国内年生产量一直维持在50吨以下。因此，日本一直从中国、美国、土耳其、加拿大、韩国、墨西哥、不丹，甚至更远的摩洛哥或北欧进口松口蘑。这些进口蘑菇在香气上没有差别，但会混杂松口蘑以外的菌种。

世界的松口蘑

中国、韩国产的松口蘑多与日本产的为同一菌种。遗传基因分析表明，亚洲产的松口蘑在地理上可分为两大种类（远东地区：日本、朝鲜半岛和中国东北部；西藏地区：中国西南部和不丹）。同时，远东地区松口蘑又可分为日本多遗传型、朝鲜半岛多遗传型、中国东北地区多遗传型等。

另外，松口蘑不仅

生于日本赤松等松林里，在中国云南省也生长于山毛榉科树林里。实验表明松口蘑有与白桦和大岛樱有可能共生。松口蘑可能原本就具有宿主广泛的特性。

生于北美西海岸的白口蘑（T.magnivelare），其特征是具有全白的菌盖。北美地区经报告有几种松口蘑的近缘菌种，近期明确甜味口蘑（T.dulciolens）、日本松口蘑都在北美有分布。这些北美地区的松口蘑以前就在当地的日裔中很受欢迎，近几年对日本的出口量也变多了。

在过去很长一段时间内，北欧的褐色松口蘑（T.nauseosum）都被当作与日本松口蘑种类不同的菌种，然而最近的DNA解析结果表明，两者实际属于同类菌种。1905年在挪威被报告有这种北欧松口蘑，学名为nauseosum（意为"催吐"）。在北欧的松口蘑，据说会散发

中国云南省产的松口蘑

出令人十分不悦的气味。而在南欧，则分布有形状稍小、颜色更深的欧洲口蘑（T.caligatum）。由于其菌柄上菌环以下的部分看上去像是穿了靴子，所以其名字中带有"半长靴"（caligatum）。这种蘑菇的气味欧洲人也不喜欢，因此非采集的对象。

日本松口蘑的近缘菌种

在日本，有与松口蘑很相似的近缘菌种。栗褐松口蘑生于山毛榉科的树林里，香味淡，菌柄根部细。而假松口蘑比松口蘑的香气浓，生于山毛榉科树林里。

这些松口蘑的同类有怎样的亲缘关系呢？近年来，通过对被称为"转座子"的可动遗传因子在染色体组中的数量和分布特点进行解析，可将松口蘑的同类划分为两大组：一组将松科针叶树作为宿主，而另一组将山毛榉科阔叶树作为宿主。这样一来，各个菌种之间的亲缘关系就变得清晰明了。

意大利产欧洲口蘑

生于阔叶树林的假松口蘑

松口蘑同类的亲缘关系

进化时间 →	松口蘑类特别的反转录转座子的特征			宿主植物
	染色体组中的复制数量		分布类型	
	σ	marY1	marY2N	
假松口蘑	2	1	1	A	山毛榉科阔叶树
栗褐松口蘑	20	1	1	A	
欧洲口蘑	20	7	1	B	
白口蘑	6000	70	4	B	松科针叶树
墨西哥产未确定的菌种	1500	300	4	B	
地中海沿岸产的土耳其松口蘑	3000	1500	8	B	
松口蘑	3000	1000	200	B	

参考Murata等作者自2013年发表的文献

墨西哥产白口蘑的同类

食 毛柄金钱菌 ★★★
Flammulina velutipes

冬季生长在朴树上。

生长于晚秋至冬季的蘑菇，在积雪中也能生长，尤其多丛生于朴树腐烂的伐木或倒木上，而得名"朴菌"（日语名），但同时也生长于山毛榉科的阔叶树、柿树、杂交构树和无花果树等树上。市场上贩卖的人工栽培品种为从豆芽状栽培出来的幼菌，在颜色、形状、大小等方面都和野生毛柄金钱菌截然不同。

【特征】**菌盖：**初期呈半球形，后期呈扁半球形至平展，黄色至褐色，黏性强。**菌褶：**白色至淡黄褐色，稍疏。**菌柄：**黄褐色至深褐色，上部颜色浅。被绒毛覆盖。菌柄上下同粗，质地同软骨一样，中空。**菌肉：**白色，有芳香。

【食用方法】野生的毛柄金钱菌与人工栽培品种完全不同，味道佳，搭配各种料理都很合适，推荐将它用来煮菜、与酱油一起煮或煮火锅，以发挥其黏液的作用。烫过以后与萝卜泥拌在一起（一道日式料理的做法）也很美味。

分布范围：	全世界
生长环境：	阔叶树（朴树、枹栎、栎树）的树桩或枯木
生长季节：	晚秋~春季
大小：	直径2cm~8cm
生长类型：	木材腐朽菌

黄色至褐色，黏性强

生长于树桩上的野生毛柄金钱菌，颜色和形状都与人工栽培的品种完全不同。

下部为深褐色

菌柄表面有绒毛

从古至今对毛柄金钱菌的栽培

根田仁（日本国立研究开发法人 森林综合研究所）

从日本江户时代开始沿用的原木栽培

由于毛柄金钱菌是非常普通的木材腐朽菌，常见于公园或庭院里的枯木上。因其似乎偏好与朴树同为榆科的榉树，所以在街边的树下也能见到它们。

毛柄金钱菌生于寒冬，不论风吹、干燥、下雨、下雪或水分蒸发；即使被虫子啃食或腐烂，都长时间保持相同姿势，散发孢子。这也许是毛柄金钱菌的繁殖战略。

在江户时代的日本，以食物为重点的植物书《本朝食鉴》（1695年）和带插画的百科全书《和汉三才图册》（1712年）都对毛柄金钱菌进行了详细记载。这两本书中都记载了毛柄金钱菌的栽培方法：朴树砍下后，将其大部分埋进土里，露在地上的部分则用草席覆盖，每天用淘米水浇在上面，就会长出毛柄金钱菌。这样的栽培技术，实际上从日本江户时代开始就沿用了。

从日本大正时代开始的菌床栽培

毛柄金钱菌的纯培养技术使用了锯木屑及谷糠，日本大正十二年（1923年），由日本长野县松代市的教员长谷川五作开始使用。长野县的毛柄金钱菌生产量从日本昭和三十年代（1955~1965年）至今，都在增长。当初栽培的毛柄金钱菌与野生品种一样，呈茶褐色且菌柄短。但由于在栽培时用纸卷住，使其菌柄变长；在没有光照的暗处栽培，使其变白；最终培养出了豆芽状的毛柄金钱菌，而毛柄金钱菌这一形状也给人留下了很深的印象。

近年来，毛柄金钱菌的主流人工培育品种是在光照下生长也不会变褐色的纯白菌种（白色金针菇）。不是因为其没有形成褐色色素的能力而导致褪色，而是在颜色形成时期，苯的酸化受到阻碍，不能形成颜色。

在世界上广泛分布的毛柄金钱菌

毛柄金钱菌广泛分布于北半球的温带地区。南半球的温带地区也有毛柄金钱菌，且经查遗传因子的类型后发现，新西兰和澳大利亚塔斯马尼亚地区的毛柄金钱菌与欧洲产的为同种类，很可能是随人口和物资移动而引进到这些地区的。有趣的是，北美地区太平洋沿岸产的毛柄金钱菌也与中国、日本等东亚地区的种类相同。

在全世界温带都有分布的小火焰菌属蘑菇，目前已知的约有10种。这些菌种之间都很相似，难以区分，但可以通过寄生树木的种类，以及显微镜观察到的特征进行区分。在日本，目前被公布的只有一种毛柄金钱菌，实际上可能与多个菌种被混同在了一起。

食 掌状玫耳 ★

Rhodotus palmatus

粉色的菌盖上有红色汁液，看上去像干杏一样。

膨瑚菌科唯一的珍稀菌种，虽然日本北部的掌状玫耳数量较多，但总体来说还是数量稀少。从其菌盖的外观、大小，到其香气，都如干杏一样。

【特征】**菌盖：** 初期为扁半球形，后期平展。呈淡红色至肉色，表面分布着有特色的脉状条纹。湿润时有黏性。**菌褶：** 淡粉色，稍疏。**菌柄：** 偏离中心生长，短；呈白色至淡红色，内实，附着红褐色分泌物。菌

肉： 淡粉色，肉质略强韧，有水果味。
【食用方法】有苦味，肉质较硬，口感差。煮后肉汁会渗出，适合用来煮菜等。

分布范围：	北半球温带以北、日本（中部地带或北海道等寒冷地区）
生长环境：	阔叶树（特别是榆树）的枯木或倒木
生长季节：	春季~秋季
大小：	直径3cm~8cm
生长类型：	木材腐朽菌

有脉状纹

淡粉色

带有红褐色分泌物

淡红色

淡粉色

食 白环黏奥德蘑 ★

Mucidula mucida var. asiatica

食 网褶小奥德蘑

有黏滑的白色菌盖和菌环，菌褶为白色，不呈波浪状。

从梅雨季节开始生长于大叶栲等山毛榉科的阔叶树枯干上，单生或丛生。蘑菇呈白色，黏性强。

【特征】**菌盖：**前期为扁半球形，后期大多平展。呈白色，中部稍带灰褐色至肉色。湿润时黏性强，稍显条纹。**菌褶：**白色，直生，长而稀疏。**菌柄：**白色，质地像软骨一样，内实。有白色膜质菌环。**菌肉：**白色，质嫩。

【使用方法】味道佳，口感好。最适合利用其黏液来煮菜。

分布范围：	北半球温带
生长环境：	阔叶林
生长季节：	夏季~秋季
大小：	直径3cm~15cm
生长类型：	木材腐朽菌

黏性强

食 白环黏奥德蘑

菌褶不呈波浪状，笔直生长

有白色膜质菌环

菌柄内实

食 网褶小奥德蘑 ★

Mucidula mucida var. venosolamellata

虽与白环黏奥德蘑长得很相似，但其菌褶上有明显的褶皱，且只生长于山毛榉林的山毛榉，可以将两者区分开来。但也有人认为它们为同个菌种。菌盖中部初期带灰褐色，后期变为淡灰色至白色，黏性强。菌褶呈白色，长而稀疏，且有明显的褶皱。菌柄呈白色，质地像软骨一样，有白色的膜质菌环。菌环以下呈灰白色，内实。菌肉呈白色至奶油色，肉薄且嫩。可以和菜一起煮，或者用水烫一下后蘸糖浆吃。需要注意的是，其水分多时容易腐烂。

? 二孢拟奥德蘑

? 中华干蘑

Hymenopellis raphanipes (= Xerula chiangmaiae var. raphanipes)

被归为小奥德蘑属的同类有10种以上，体型大的二孢拟奥德蘑也"宣布独立"。

日本产小奥德蘑属的蘑菇，根据显微镜观察到的特点可分为10个种类以上，一直被冠以与长根菇或绒毛小奥德蘑一样学名的菌种，不生长于日本。

【特征】**菌盖：** 有呈放射状的浅条纹，褐色至暗褐色，湿润时有黏性。**菌褶：** 白色，长。**菌柄：** 上部颜色浅，下部和菌盖的颜色一样，有时被小鳞片覆盖。菌柄末端变为根状深入地下。**菌肉：** 白色，肉薄。

【注意】虽然小奥德蘑属的蘑菇一直被视作可食用蘑菇，但还是需要注意。

分布范围： 日本、中国、泰国、印度
生长环境： 阔叶林
生长季节： 夏季~秋季
大小： 直径5cm~10cm，菌柄9cm~20cm（地上部分）
生长类型： 腐生菌

图片/
西田诚之

图片/
水田由香里、
帆足美伸

? 中华干蘑

Xerula sinopudens

近几年的研究表明，一直被冠以与绒毛小奥德蘑相同学名的该菌种不在日本生长。该菌种生于阔叶林里。菌盖呈灰褐色，表面有放射状条纹。菌盖表面和菌柄上都有红褐色短硬毛。菌柄根部深入地下。短硬毛无色的为拟干蘑，是不同的菌种。尚不明确其是否有毒性。

日本产小奥德蘑属的分类大调整

水田由香里（日本高知商业高中）、帆足美伸（株式会社坂田信夫商店）

销声匿迹的长根小奥德蘑和黄绒干蘑

在日本，被称为长根小奥德蘑的菌种虽已有Oudemansiella radicata的学名，但专家的调查结果表明，其中还包含着许多未被确认的新菌种。

小奥德蘑属分类的细化及日本产的已知菌种

以前，小奥德蘑属下分为小奥德蘑种和干蘑种，而分子系统学的研究结果表明，这两个菌种包含着新的种类，又将这两大种细分出多个种类。参照彼特森（Petersen）和休斯（Hughes）的分类体系，加上上述的两种（小奥德蘑种和干蘑种），日本的小奥德蘑属由拟干蘑种、长根小奥德蘑种、指孢伞种、黏小奥德蘑种和Ponticulomyces种构成。

长根小奥德蘑从土里的木材上伸出杖状假根，也因其生长形态而得此名。关

延伸的假根

于日本产已知的带假根小奥德蘑属菌种，在下方的检索表里有总结。

对于作为食用菌的疑问

虽然至今为止，人们基于小奥德蘑的名字，已经采到了各种不同的小奥德蘑属菌种，并且也有食用的经历，但目前已明确了小奥德蘑属菌种的多样性，其中还有很多种类未确定是否具有毒性，食用时一定需要注意。

日本产带假根的小奥德蘑属检索表

Key1

孢子呈刺状	Dactylosporina brunneomarginata
孢子不呈刺状	Key2

Key2

菌盖和菌柄表面有刚毛	显微镜下菌盖的刚毛有色，孢子呈球形至近球形 中华干蘑（Xerula sinopudens）
	显微镜下菌盖的刚毛几乎无色，孢子呈大椭圆形至大卵形 拟干蘑（Paraxerula hongoi）
菌盖和菌柄表面没有刚毛	菌盖表皮有毛状细胞...Key3 菌盖表皮无毛状细胞...Key4

Key3

孢子呈杏仁形	四分孢子	杏仁形小奥德蘑（Hymenopellis amygdaliformis）
	双孢子	杏仁形小奥德蘑双孢变种（Hymenopellis amygdaliformis var.bispora）
孢子不呈杏仁形	四分孢子	清迈小奥德蘑（Hymenopellis chiangmaiae）
	双孢子	二孢拟奥德蘑（Hymenopellis raphanipes）

Key4

孢子呈球形至近球形	四分孢子	Hymenopellis japonica
	双孢子	Hymenopellis altissima
孢子不呈球形至近球形	子实体有变色性	变酒红色，褶缘囊体呈头状 Hymenopellis vinocontusa
		变褐色，褶缘囊体不呈头状 Hymenopellis aureocystidiata
	子实体无变色性	菌盖呈褐色，成熟后菌褶带粉红色 东方小奥德蘑（Hymenopellis orientalis）
		子实体小且脆，菌盖偏白，菌褶呈白色 东方小奥德蘑变种（Hymenopellis orientalis var.margaritella）

食 小鹅膏 ★
Strobilurus ohshimae

食 大囊松果菌
食 小孢菌
不 耳匙菌

在少有蘑菇的杉林里，生长在杉枝上。

能够在少有蘑菇的杉林里采到的蘑菇。小鹅膏生长于被掩埋的杉枝上，长得小，难以采集，所以在蘑菇数量少的情况下很珍贵。

【特征】**菌盖：**初期为扁半球形，后期平展。呈白色至灰色，有细毛。**菌褶：**白色，上生至离生，稍密至稀疏。**菌柄：**橙黄褐色，覆盖有细毛，中空。基部常呈根状。**菌肉：**白色，肉薄。

【食用方法】没有臭味，不管搭配什么料理都很合适，由于菌柄带颜色的部分较硬，将菌柄摘除后可以用来炒菜或炒蛋。

分布范围：	本州~九州
生长环境：	针叶林（尤其是杉树林）
生长季节：	秋季~初冬
大小：	直径1cm~5cm
生长类型：	腐生菌

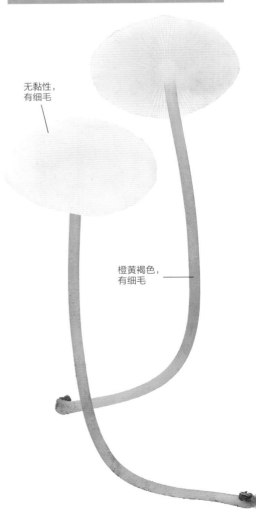

无黏性，
有细毛

橙黄褐色，
有细毛

生长于被掩埋的杉枝上

菌盖有透明感

有细毛

食 **大囊松果菌** ★

Strobilurus stephanocystis

晚秋至初冬季节，生长于被掩埋在地上的松果
上。颜色各异，呈黑褐色、灰褐色、红褐色、
白色等。菌褶呈白色，密集。菌柄上部为白
色，下部为橙黄褐色，表面被细毛覆盖。

其他生长于松果上的蘑菇

不 耳匙菌

Auriscalpium vulgare

晚秋生长于落在地面的松果上。菌盖平展至小山
状，或呈茶褐色至暗褐色的肾形至心脏形，凹陷
处与菌柄相接。菌柄呈暗褐色，表面绒毛密集。
菌褶呈针状，白色至灰褐色。

食 **小孢菌** ★

Baeospora myosura

晚秋至冬季，生长于被掩埋在地上的松果上。呈淡
黄褐色至褐色，变干后颜色变浅。菌褶上生，白
色，密集。菌柄呈白色至浅色，被白色粉末覆盖，
根部有白色长毛。

被白色的
粉末覆盖

图片/波部健

注 蜜环菌 ★

Armillaria mellea

注 假蜜环菌　注 黄小蜜环菌
注 奥氏蜜环菌　注 蜜环菌属菌种

在日本深受喜爱的蘑菇，其地方俗名也是最多的。

在各地都能见到这种蘑菇，束生至群生于枯木或倒木上。其生长的时期较长，能采到的数量也比较多，因此从古代开始就经常被使用，相应地拥有了很多地方俗名。作为强大的木材腐朽菌，它通过分解枯木等获得养分；有时也有使阔叶树变枯的强病原性。由此也可推出它与兰科植物血红肉果兰（Cyrtosia septentrionalis，注：腐生植物）的关系。【特征】**菌盖：**淡黄褐色至茶褐色，中部有深褐色的毛刺状小鳞片，但不显眼。边缘有放射状条纹分布。湿润时有黏性。**菌褶：**初期为白色，后期有褐色斑点。直生至稍垂生，稍疏。**菌柄：**上下等粗、下部较粗，内实。上部大体呈白色，下部多带有黑色。上部有白色至淡黄色的膜质菌环。内实而质脆。**菌肉：**白色至淡黄色。【食用方法·注意事项】用来做烩菜时，能发挥其黏液的作用，口感好且肉汁鲜美。分为好几个种类，但无论生吃哪个种类的蜜环菌，食用数十分钟至24小时内会导致肠胃系统的中毒，引起恶心、腹泻、腹胀等症状。另外，过量食用会导致消化不良。与毒蘑菇簇生盔孢菌（P132）相似，需要注意。

分布范围： 全世界
生长环境： 阔叶林、针叶林的枯木或倒木
生长季节： 春季~秋季
大小： 直径4cm~15cm
生长类型： 木材腐朽菌
相似的毒蘑菇： 簇生盔孢菌（P132）

中部有黑色鳞片

有菌环

下部带黑色

淡黄色至淡褐色，边缘有条纹，鳞片少

注 蜜环菌

无菌环 ——

多数丛生 ——

注 **假蜜环菌** ★★ *Armillaria tabescens*

生于阔叶树的树桩和枯干上，多丛生于立木的根部。与蜜环菌相似，菌柄上没有菌环。菌盖呈黄褐色，中部密集分布有褐色的小鳞片，边缘有条纹。菌褶初期为白色，后期有淡褐色斑点。菌柄和菌盖颜色大致相同，基部颜色较暗，纤维质地，没有菌环。可以食用，一次可以采到大量假蜜环菌，但由于难以消化，注意不要食用过量。另外，生吃会中毒。与簇生盔苞菌（P132）相似，需要注意。

菌环呈绒毛状，易消失，常常留下黑色线状痕迹。
菌柄被绒毛状鳞片所覆盖，有斑点。

注 黄小蜜环菌 ★★

Armillaria cepistipes

秋季多束生至群生于山毛榉或栎木等阔叶树的倒木或树桩上，另外还单生于被掩埋的枯木上。菌伞带红褐色，整体密集分布着纤维状黑褐色小鳞片，边缘有条纹。菌褶呈白色，带有淡褐色，后期有褐色斑点。菌柄被黄色至褐色、薄薄的绒毛状鳞片所覆盖，老化后带深橄榄绿色，整体为淡红褐色，分层状。菌环呈白色绒毛状，边缘呈灰色，易消失，常常留下黑色线状痕迹。生食时需要注意。另外，其与毒蘑菇簇生盔孢菌（P132）相似，也需要注意。

呈淡黄褐色至茶褐色，
带有黑褐色的粗鳞片

菌环边缘
上有一圈
褐色鳞片

白色的膜质菌环，
厚、易脱落

注 奥氏蜜环菌 ★★

Armillaria ostoyae (= A. solidipes)

秋季生长于山毛榉、栎木等阔叶树或日本落叶松等针叶树的倒木或树桩上，多为群生至束生。菌盖呈淡黄褐色至茶褐色，表面密集分布着黑褐色的毛刺状小鳞片，边缘有短条纹。菌褶呈白色，后期出现褐色斑点。白色菌柄呈膜质、厚；菌环留存持久，边缘上有一圈褐色鳞片；菌环以下的菌柄被淡褐色的绒毛状鳞片所覆盖，老化后带橄榄棕色。生吃时需要注意。分布于日本长野县至关东地区以北，与寒温带树林的分布状况一致。

有粒状至刺状小鳞片，密集分布于中部

淡黄褐色至金黄褐色

有淡黄色膜质菌环

注 **蜜环菌属菌种** ★★

Armillaria sp.

春季和秋季群生或束生于大叶栎等阔叶树的倒木或树桩上。目前为日本特有的蘑菇，尚未被记录。整体颜色浅，菌盖呈淡黄褐色至金黄褐色，初期表面密集分布着粒状至刺状的小鳞片，后期只有中部才有鳞片。菌盖边缘有短条纹；菌褶呈白色，难以形成褐色斑点。菌环为淡黄色，呈膜质，留存持久。菌环以下的菌柄被条纹和微小的鳞片覆盖，基部带黄褐色。蜜环菌类的菌种都特别美味，但要注意其与毒蘑菇簇生盔孢菌（P132）相似，生食时也需要注意。

采到的蜜环菌的同类。由于蜜环菌的同类经常群生，找到合适的地点就能一次采到大量的蘑菇。

采集到大量的该菌种时，建议将它们清洗干净后拿去煮，并将煮出的汤汁冷冻保存备用。

遍布世界的蜜环菌属菌种分化

长谷川绘里（日本国立研究开发法人 森林综合研究所）

蜜环菌属多样的生活形态

蜜环菌属（Armillaria）分布于世界各地，该属多数菌种为引起树木根腐病的真菌。在受蜜环菌根腐病严重破坏的地方，大量枯木的树皮下会出现白色扇形菌根膜；在健康的森林里，因为树木被压制等原因，单棵树木会悄无声息地腐烂。蜜环菌属菌种不仅通过让植物枯萎腐烂来获取养分，还有报告称，其与天麻（Gastrodia elata）或血红肉果兰（Cyrtosia septentrionalis）等无叶绿兰、大丛耳菌（Wynnea gigantea）或斜盖粉褶菌（Entoloma abortivum）这类菌种共生。蜜环菌属会形成鞋带状根状菌素，布满腐木上或土地里，有时其大小能以平方千米为单位计，被称为"世界上形状最大且最长寿的生物"。其菌丝会发出微弱的荧光，因此，分布有蜜环菌的倒木，在深夜里会发光。

难以确定分类

对喜爱蜜环菌属的生活形态、想要加深了解的人来说，最开始遇到的困难就是难以确定菌种的分类。有与蜜环菌属菌种的子实体（蘑菇）形状相似的种类，而且老化后菌环或鳞片会脱落，难以分辨其特征。同时，菌种内的颜色变化也大。笔者不擅长鉴定菌种，曾在加拿大将奥氏蜜环菌（A.ostoyae,=A.solidipes）和黄小蜜环菌（A.cepistipes）混淆过，从那以后，我便不再根据蘑菇的外形对它们进行分类。

根据DNA排列确定分类

但是，也有不凭借形态对蘑菇进行分类的方法。20世纪70年代有报告记录了蜜环菌属的生物种，即生殖隔离，不与他种杂交的种类；之后每个生物种的形态特征都被记录下来。即使不凭借蘑菇的形态，也能通过在培养皿上使用由孢子形成的菌株进行交配实验，开辟蘑菇分类的道路。另外，分子生物学的分类方法也很先进，凭借从腐木或蘑菇提取的DNA排列也能对蘑菇进行分类。如今，在日本列岛、欧洲、澳大利亚这些地方，每个单位

受蜜环菌根病害的日本扁柏上的菌根膜和蜜环菌

的蜜环菌属菌种在形态学、生物学、分子系统学上的种类，都几乎一致。

基于此，将生于日本北海道、本州、九州地区针叶树的蜜环菌属菌株从树上分离开来，将它们根据DNA排列进行分类，尝试弄清它们的生活形态。其中，出现频率较高的有四个菌种，若将采集地的温度指数化，按照蜜环菌、黄小蜜环菌、奥氏蜜环菌和芥黄蜜环菌（Armillaria sinapina）的顺序，则能体现出其从温暖地区到寒冷地区分布的趋势。奥氏蜜环菌从以冷杉、赤松为代表的10种针叶树上分离而得，而黄小蜜环菌从以日本柳杉为代表的8种针叶树上分离而得，它们都寄生于多个种类的针叶树上。但芥黄蜜环菌还可以从台湾冷杉、富士山冷杉、鱼鳞云杉这些寒冷地区的树种上分离而得，蜜环菌则常常可以从日本扁柏上分离而得，表明了这两个菌种各自都有经常寄生的针叶树。蜜环菌和奥氏蜜环菌从活立木或枯死后的宿主上被分离出来后，两种都被认为具有感染、寄生活木的能力，与针叶树的枯损受害有很深的关系。

蜜环菌属的各个菌种有不同的分布偏好或宿主选择偏好。另外，上述的四个菌种在阔叶树上也能采到，它们摄取养分时不分针叶树或阔叶树种。

种类和遗传因子的系统树不重合？

有时，分子系统学、形态学、生物学的分类也不完全一致。比如，目前在北美地区存在着从形态上几乎无法区分、相互之间没有杂交的两个菌种；同时，通过使用近年来系统解析中经常用到的分析某个DNA领域（peptide chain elongation factors，肽链延长因子1α：tef-1 α）排列的方法，对欧洲的一个菌种进行了分析，结果发现这个菌种包括了两个存在遗传差异的菌种，表明了隐藏菌种的存在。

枯木上的根状菌系

不仅如此，欧洲、亚洲、北美地区都报告了奥氏蜜环菌、法国蜜环菌、黄小蜜环菌，称这些菌种分布于整个北半球。将各个栖息地里的这些菌种与当地的菌种用tef-1 α排列进行解析后发现，比起种内的变异，种间的变异更大，基于此能够大致分清蜜环菌属的种类。虽然如此，若跨越栖息地，将全世界的蜜环菌属种放在一起进行同样的解析，则会出现不能分清其种类的部分蜜环菌。因此得出结论，在其他地方、被划分为同个种类的菌种之间，夹杂着其他种类的菌株，比起同类菌株，它们在遗传方面可能与其他种类的菌种更接近。

关于上述现象，有推测称，这是由于遗传因子将菌群分为无法交配组群的时期和菌群间由各组群的tef-1 α发生变异而产生差异的时期不同。比起形态学和生物学的种类划分，在不久的将来，更有可能发现能导出更进一步结果的分子系统学解析方法。但无论如何，蜜环菌属的种类到底如何划分，这一问题又重新摆在了我们面前。

毒 毒蝇鹅膏

Amanita muscaria

毒 红托鹅膏
毒 小托柄鹅膏

童话、动画和游戏中常常出现的毒蘑菇。

夏季至秋季，尤其常生于白桦树下，有时丛生，形成蘑菇圈。具有令人过目难忘的美，极富冲击力。毒蝇鹅膏被广泛用于捕捉苍蝇，因此其名字中也带上了"蝇"，英文名"Fly Agaric"也包含了"苍蝇"的元素。

【特征】**菌盖：**初期呈球形，后期从扁半球形至平展。呈鲜红色至橘黄色，表面有黏性，鳞片或疣（菌环的残留物）散生于之上。生长后边缘会出现沟纹。**菌褶：**离生，呈白色，密集。**菌柄：**白色，基部膨大成球形；菌环的残留物呈疣绕着菌柄分布。**菌肉：**白色，表皮下为淡黄色。

有毒成分：蝇蕈醇、鹅膏蕈氨酸、毒蕈碱、鹅膏毒肽等。

【中毒症状】食用30分钟左右后，会出现肠胃系统中毒症状（腹痛、呕吐、腹泻等），以及神经系统中毒症状（出汗、心跳加快、精神错乱、幻觉、痉挛等），症状复杂。严重时会导致呼吸困难和昏迷。

分布范围：	日本（中部以北）、北半球温带以北（在澳大利亚、新西兰也适应本地水土）
生长环境：	白桦林（桦木属的树林等）、针叶林
生长季节：	夏季~秋季
大小：	直径6cm~15cm
生长类型：	外生菌根菌

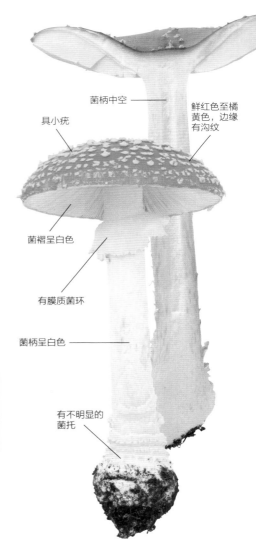

菌柄中空

鲜红色至橘黄色，边缘有沟纹

具小疣

菌褶呈白色

有膜质菌环

菌柄呈白色

有不明显的菌托

偏红色，具小疣

边缘带黄色，有沟纹

有淡黄色菌环

残留着不完全的环状物

带红色的菌托

毒 红托鹅膏

Amanita rubrovolvata

夏季至秋季，生长于山毛榉、大叶栎等山毛榉科树林里。形状比毒蝇鹅膏的小，菌盖上的小疣和基部的菌托都带有红色，膜质菌环呈淡黄色。食用后会引起神经系统和肠胃系统中毒。

毒 毒蝇鹅膏

毒 小托柄鹅膏

Amanita farinosa

在毒蝇鹅膏的同类中形状小，高度为6cm左右。因其没有菌环，所以也被称为"灰鹅膏"，但与毒蝇鹅膏更为接近，同时它也不具有灰鹅膏同类所具有的膜质袋状菌托。表面被灰褐色粉末覆盖。菌柄基部略膨大，被与菌盖颜色相同的粉质物（菌托的残留物）所覆盖。食用后会引起肠胃系统和神经系统中毒。

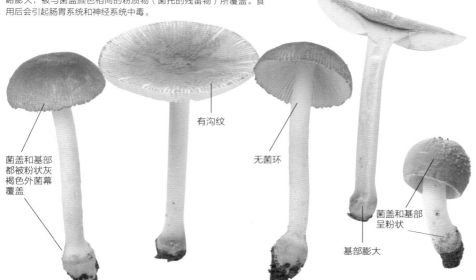

菌盖和基部都被粉状灰褐色外菌幕覆盖

有沟纹

无菌环

菌盖和基部呈粉状

基部膨大

散布到南半球的毒蝇鹅膏

田中千寻（京都大学农学研究科）

最像蘑菇的蘑菇

提到蘑菇，大家会想象出怎样的画面？可能许多人脑海里浮现出的是全红的菌盖上带有白色斑点、迪士尼动画片或电子游戏超级马里奥中令人熟悉的造型。而这些造型的原型就是毒蝇鹅膏。

由于毒蝇鹅膏主要与白桦树等桦木科树木或日本五针松、南日本铁杉等北方针叶树共生，在日本仅仅分布于高原或寒冷地区，因此该菌种并非触手可及。但是，因为它是有名的毒蘑菇，同时，其给人留下深刻印象的颜色、形状，以及从这些派生出的形象，使它对世界各地的人来说都是"最像蘑菇的蘑菇"。

故乡是美国阿拉斯加等极北地区

毒蝇鹅膏不仅分布于日本，还广泛分布于世界各地。从极北地区的针叶林到欧洲的地中海沿岸，从北美大陆北部到墨西哥附近，几乎分布在北半球所有区域里。那么像这样广泛分布的毒蝇鹅膏，都是同一个种类吗？

最近的遗传因子研究表明，毒蝇鹅膏分为亚欧大陆组、亚欧大陆高山型组、北美组等多个组。同时，阿拉斯加等极北地区的毒蝇鹅膏由这几组混杂在一起构成，各组之间的基因交流未被确定。也就是说，毒蝇鹅膏生于极北地区，之后向各个地域扩散，再向多数遗传性地方菌种进化。

散布到南半球是人为带入？

一般在新西兰或澳大利亚等南半球地区也能够见到毒蝇鹅膏。而这些地方原本没有毒蝇鹅膏，后来有所分布，与人类的活动有着紧密的联系。

比如，在英国人迁入新西兰后，为了扩大牧场和农地不断采伐森林，之后为了恢复荒芜的国土，以及保证木材资源，在20世纪初使用了生长速度快的外来有用树种新西兰辐射松和欧洲栎，进行大规模植林。但是，由于在新西兰的这些树种缺乏外生菌根菌这一共生"伙伴"，苗木的生长、发育都没有芳香。因此，从国外引进了带感染了外生菌根菌泥土的树苗。

毒蝇鹅膏被认为就是以这种方式侵入新西兰的。结果，毒蝇鹅膏在新西兰就变成了新西兰辐射松和欧洲栎林里的常见蘑菇。但在新西兰原生植被的南青冈林里，很长时间内都没有发现毒蝇鹅膏，可能是因为南青冈在南极已经完成进化，无法成为毒蝇鹅膏的宿主。

开始与南青冈共生的毒蝇鹅膏

然而，约20年前，在南青冈树下发现了毒蝇鹅膏，在那之后这种例子每年都在增加。

南青冈原生林是新西兰正在失去的自然林的象征，多数天然林地被作为保护林保护管理起来。毒蝇鹅膏侵入原生林很有可能与作为该菌种共生"伙伴"的外来树种的入侵相关，因此毒蝇鹅膏繁殖地的扩

*本研究由日本学术振兴会科学研究补助金、基盘研究实施。（B）海外学术调查《新西兰外生菌根菌侵入、定居南青冈林的相关研究》（课题号17405030、2005-2008年，发表者：田中千寻）

大被称为"外来品种问题"。

为什么近几年南青冈树下发现毒蝇鹅膏的例子快速增多？目前原因尚不明确，可能有：与毒蝇鹅膏共生的南青冈被种植或原生南青冈多生长于受生态混乱严重影响的地方；受通过稻田传播扩大种群的毒蝇鹅膏或生态混乱的影响，原本的共生菌弱化；原本的共生菌的菌根菌种群单一化等。

另外，查找新西兰毒蝇鹅膏的遗传因子结构可以发现，多个北半球的地方菌种出现在同一个地方，同时也能发现这些菌种的杂种。也就是说，毒蝇鹅膏生于北半球，经过很长的时间，在各地失去基因交流而朝着地方菌种进化；但毒蝇鹅膏在新西兰这一新天地里生机勃勃，实现了基因的再交流，形成非常多样的菌群。

开始与南青冈共生

与新西兰毒蝇鹅膏相关的话题不只有这个。毒蝇鹅膏所在的鹅膏菌属里有很多毒蘑菇，其中也有像鳞柄白毒鹅膏一样含有剧毒鹅膏毒肽，吃一个就几乎致死的毒蘑菇。一般毒蝇鹅膏的毒性没有那么强，报告表明其主要的有毒成分为鹅膏蕈氨酸及其分解物和蝇蕈醇。这些有毒成分与神经递质相似，鹅膏蕈氨酸与神经细胞的谷氨酸受体、蝇蕈醇与γ-氨基丁酸受体，两组物质分别进行不可逆的结合，使神经细胞持续兴奋或抑制，最终引起细胞的坏死等。

特别要说的是，由于谷氨酸作为神经递质对昆虫类起着重要作用，所以毒蝇鹅膏对昆虫的致死作用很强，自古以来在某些地区一直被用来捕蝇。但是，也存在着适应了毒蝇鹅膏的有毒成分、以食用该菌种为生的苍蝇。

毒蝇鹅膏最开始分布于北半球，与北半球关系久远，像上面提到的昆虫自然也会出现多个种类。一方面，对于新西兰的昆虫而言，毒蝇鹅膏与南半球之间的联系至多只有100年左右。同时，目前还不知道新西兰是否有与毒蝇鹅膏一样含有同系有毒成分的毒蘑菇。因此，据推测，利用本菌种的昆虫只是和本菌种一起侵入的外来物种。但与猜测相反，最近已经明确，菇蝇固有种类中的一种会利用毒蝇鹅膏实现入侵。闯入新天地的毒蝇鹅膏，在自身发生变化的同时，也不断地影响着其他的动植物。

新西兰北岛的毒蝇鹅膏

毒 假球基鹅膏
Amanita ibotengutake

毒 豹斑毒鹅膏	毒 残托斑鹅膏
毒 赭盖鹅膏	毒 东方黄盖鹅膏

大而粗壮的假球基鹅膏，常生于针叶林。

夏季至秋季，尤其常生于松科的针叶林里。以前都与多生于山毛榉科落叶树林的豹斑毒鹅膏相混淆，直到2002年才被作为新的菌种记录下来。与豹斑毒鹅膏相同，它也可以被用来捕杀苍蝇。鹅膏属菌类含有的著名有毒成分为鹅膏蕈氨酸。

毒 假球基鹅膏

有沟纹

有白色菌环，但容易脱落

有多重环状菌托

【特征】**菌盖：** 呈灰褐色至橄榄棕色，表面有些许黏性，附有大量菌托的残留物（小疣）。边缘有沟纹。**菌褶：** 呈白色，离生，密集。**菌柄：** 白色，表面有小鳞片至呈毛刺状，往下略变粗，基部呈球根状。菌环呈白色，与上面相接，易脱落。**菌肉：** 白色，质脆。**有毒成分：** 鹅膏蕈氨酸、蝇蕈醇。
【中毒症状】食用30分钟后，会出现肠胃系统中毒症状（腹痛、呕吐、腹泻等），以及神经系统中毒症状（出汗、心跳加快、精神错乱、幻觉、痉挛等），症状复杂。严重时会导致呼吸困难和昏迷。

分布范围： 日本、中国、韩国
生长环境： 主要为针叶林（云杉、冷杉等）
生长季节： 夏季~秋季
大小： 直径4cm~25cm
生长类型： 外生菌根菌

边缘有沟纹

小疣呈金字塔状

毒 豹斑毒鹅膏

Amanita pantherina

生于阔叶林，被用于捕苍蝇，有"捕蝇菌"的日语名。易同生于针叶林的假球基鹅膏混淆，但基于形状较小，长得更华丽，还有用显微镜才能观察到的其他特征，以及生长环境等特点，能与假球基鹅膏区分开来。该菌种含有鹅膏蕈氨酸、蝇蕈醇、Stizolobate acid等成分，食用后会出现与食用假球基鹅膏后相同的中毒症状。

菌环易脱落

基部膨大

菌托的边缘呈环状，多弯曲

沟纹明显

菌托上也有小疣

毒 残托斑鹅膏

Amanita sychnopyramis f. subannulata

生于栲树林或枹栎林，形状比豹斑毒鹅膏小。菌盖上的小疣呈角锥状（像金字塔一样尖），从这一点能够分辨出该菌种。角锥状的小疣同时呈环状附着于菌托上。菌盖边缘有明显的沟纹。有食用该菌种后死亡的案例，其中毒症状不明。

带红褐色，同时呈暗红褐色；具灰白色至淡褐色的粉质小疣

没有沟纹

具白色小疣

有沟纹

毒 东方黄盖鹅膏

Amanita orientigemmata

生于阔叶林，尤其是枹栎、赤松林。广泛分布于北半球，但欧洲的东方黄盖鹅膏很有可能为其他菌种。除了鹅膏蕈氨酸、蝇蕈醇、Stizolobate acid之外，还含有多种有毒成分，食用后会引起神经系统和肠胃系统中毒。几天后可以恢复，但在北美地区也出现过死亡的案例。

受伤或老化后变红

淡黄色，有黏性

菌托的小疣易消失

有白色膜质菌环

有菌托

毒 赭盖鹅膏

Amanita rubescens

其特点为受伤或老化后会变红。以前一直被食用，但生食会引起肠胃系统中毒。近年来发现其含有冬凌草甲素（溶血性蛋白质）和有剧毒的鹅膏毒肽等成分，最好不要食用。

基部膨大

毒 灰鹅膏
Amanita vaginata

毒 暗灰鹅膏　　毒 赤褐鹅膏
毒 圈托鹅膏菌

菌柄长而无菌环。

与条缘鹅膏相似，但无菌环这一点与条缘鹅膏区别开。以前曾被食用过，加热后食用仍会中毒。

【特征】**菌盖：** 呈卵形至扁半球形，后期平展。中部颜色深，有时表面附着有菌托残留物。边缘有明显的沟纹。**菌褶：** 呈白色，密集。**菌柄：** 白色至浅灰色，被绒毛覆盖，没有菌环，基部有白色膜质菌托。中空。**菌肉：** 白色。**有毒成分：** 溶血性蛋白质。

【中毒症状】会引起肠胃系统和神经系统中毒，生食会引起严重溶血症状。

分布范围：	全世界
生长环境：	阔叶林（主要为山毛榉科）、针叶林（松科）
生长季节：	夏季~秋季
大小：	直径5cm~8cm
生长类型：	外生菌根菌

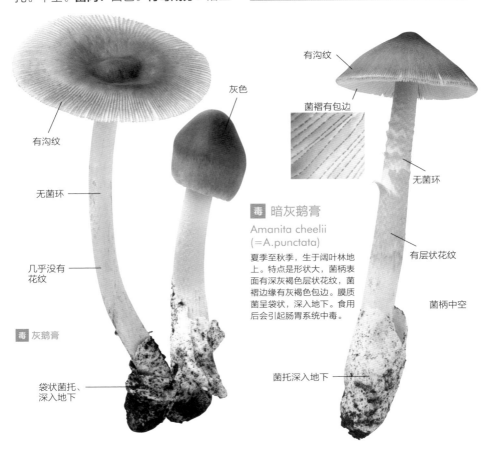

灰色

有沟纹

有沟纹

无菌环

几乎没有花纹

毒 灰鹅膏

袋状菌托、深入地下

菌褶有包边

无菌环

毒 暗灰鹅膏

Amanita cheelii
(＝A.punctata)

夏季至秋季，生于阔叶林地上。特点是形状大，菌柄表面有深灰褐色层状花纹，菌褶边缘有灰褐色包边。膜质菌托呈袋状，深入地下。食用后会引起肠胃系统中毒。

有层状花纹

菌柄中空

菌托深入地下

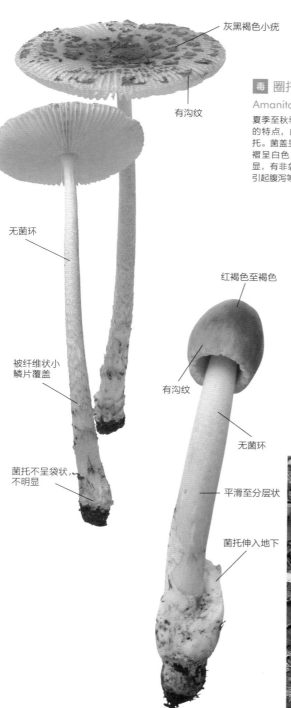

灰黑褐色小疣

有沟纹

无菌环

被纤维状小鳞片覆盖

菌托不呈袋状，不明显

毒 圈托鹅膏菌

Amanita ceciliae

夏季至秋季，常生于山毛榉科树下。与灰鹅膏具有共同的特点，由于是灰鹅膏的同类，没有呈完整袋状的菌托。菌盖呈黄褐色至深褐色，多附有黑褐色小鳞片。菌褶呈白色，离生，稍密，没有菌环。基部的菌托不明显，有非袋状、不完整的灰黑褐色绵质环状残留物。会引起腹泻等肠胃系统中毒。

红褐色至褐色

有沟纹

无菌环

平滑至分层状

菌托伸入地下

毒 赤褐鹅膏

Amanita fulva

曾经被当作灰鹅膏的变种，现在被当成是另外的菌种。菌盖呈红褐色至褐色。边缘有明显沟纹。菌褶呈白色，离生，密集分布。菌柄中空，没有菌环；表面平滑，也有的表面上有花纹，软小鳞片呈层状分布。基部有菌托，稍带和菌盖一样的颜色。和灰鹅膏一样曾被食用，但会引起肠胃系统和神经系统中毒。

食 拟橙盖鹅膏 ★★
Amanita caesareoides

食 红黄鹅膏黄色亚种　　注 短棱鹅膏
? 淡橄榄色鹅膏
? 红缘鹅膏

像反过来的红色油纸伞，菌褶为黄色的种类则像收起来的伞。

从被白色的外菌幕（菌托）包裹的卵状幼菌，至长出红色的菌盖，样子很好看。与毒蝇鹅膏相似，但本菌种的菌褶和菌环呈黄色。生于日本的本菌种之前被认为和亚洲的拟橙盖鹅膏为同类，但最近经研究表明为不同的种类，且学名也发生变更（参见P83的专栏）。

食 拟橙盖鹅膏
菌褶呈黄色的毒蝇鹅膏，也可作为拟橙盖鹅膏类考虑。

【特征】**菌盖：**菌盖平展，中部呈球状凸起。呈红色至橙红色，略有黏性。表面平滑，边缘有清晰的沟纹。**菌褶：**呈黄色，离生，稍密。**菌柄：**淡黄色，具橙黄色花纹或鳞片。膜质菌环呈橙色，位于菌柄上部。有膜质菌托白而深。菌柄中空。**菌肉：**淡黄色。

【食用方法】菌盖未展开的幼菌更适合食用。菌盖质软，口感好，而菌柄吃起来没有嚼劲。其漂亮的红色在煮过后会掉色。易腐烂，应尽快食用。

分布范围：日本、中国、俄罗斯
生长环境：阔叶林、针叶林
生长季节：夏季~秋季
大小：直径6cm~18cm
生长类型：外生菌根菌
相似的毒蘑菇：毒蝇鹅膏（P72）

拟橙盖鹅膏的幼菌。

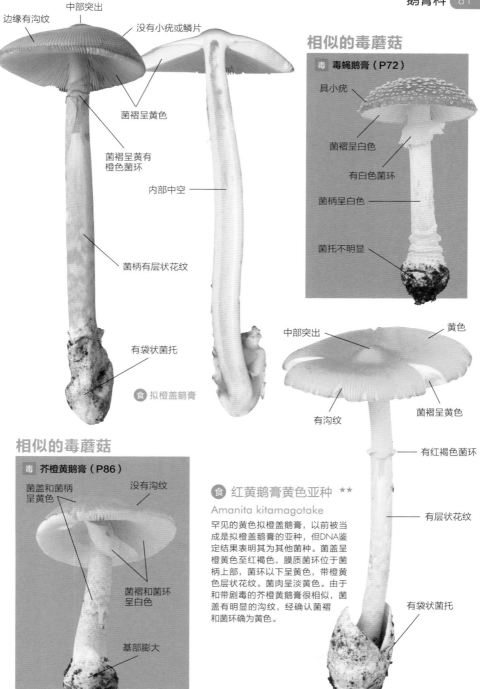

边缘有沟纹

中部突出

没有小疣或鳞片

菌褶呈黄色

菌褶呈黄有橙色菌环

内部中空

菌柄有层状花纹

有袋状菌托

食 拟橙盖鹅膏

相似的毒蘑菇

毒 毒蝇鹅膏（P72）

具小疣

菌褶呈白色

有白色菌环

菌柄呈白色

菌托不明显

中部突出

黄色

有沟纹

菌褶呈黄色

有红褐色菌环

食 红黄鹅膏黄色亚种 ★★

Amanita kitamagotake

罕见的黄色拟橙盖鹅膏，以前被当成是拟橙盖鹅膏的亚种，但DNA鉴定结果表明其为其他菌种。菌盖呈橙黄色至红褐色，膜质菌环位于菌柄上部，菌环以下呈黄色，带橙黄色层状花纹。菌肉呈淡黄色。由于和带剧毒的芥橙黄鹅膏很相似，菌盖有明显的沟纹，经确认菌褶和菌环确为黄色。

有层状花纹

有袋状菌托

相似的毒蘑菇

毒 芥橙黄鹅膏（P86）

菌盖和菌柄呈黄色

没有沟纹

菌褶和菌环呈白色

基部膨大

图片/佐野修治

? 淡橄榄色鹅膏

Amanita chatamagotake

呈深黑色至橄榄棕色，周边带红色、黄色，蜂蜜色部分有沟纹。菌褶呈黄色。菌柄底色为黄色，呈层状，带橙色或褐色。菌环带红褐色至褐色。夏季至秋季，主要生于栲树、青冈栎林。不明确其是否有毒。

图片/黑木秀一

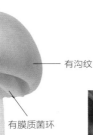

有沟纹

菌褶呈
白色

有膜质菌环

呈纤维状

菌托深

? 红缘鹅膏

Amanita rubromarginata

与拟橙盖鹅膏相似，菌盖呈橙褐色，中部颜色深。菌褶为淡黄色，密集，边缘和菌盖同色。菌柄呈淡黄色，有橘红色至橙褐色的层状花纹，菌柄中空。具有橘红色至橙褐色菌环及厚的膜质菌托。生于日本冲绳的栲树、青冈栎林。不明确其是否有毒。

注 短棱鹅膏 ★

Amanita imazekii

虽然与拟橙盖鹅膏学名相似，但是菌褶少，也不呈黄色。菌盖呈淡灰褐色至灰褐色，中部颜色深；表面平滑，沟纹明显。菌柄上有白色膜质大菌托以及二重白色膜质菌托，菌托深。最近在中国的文献中被记载为可食用菌，但在日本的报告中为非一般的可食用菌。本菌属中也有不少带剧毒的菌种，需要注意。短棱鹅膏是大型的鹅膏科菌种，于2001年得名。生于阔叶林（山毛榉科）地上。

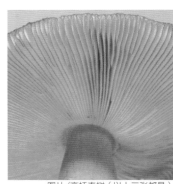

图片/高桥春树（以上三张都是）

拟橙盖鹅膏的分类现状

远藤直树（日本鸟取大学农学部附属菌类蘑菇遗传资源研究中心）

1913年，川村清一博士在现在日本的长野县饭纲町采集到这一菌种，并将其当作橙盖鹅膏（Amanita caesarea），把本菌种的彩图刊登到《日本菌类图谱》上。当地从前一直食用该菌种，因其幼菌时外部被白色的被膜覆盖，内部布满蛋黄色的组织，整体就像鸡蛋一样，所以当地称其为"卵菌"。当时便采用了当地沿用的这个名字作为其日语名。

拟橙盖鹅膏的幼菌

拟橙盖鹅膏的学名

从那以后，拟橙盖鹅膏的学名便为A.caesarea，直到1975年，本乡次雄博士将其更名为A.hemibaph。1868年，斯里兰卡有报告称A.hemibapha为热带性真菌，人们也因此将其当作南方系真菌。但2013年，笔者们将从日本各地采集到的拟橙盖鹅膏进行了分析，发现该菌种与俄罗斯东部沿海地区报告过的A.caesareoides为相同菌种，并在《菌根》（Mycorrhiza）杂志上发表了相关报告。2016年，笔者们用作为记录A.caesareoides根据的标本（样本）进行验证后，在《菌根》（Mycorrhiza）杂志上正式将其学名变更为A.caesareoides。

拟橙盖鹅膏的分布

由于拟橙盖鹅膏到1975年为止一直被当作是橙盖鹅膏，而当时报告称橙盖鹅膏分布在欧洲和北美地区，因此以前认为拟橙盖鹅膏也同样分布于上述地点。但是，当时日本的拟橙盖鹅膏更名为浅橙黄鹅膏（A.hemibapha），而北美的拟橙盖鹅膏则被更名为A.jacksonii和各种各样的学名，拟橙盖鹅膏的分布中心被认为在亚洲热带地

区。而这次，笔者采用A.caesareoides，作为拟橙盖鹅膏学名在俄罗斯报告为北方系真菌。目前认为，拟橙盖鹅膏分布在比以前认为的分布地点更凉爽的地方。

拟橙盖鹅膏的颜色不同？

拟橙盖鹅膏的近缘菌种红黄鹅膏黄色亚种和淡橄榄色鹅膏曾经被当成是拟橙盖鹅膏的亚种。但遗传因子的研究结果表明，这两种菌种各自都是独立的。且经过重新讨论后，它们也各自有了新的学名（参见P81及P82）。另外，现在已确认的是，拟橙盖鹅膏或淡橄榄色鹅膏中都存在着黄色或白色的个体，目前正在推进更进一步的研究。

拟橙盖鹅膏及其近缘菌种的系统树形图

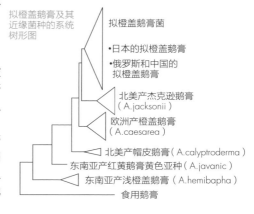

拟橙盖鹅膏菌

• 日本的拟橙盖鹅膏
• 俄罗斯和中国的拟橙盖鹅膏

北美产杰克逊鹅膏（A.jacksonii）

欧洲产橙盖鹅膏（A.caesarea）

北美产帽皮鹅膏（A.calyptroderma）

东南亚产红黄鹅膏黄色亚种（A.javanic）

东南亚产浅橙鹅膏（A.hemibapha）

食用鹅膏

毒 条缘鹅膏
Amanita spreta

毒 毒鹅膏

和灰鹅膏长得一模一样，仔细观察，会发现条缘鹅膏有菌环。

夏季至秋季生于阔叶林（山毛榉科）。外观和灰鹅膏一模一样，但与灰鹅膏不同的是，条缘鹅膏有菌环。

【特征】**菌盖：**初期呈卵形至钟形，后期平展，中部略凹陷。呈灰褐色至灰色，边缘有沟纹。表面平滑，湿润时有黏性。**菌褶：**白色至淡黄色，离生，稍密至稍疏，边缘略呈粉状。**菌柄：**呈白色，向下稍稍变粗，表面平滑。上部有白色至浅灰色的膜质菌环。基部有白色菌托，菌托深。菌柄中空，但有时会有菌髓。**菌肉：**白而薄。**有毒成分：**鹅膏毒肽、溶血性蛋白质。

【中毒症状】会引起和食用鳞柄白毒鹅膏后相同的中毒症状，食用几小时后会出现严重的肠胃系统中毒症状，暂时恢复后，4~7天内左右会导致肝肿大、黄疸、胃出血等，内脏的细胞遭到破坏，致人死亡。

分布范围：	日本、中国、俄罗斯滨海边疆区、欧洲、北美
生长环境：	阔叶林（山毛榉科）
生长季节：	夏季~秋季
大小：	直径2cm~6cm
生长类型：	外生菌根菌

毒 条缘鹅膏

毒 长条绫鹅膏
Amanita longistriata

菌褶呈浅红色。菌盖呈灰褐色，边缘有沟纹，湿润时有黏性。菌柄整体呈白色，有白色膜质菌环，基部有白色膜质的袋状菌托。菌肉呈白色。会引起腹痛、呕吐、腹泻等肠胃系统中毒。

图片／井本敏和

豹斑毒鹅膏的同类中，菌褶为浅红色的较少

毒 假褐云斑鹅膏
Amanita pseudoporphyria

毒 褐云斑鹅膏
注 食用鹅膏

有灰褐色碎纹的粗壮蘑菇，阔叶林里的"大家族"。

常大量丛生于栲树、青冈栎林的中型鹅膏。菌盖有深褐色碎纹；边缘附有菌幕残物，没有沟纹；菌褶、菌柄、菌环呈白色。
【特征】**菌盖：**扁半球形至平展，后期中部稍下凹，边缘卷翘。中部颜色深，呈灰色至带灰褐色，有时会有些碎纹，没有沟纹。有些黏性，有的假褐云斑鹅膏上附有菌托和菌环的残留物。**菌褶：**白色，离生，密集。**菌柄：**呈白色，上部有白色膜质菌环，菌环以下呈鳞片状。基部有白色的膜质菌托，菌托深。**菌肉：**白而厚。**有毒成分：**丙烯基甘氨酸。
【中毒症状】会引起肠胃系统中毒以及痉挛等神经系统中毒。

分布范围：	日本、中国、韩国
生长环境：	阔叶林（山毛榉科）
生长季节：	夏季~秋季
大小：	直径3cm~11cm
生长类型：	外生菌根菌

有沟纹

注 食用鹅膏
Amanita esculenta

呈灰褐色至深褐色，边缘有沟纹。菌褶为白色，边缘呈灰色粉状。菌柄被灰色纤维状小鳞片覆盖，花纹略显层状。有灰色膜质菌环。菌托呈白色、袋状。不仅生于松树、银杉等针叶树上，同时也生长于栲树、青冈栎林等阔叶林中。可以根据菌盖的沟纹和菌环的颜色来分辨有毒的食用鹅膏。

菌环呈灰褐色

白色的袋状菌托

毒 褐云斑鹅膏
Amanita porphyria

生于针叶林。菌盖呈灰褐色至灰色；边缘有菌幕残物，没有沟纹。菌褶呈白色。菌柄基部呈膨大球状。菌环呈膜质，为灰色至黑褐色，菌环之上为白色，往下有浅灰色纤维状纹纹。菌托呈白色至深灰色，与基部相连，上端稍微分离。菌肉呈白色。有毒成分包括蟾毒色胺等吲哚生物碱及溶血性蛋白质，食用后会引起肠胃系统和神经系统中毒。

灰褐色至灰色
没有沟纹
菌环呈灰色至黑褐色
菌柄有层状花纹
菌托与基部相连，但菌托上部与基部稍稍分离
球状基部膨大

毒 假褐云斑鹅膏　菌盖上没有沟纹。菌环与食用鹅膏不同，呈白色。

毒 芥橙黄鹅膏
Amanita subjunquillea

毒 灰花纹鹅膏　　毒 橙黄鹅膏
毒 灰盖杵柄鹅膏
毒 橙黄鹅膏变种

如果黄色鹅膏的菌褶和菌环呈白色，有剧毒！

因与红黄鹅膏黄色亚种相似，容易被误食。红黄鹅膏黄色亚种的菌褶呈黄色，菌盖边缘有条纹；相比之下，芥橙黄鹅膏的菌褶呈白色，菌盖边缘没有条纹。另外，红黄鹅膏黄色亚种的菌环呈淡黄色，而芥橙黄鹅膏的菌环呈白色，两者有明显区别。

【特征】**菌盖**：初期呈圆锥形，后平展。黄色，中部有不明显的橙黄色至红褐色。表面有放射状纤维纹，边缘没有条纹。湿润时具有黏性，有时附菌托残片。**菌褶**：白色，稍密。**菌柄**：白色至黄色，有带黄色至带黄褐色的纤毛状鳞片，上部有白色的膜质菌环。基部膨大，有呈白色至带褐色的膜质袋状菌托。**菌肉**：白色，表皮下呈淡黄色。**有毒成分**：鹅膏毒肽。

【中毒症状】会引起和食用鳞柄白毒鹅膏之后一样的中毒症状。食用几个小时后，会出现严重的肠胃系统中毒症状；暂时恢复后，在4~7天内会出现肝脏肥大、黄疸、肠胃出血等情况，内脏细胞遭到破坏，导致死亡。

分布范围：日本、中国东北部、俄罗斯滨海边疆区
生长环境：阔叶林（主要为山毛榉科）、针叶林（本岛云杉等松科植物）
生长季节：夏季~秋季
大小：直径3cm~7cm
生长类型：外生菌根菌

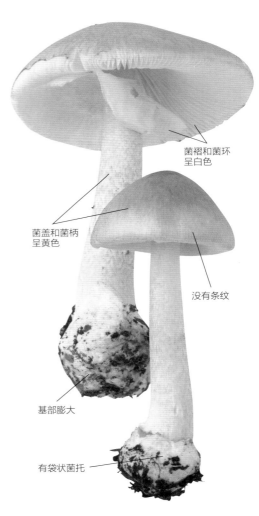

菌褶和菌环呈白色

菌盖和菌柄呈黄色

没有条纹

基部膨大

有袋状菌托

毒 芥橙黄鹅膏

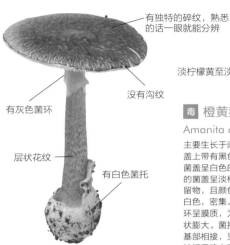

有独特的碎纹，熟悉的话一眼就能分辨

没有沟纹

有灰色菌环

层状花纹

有白色菌托

有菌幕残留物

淡柠檬黄至淡黄色

毒 橙黄鹅膏

Amanita citrina var. citrina

主要生长于阔叶林中。菌种的变种有菌盖上带有黑色斑点的灰花纹鹅膏，以及菌盖呈白色的橙黄鹅膏变种。橙黄鹅膏的菌盖呈淡柠檬色至淡黄色，有菌幕残留物，且颜色与菌盖大致相同。菌褶呈白色，密集。菌柄呈白色至淡黄色。菌环为膜质，为淡黄色。菌柄基部呈球根状膨大。菌托为污白色，大部分与菌柄基部相接，呈襟状。食用后会引起中枢神经系统中毒。

菌环呈淡黄色

基部呈球根状，菌托大部分与菌柄基部相接，上部呈襟状游离

毒 灰花纹鹅膏

Amanita fuliginea

生于栲树、青冈栎林，形状小而有剧毒的蘑菇。菌盖为深灰色，呈纤维状；中部大体为黑色；表面有独特的光泽，呈碎纹状，没有沟纹。菌柄颜色比菌盖要浅。覆盖着纤维状的小鳞片，有时变成层状花纹。菌柄上部有灰色的膜质菌环，基部有白色的膜质、袋状菌托。含有鹅膏毒肽和鬼笔环肽，中毒症状和食用鳞柄白毒鹅膏后相同。在中国，有大量食用灰花纹鹅膏后导致死亡的案例。

菌环呈淡黄色

毒 橙黄鹅膏变种

Amanita citrina var. alba

橙黄鹅膏的变种，整体呈白色。特征为菌环呈淡黄色。菌柄基部呈球状膨大。菌托的大部分都与菌柄基部相接，呈襟状。食用后会引起中枢神经系统中毒。

菌盖和菌柄都呈白色

基部呈球根状

毒 灰盖杵柄鹅膏

Amanita citrina var. grisea

橙黄鹅膏的变种，菌盖整体带黑褐色。与近似菌种的不同之处在于其菌柄呈淡黄色。菌盖带淡黄色的灰色至灰褐色，中部颜色深。菌柄基部呈球状膨大。菌托呈白色，带橙褐色；大部分都与菌柄基部相接，呈襟状。食用后会引起中枢神经系统中毒。

毒 鳞柄白毒鹅膏

Amanita virosa

切记，全白的鳞柄白毒鹅膏是死亡天使。

无论这种白蘑菇有多漂亮，都是吃一个就足以致死的剧毒蘑菇。（参见下一页的专栏）。如果不能清楚分辨这种蘑菇，就不要吃白色的蘑菇。

【特征】**菌盖：**初期呈钟形至圆锥形，后平展，中央凸起。白色，有时中部带有红褐色，湿润时具有黏性。**菌褶：**离生，呈白色。稍密至稍疏。**菌柄：**白色，顶部有膜质的白色菌环。菌环以下变粗，有显著的纤毛状鳞片，基部有白色的袋状菌托。**菌肉：**白色。**有毒成分：**毒伞肽、鬼笔环肽、鹅膏毒肽等。

【中毒症状】食用后会引起和芥橙黄鹅膏一样的中毒症状。食用几个小后时，会出现严重的肠胃系统中毒症状；暂时恢复后，在4~7天内会出现肝脏肥大、黄疸、肠胃出血等情况，内脏细胞遭到破坏，导致死亡。

分布范围：北半球一带、澳大利亚
生长环境：阔叶林、针叶林
生长季节：夏季~秋季
大小：直径6cm~15cm
生长类型：外生菌根菌

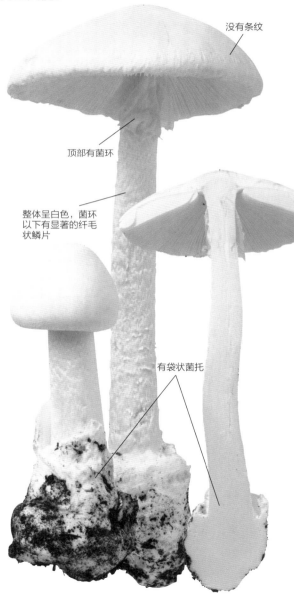

没有条纹

顶部有菌环

整体呈白色，菌环以下有显著的纤毛状鳞片

有袋状菌托

鳞柄白毒鹅膏的毒性

桥本贵美子（日本庆应大学理工学部应用化学科）

十分危险的白色蘑菇

多数人对于白色的蘑菇没有警戒心，但在日本最需要注意的蘑菇就是全白的鳞柄白毒鹅膏了。因为在山中遇到这一菌种的概率很高（包括近缘菌种，都很可能具有毒性），且本菌种形状大（很有可能一个蘑菇就足以致死），另外，本菌种包含的有毒成分毒性强（含量有个体差异，不明确）。

若误食鳞柄白毒鹅膏，经过比较长的潜伏时间（6~24小时）会出现霍乱的症状（腹痛、腹泻、呕吐）。如处理得当，一日之内就能恢复。然而，短暂安心之时，4~7日后会出现第二阶段症状。黄疸（肝功能异常）、肝肿大、胃出血等，会出现内脏（特别是肝）的细胞遭到破坏的症状，严重情况下会导致死亡。

如果误食毒蘑菇

当意识到食用了毒蘑菇，为了能够预测出接下来会出现什么症状，需要带着能确定吃了哪种蘑菇的东西（食物残余、呕吐物也没关系）去医院，采取措施，将体内的有毒成分尽早排出体外。一般采取的措施有灌肠、透析或活性炭吸附法。由于鳞柄白毒鹅膏有毒成分的分子量全都大概有1000个单位（是比蛋白质小的分子），可利用分子大小的不同对分子进行筛选（透析）分离有毒分子。另外，有毒分子为水溶性物质，溶脂性较高，易被活性炭吸附，后排泄出体外。

有毒成分

鹅膏菌属里有许多剧毒菌种。这些剧毒蘑菇大多含有名为鹅膏肽类毒素的有毒物质。鹅膏肽类毒素又分为鹅膏毒肽、鬼笔环肽、毒伞肽三类，每类毒素里含有几个至十个左右的化合物。鳞柄白毒鹅膏虽含有上述三类毒素的化合物，但其包含的物质又因生长地点而不同。另外，毒伞肽的名字由鳞柄白毒鹅膏学名中的virosa而来，由于鹅膏毒肽、鬼笔环肽最初都是从鬼笔鹅膏（欧洲食用后中毒案例最多的剧毒蘑菇。5~7mg的毒量即能致死，相当于食用了50g左右的生蘑菇。）中提取的，因此芥橙黄鹅膏的学名中包含了这两种有毒成分的名字。鹅膏毒肽非竞争性抑制真核细胞RNA聚合酶II，阻碍蛋白质的合成，最终导致肝脏细胞的坏死。而鬼笔环肽与毒伞肽可以破坏球状肌动蛋白与丝状肌动蛋白之间的解聚装配平衡，从而削弱细胞膜的功能。毒素进入肝脏后（解毒器官），有毒成分对肝脏细胞产生上述作用，引起肝功能异常。因此，为了救命，最重要的是做好措施保护肝脏。

三羟毒伞素（Viroisin）
[毒伞肽（Virotoxins）的一种]

毒 苞脚鹅膏（广义）

Amanita volvata

不 刻鳞鹅膏
毒 拟卵盖鹅膏

全身都沾满绒毛，被触碰后会慢慢变成红褐色。

一个就足以致死的剧毒蘑菇。夏季至秋季生长于枹栎、柞树、青冈、小叶栲等山毛榉科树木之下。被触碰到或老化后会变成红褐色。据真菌学者今井三子说，日本的苞脚鹅膏包含三个种类。和本菌种相似、整体呈白色而变色性不强、菌盖被粉状鳞片覆盖的菌种为显鳞鹅膏（A. clarisquamosa）；而同样没有变色性、菌盖鳞片为碱水色皮革状的菌种则为雀斑鳞鹅膏（A. avellaneo squamosa）。

【特征】**菌盖：**从钟形至平展。偏白色到带褐色，表面有白色至浅红褐色的粉末或绒毛状小鳞片。有时会附着有大片菌幕残留物。**菌褶：**白色，后期带浅红褐色。离生，密集分布。**菌柄：**白色，和菌盖一样被小鳞片覆盖，没有菌环。基部粗，呈白色至浅红褐色，大型的膜质菌托，厚且深。**菌肉：**白色，受伤后带红色。**有毒成分：**不明。

【中毒症状】会引起严重的肠胃系统和神经系统中毒，致人死亡。

分布范围：	日本、中国、俄罗斯滨海边疆区、北美
生长环境：	阔叶林（山毛榉科）
生长季节：	夏季~秋季
大小：	直径5cm~8cm
生长类型：	外生菌根菌

表面呈粉状

毒 苞脚鹅膏（广义）
全体被绒毛状小鳞片覆盖

无菌环

受伤后会慢慢变红

有膜质菌托，菌托深

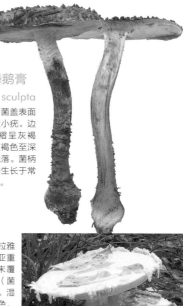

不 刻鳞鹅膏
Amanita sculpta

形状大，底色为白色，菌盖表面附着有深褐色的角锥状小疣。边缘有菌幕残留物。菌褶呈灰褐色，带深褐色毛刺。灰褐色至深褐色菌环呈粉质，易脱落。菌柄基部膨大。夏季至秋季生长于常绿阔叶林里，毒性不明。

毒 拟卵盖鹅膏
Amanita neo-ovoidea

主要生长于栲树、青冈栎林。在喜马拉雅山也发现了该菌种，被认为是东南亚重要的鹅膏之一。菌盖呈白色，被粉末覆盖；菌盖上附着有淡红褐色大形被膜（菌幕残留物）。边缘垂挂着菌幕残留物。湿润时有黏性。菌褶呈白色至淡奶油色，密集分布，边缘为粉状。菌柄呈白色，为粉状至绒毛状。菌环呈绒毛状至膜状，菌盖展开后菌环也破裂掉落。菌柄基部略膨大，有易受损的菌托。有毒成分含有2-氨基-4, 5-己二烯酸。会引起剧烈的呕吐等肠胃系统中毒和产生幻觉等神经系统中毒。

毒 角鳞灰鹅膏
Amanita spissacea

毒 块鳞青鹅膏
毒 姜黄柄鹅膏

在中国的古籍中，毒蛇都住在毒蘑菇之下。

夏季至秋季生于山毛榉科阔叶林。已经发现了几个近缘菌种，今后有待研讨。
【特征】**菌盖：**呈深褐色至黑褐色，密集分布着粉质小疣，菌盖平展后表面龟裂。**菌褶：**白色，密集，边缘呈粉状。**菌柄：**呈灰色至灰褐色，上部有灰白色的膜质菌环，菌环边缘呈黑褐色、粉状。菌环以下被纤维状小鳞片所覆盖，菌环以上有层状花纹。菌柄基部呈球根状膨大，环状附着有呈粉状至绒毛状的黑褐色菌幕残留

物。**菌肉：**白色。
【中毒症状】有毒成分中含有鹅膏毒肽，因此被认为食用后会与鳞柄白毒鹅膏（P88）引起相同的中毒症状。

分布范围：	日本、韩国、中国
生长环境：	阔叶林（山毛榉科）
生长季节：	夏季~秋季
大小：	直径4cm~13cm
生长类型：	外生菌根菌

毒 姜黄柄鹅膏
Amanita flavipes

生于山毛榉和栎树等树林。与豹斑毒鹅膏相似，但整体呈黄色，小疣呈鲜黄色至深黄色。菌盖边缘没有沟纹。湿润时有黏性。菌褶呈白色至淡黄色，边缘呈粉状。菌柄呈淡黄色，上部有淡黄色的膜质菌环。菌肉为白色。食用后会引起肠胃系统和神经系统中毒。

毒 块鳞青鹅膏
Amanita excelsa

主要生长于针叶林和落叶林的混交林中。其菌盖上的小疣颜色和形状都与角鳞灰鹅膏的不同，但也有形状介于两者之间的菌种，需要进一步研讨。菌盖初期为扁半球形，后期平展；表面有灰褐色至褐色、偏白色至灰色的粉质小疣。菌环连接着菌柄顶部。菌柄呈白色，上部有白色的膜质菌环。基部膨大，环状附着有偏白色至灰色、呈粉质至绒毛状的菌幕残留物。菌肉呈白色。有毒成分尚不明确，会出现与食用豹斑毒鹅膏（P77）后引发的相似症状。以前有将其食用的例子，需要注意。

深褐色至黑褐色表面龟裂
没有沟纹
菌环呈灰白色
附着偏白色至灰色大形鳞片
无沟纹
菌环呈灰白色
菌柄呈白色
毒 角鳞灰鹅膏
基部呈球根状膨大，黑褐色的菌幕残留物呈环状附着在上面
毒 块鳞青鹅膏
膨大的基部上呈环状附着着偏白色至灰褐色的菌幕残留物

? 中华鹅膏
Amanita sinensis

| 毒 赤脚鹅膏 | 不 异味鹅膏 |
| 毒 灰絮鳞鹅膏 | ? 白黄鹅膏 |

全身呈黑褐色，带灰色，擦过后边缘会有沟纹。

从尼泊尔、中国到日本本州都有所分布，全体被灰褐色粉质物覆盖，虽与有毒的灰絮鳞鹅膏相似，但远比其大。以中华鹅膏的边缘有明显的沟纹。

【特征】**菌盖：**初期呈球形，后期平展。灰色，密集分布有灰褐色的粉状至绵屑状小疣。边缘有明显沟纹。**菌褶：**白色，离生且密。边缘呈粉状。**菌柄：**基部覆盖有和菌盖同色、灰褐色的粉状至绵屑状小疣；呈粗棒状深入地下。灰褐色膜质菌环易脱落，菌柄上几乎没有残留。**菌肉：**白色，有特殊的臭气。

【注意事项】在中国的记载中是可食用蘑菇，在日本也有其可以食用的说法。但是，由于鹅膏菌的同类中有许多含剧毒或未确认的菌种，需要注意。

分布范围：	日本（本州以南）、中国西南地区、尼泊尔
生长环境：	阔叶林（山毛榉科）
生长季节：	夏季~秋季
大小：	直径10cm~18cm
生长类型：	外生菌根菌

有灰褐色粉状物，具小疣

有沟纹

? 中华鹅膏

菌环易脱落

幼菌呈粗大棒状深入地下

没有沟纹　灰色、呈粉状，具小疣

菌环易脱落

毒 灰絮鳞鹅膏
Amanita griseofarinosa

生于栲树或栎树下，特别多生长于西日本，以其没有沟纹而与中华鹅膏相区别。整体呈灰色至深灰褐色，密集分布有粉质至绵屑状菌托残留物。菌盖呈浅灰色，有角锥状小疣，易脱落。边缘有菌幕残留物，没有沟纹。菌柄呈灰色，基部膨大。菌环为灰色，呈粉质至绵质。菌肉为白色。会引起神经系统和肠胃系统中毒。

基部膨大

毒 赤脚鹅膏

Amanita gymnopus

生于山毛榉科树下。基部如芜菁的基部般膨大，完全没有菌托，具有特别的臭气。菌盖呈奶油色至带红褐色，有淡黄色至淡褐色小疣。边缘附着有菌环残片。菌褶呈白色至红褐色，边缘呈粉状。菌柄为奶油色，基部未形成菌托状结构，呈球根状；上部有黄白色膜质菌环，其下还附有一层缠头带状菌幕。菌肉为黄白色，受伤后会缓缓变为红褐色，有臭气。其有毒成分不明，会引起肠胃系统中毒。

较平坦、有或大或小的疣状物

偏白色至淡黄色小疣

白色

菌盖易脱落

受伤后变橙黄色

有氯气般的味道

基部膨大

附有一部分菌环

基部呈球根状膨大

菌托上端残留，大体黏连在一起

不 异味鹅膏

Amanita kotohiraensis

常生于栲树、青冈林中。与球基白毒伞（P94）相似，稍细。菌盖呈白色，有较平的偏白色、有大有小的小疣，小疣易脱落。稍有黏性。菌褶呈白色，稍疏，边缘覆盖有白色粉末。菌柄呈白色，基部呈球根状膨大。菌环呈绵质至膜质，易脱落，菌环以下呈细鳞片状。菌肉呈白色，有氯气的气味。不明确其是否可食用，但由于其气味令人不悦，不适合食用。

? 白黄鹅膏

Amanita alboflavescens

生于山毛榉科树下。菌盖表面呈粉状，初期为白色，后期变淡黄色；有绵质至膜质、偏白色至浅黄色、或大或小的疣状物。边缘附着有菌环残留物。菌褶呈偏白色至奶油色。边缘呈粉状，受伤后变黄。菌柄和菌盖同色，菌柄上覆盖有绵屑状小鳞片，顶部呈粉状。菌盖呈绵质，易脱落。基部呈纺锤形，粗而内实。菌托和基部粘合，上部分离。菌肉呈白色，受伤后变成橙黄色，有特有的臭气。不明确其是否可食用，但由于本菌属有很多毒菌，需要注意。

毒 球基白毒伞
Amanita abrupta

毒 锥鳞白鹅膏
毒 卷鳞鹅膏

根基呈洋葱状圆鼓的剧毒蘑菇。

夏季至秋季，生于阔叶林或杂木林的山毛榉科树下。虽与异味鹅膏（P93）相似，本菌种表面的小疣呈角锥状；基部较大，突呈洋葱状膨大，没有氯气般的臭味。

【特征】**菌盖：**初期呈半球形至扁半球形，后期平展。白色，有的菌盖也带浅棕色。表面虽然附着有很多角锥状小疣，但易脱落。有的菌盖边缘附有菌环残片。**菌褶：**白色，离生且密集。边缘呈粉状。**菌柄：**白色，覆盖有绵屑状至纤维状小鳞片。菌柄上部有白色膜质菌环；基部呈球根状，有不明显的白色菌托。**菌肉：**白色，无臭味。

【中毒症状】引起强烈呕吐、腹泻以及腹痛。

分布范围：日本（本州以南）、北美东部地区
生长环境：阔叶林（山毛榉科）
生长季节：夏季~秋季
大小：直径3cm~7cm
生长类型：外生菌根菌

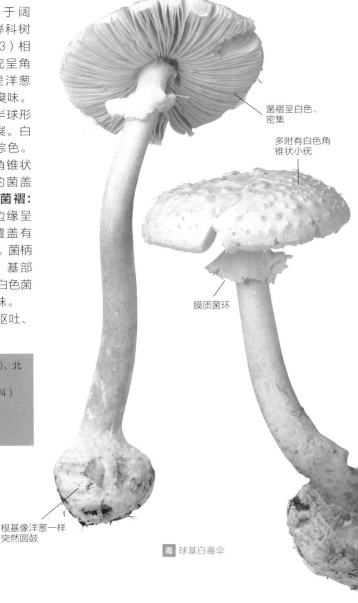

菌褶呈白色，密集

多附有白色角锥状小疣

膜质菌环

根基像洋葱一样突然圆鼓

毒 球基白毒伞

角锥状白色小疣

小疣呈白色，
后期带褐色

毒 锥鳞白鹅膏

Amanita virgineoides

夏季至秋季生长于阔叶林地
上。角锥状的小疣被比作魔
鬼的触角。菌盖呈白色，略
有粉末覆盖，多附有白色
的锥状小疣，易脱落。边缘
附有菌环残留物。菌褶呈白
色至奶油色，边缘呈粉状。
菌柄呈白色，覆盖着绵质小
鳞片。菌柄基部呈棒状、显
著膨大，小疣呈环状附着于
其上。菌环位于菌柄顶部，
呈绵质至膜质，其下附有多
数小疣。菌盖展开后裂开掉
落。菌肉呈白色，干燥后会
散发出强烈的臭气。误食
后，会引起肠胃系统和神经
系统中毒。

膜质菌环
易脱落

菌环呈白色、
后期带褐色

干燥后会散发出
强烈的气味

基部呈棒状

菌柄下部至基部有
毛刺重叠生长

毒 卷鳞鹅膏

Amanita eijii (=A.cokeri f. roseotincta)

夏季至秋季生长于针叶树和阔叶树的混交林。菌盖呈白
色，多附有白色的角锥状小疣，有时中部带有淡红褐
色。菌褶呈白色至淡奶油色，密集，边缘呈粉状。菌柄
为白色，基部呈纺锤状膨大，从下部至基部有毛刺重叠
生长；顶部有白色膜质菌环；内实。菌肉呈白色而质
硬。由于是锥鳞白鹅膏的近缘菌种，被认为会引起肠胃
系统和神经系统中毒。

基部膨大

食 灰光柄菇 ★

Pluteus cervinus (=P.atricapillus)

食 橘红光柄菇
食 狮黄光柄菇
? 汤姆斯光柄菇

生于倒木的野生蘑菇，从栽培香菇的原木上生长出来会被当作杂菌。

春季至秋季生长于阔叶树的枯木或树桩等，也会生长于栽培香菇的原木或锯屑上，且被当作杂菌。虽与有毒的褐盖粉褶菌相似，由于本菌种形状小、多生长于木材上；与之相对，褐盖粉褶菌从地面生出，可据此将两者区别开来。

【特征】**菌盖：**初期呈钟形，后期平展，中部突出。灰色至灰褐色，覆盖有放射状纤维纹或细小鳞片。**菌褶：**初期白色，后期呈肉色。离生，密集。**菌柄：**白色，有和菌盖同色的纤维纹。内实。**菌肉：**白色。

【食用方法】整体水分多，用于做汤菜或浇汁，味道佳。其中也有的泥土味较重。

> **分布范围：** 全世界
> **生长环境：** 阔叶树的枯木或树桩、栽培香菇用的原木等
> **生长季节：** 春季~秋季
> **大小：** 直径5cm~9cm
> **生长类型：** 木材腐朽菌
> **相似的毒蘑菇：** 褐盖粉褶菌（P144）

菌褶呈白色，后期呈肉色

有放射状纤维纹

相似的毒蘑菇

毒 褐盖粉褶菌（P144）

变干后会有丝绸般的光泽

食 灰光柄菇

白色，有和菌盖同色的纤维纹

生长于枯木或树桩等

从地面生出

鲜黄色，有时会有褶皱

湿润时
有条纹

菌褶白色，
后期呈肉色

食 狮黄光柄菇 ★

Pluteus leoninus

大致生长于初春至初冬这一漫长的期间，但多生长于初夏。菌盖表面平滑，呈鲜黄色；菌褶初期呈白色，成熟后变为肉色。边缘湿润时有条纹，有时中部附近有褶皱。菌柄呈黄白色、纤维状，下部有深色纤维纹，有时呈鳞片状。内实至中空。菌肉呈黄色至淡黄色，肉薄。形状小，没有味道，但可享受其时令感。可用来做茶碗蒸或醋拌凉菜，量大的话可以用来炒或煮海鲜。

橙红色

湿润时
有条纹

相似的毒蘑菇

毒 簇生黄韧伞
（P127）

初期白色，
后期呈肉色

有明显的褶皱

? 汤姆斯光柄菇

Pluteus thomsonii

呈深褐色至黑褐色，中部密集分布有呈网眼状、显著隆起的褶皱。周边有条纹。菌褶呈黄褐色，稍密。菌柄呈灰褐色，有纤维纹，表面呈粉状。秋季生长于阔叶树的腐木上。不明确其是否有毒。

菌褶为
褐色

食 橘红光柄菇 ★

Pluteus aurantiorugosus

整体呈橙红色，周边为橙色，湿润时有条纹。有白色边缘，有时中部有褶皱。菌褶离生、长，初期为白色，后期呈肉色，密集分布。菌柄呈纤维状，从基部往上带淡橙黄色。夏季至秋季生长于阔叶树的腐木上。

食 黏盖草菇 ★★

食 银丝小包脚菇
食 美丽黏草菇

Volvariella gloiocephala (= Volvopluteus gloiocephalus)

不仅是看起来大，孢子也大。

黏盖草菇的子实体和孢子都很大。曾经被当成美丽黏草菇的变种，现在也有将其当作美丽黏草菇相同菌种的说法。

【特征】**菌盖：**初期呈卵形至球形，后期平展，中高。呈白色至带灰色，中部为灰褐色。湿润时有黏性、平滑。**菌褶：**初期呈白色，后期变肉色。离生、密集，边缘稍呈波形。**菌柄：**白色至奶油色。后期基部往上稍带黄褐色。略呈纤维状，基部有白色至淡灰色的膜质菌托。**菌肉：**白色。

【食用方法·注意事项】由于和褐盖粉褶菌（P144）相似，采集时要确认菌托。幼菌和鳞柄白毒鹅膏（P88）相似，需要注意。适合用于中餐料理，可以用来煮汤菜或炒菜。

分布范围：	全世界
生长环境：	庭院、田地、原野、森林等沃土上
生长季节：	初夏~初冬
大小：	直径5cm~15cm
生长类型：	腐生菌
相似的毒蘑菇：	褐盖粉褶菌（P144）

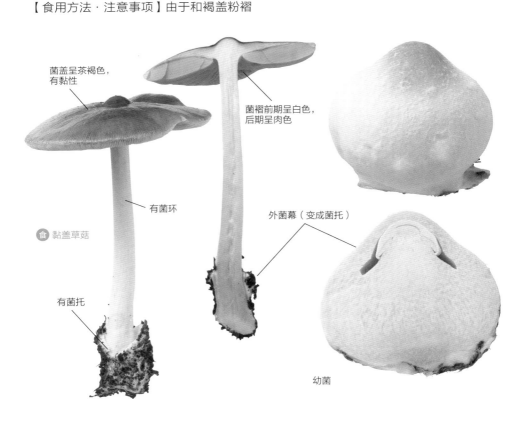

菌盖呈茶褐色，有黏性

菌褶前期呈白色，后期呈肉色

有菌环

食 黏盖草菇

有菌托

外菌幕（变成菌托）

幼菌

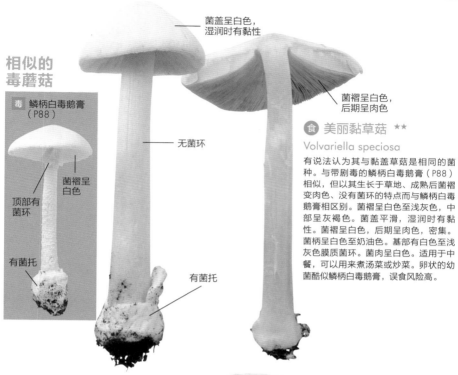

菌盖呈白色，湿润时有黏性

菌褶呈白色，后期呈肉色

无菌环

有菌托

有菌托

相似的毒蘑菇

毒 **鳞柄白毒鹅膏**
（P88）

顶部有菌环

菌褶呈白色

有菌托

食 **美丽黏草菇** ★★

Volvariella speciosa

有说法认为其与黏盖草菇是相同的菌种。与带剧毒的鳞柄白毒鹅膏（P88）相似，但以其生长于草地、成熟后菌褶变肉色、没有菌环的特点而与鳞柄白毒鹅膏相区别。菌褶呈白色至浅灰色，中部呈灰褐色。菌盖平滑，湿润时有黏性。菌褶呈白色，后期呈肉色，密集。菌柄呈白色至奶油色。基部有白色至浅灰色膜质菌环。菌肉呈白色。适用于中餐，可以用来煮汤菜或炒菜。卵状的幼菌酷似鳞柄白毒鹅膏，误食风险高。

食 **银丝小包脚菇** ★★

Volvariella bombycina

单生或丛生于阔叶树的枯干上。孢子仅约为黏盖草菇孢子的一半。菌盖呈偏白色至淡黄色，表面覆盖有细小的绢丝状的毛或小鳞片。没有黏性。边缘从菌褶末端稍微突出。菌褶呈白色，后期呈肉色，密集。菌柄几乎呈白色，内实，基部有膨大、带黄褐色鳞片的膜质袋状菌托。菌肉呈白色，适合用于中餐。

菌盖呈偏白色至淡黄色，表面有细小的绢丝状的毛或小鳞片

菌褶呈白色，后期呈肉色

细小的绢丝状的毛或小鳞片

无菌环

有菌托

草菇（V.volvacea）的水煮罐头。常被当作中餐的食材，在其被外菌幕（菌托）包裹的状态下对半切开，以享受其形状和口感。因其主要由稻梗栽培而来，得名"Straw Mushroom"。产于中国、泰国等地，因其出口量大，所以也被称为"中国蘑菇"。

注 高大环柄菇 ★

Macrolepiota procera

高耸生长于草丛中的伞精。

生于杂木林或公园角落的草丛等地、孤立高耸的大形蘑菇。菌柄比菌盖的直径长，通常高度超过30cm，有的菌柄长度在50cm以上。菌盖为海绵质地，有弹性，握住后会恢复原状。

【特征】**菌盖：** 呈球形至卵形，后期平展，中高。表面呈浅褐色至灰褐色，展开后表面龟裂，形成褐色的鳞片。**菌褶：** 白色，隔生，密集。**菌柄：** 菌柄细，上部有厚的环状可移动菌环。基部呈球根状膨大。生长后褐色的表皮鳞片化，呈层叠状。中

空。**菌肉：** 白色，无臭味。菌盖柔软有弹性。菌柄呈纤维质地，没有变色性。

【食用方法·注意事项】适合用于煮菜或烧烤、油炸等。生食会引起中毒。

分布范围：	全世界
生长环境：	杂木林、竹林、草地
生长季节：	夏季~秋季
大小：	直径8cm~20cm
生长类型：	腐生菌
相似的毒蘑菇：	拟乳头状青褶伞（P103）
	大青褶伞（P102）

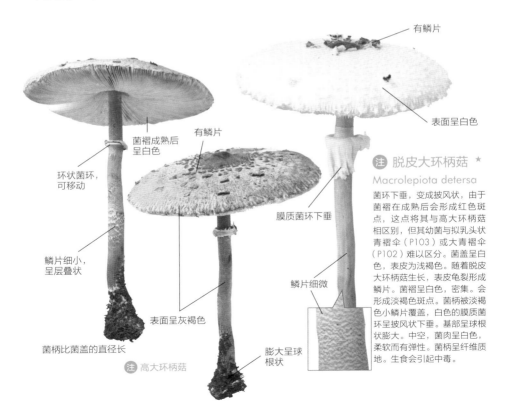

有鳞片

表面呈白色

菌褶成熟后呈白色

有鳞片

环状菌环，可移动

膜质菌环下垂

鳞片细小，呈层叠状

鳞片细微

表面呈灰褐色

膨大呈球根状

菌柄比菌盖的直径长

注 高大环柄菇

注 脱皮大环柄菇 ★

Macrolepiota detersa

菌环下垂，变成披风状，由于菌褶在成熟后会形成红色斑点，这点将其与高大环柄菇相区别，但其幼菌与拟乳头状青褶伞（P103）或大青褶伞（P102）难以区分。菌盖呈白色，表皮为浅褐色。随着脱皮大环柄菇生长，表皮龟裂形成鳞片。菌褶呈白色，密集。会形成淡褐色斑点。菌柄被淡褐色小鳞片覆盖，白色的膜质菌环呈披风状下垂。基部呈球根状膨大。中空，菌肉呈白色，柔软而有弹性。菌柄呈纤维质地。生食会引起中毒。

注 高大环柄菇

毒 大青褶伞
Chlorophyllum molybdites

毒 拟乳头状青褶伞

菌褶呈绿色的毒蘑菇，随着地球温暖化，生长范围向北移动。

成熟后的大青褶伞菌褶呈蓝绿色，但其幼时为白色，易被误认成高大环柄菇而误食。大青褶伞分布于热带到亚热带地区，因为分布地区不断上移，也被当成全球气候变暖的指标。易生长于公园或田地等堆满割掉的草等有机物的地方。

【特征】**菌盖：**球形至钟形，后期平展，中突。质地呈白色，表面带褐色，生长后中部以外的地方会裂开，形成不规则的鳞片。**菌褶：**隔生，稍密。幼时呈白色，后期变为蓝绿色，受伤后会变成褐色。**菌柄：**表面呈纤维状，白色，后期带灰褐色。中空，上部有厚而可移动的环状菌环。**菌肉：**白色，初期质地细致紧密，后期呈海绵质地，有土味。**有毒成分：**Molybdophyllysin、类固醇。

【食用方法】食用后2小时内左右会引起强烈的肠胃系统中毒（呕吐、腹泻、有时会有血便）。在肠胃系统中毒中属于严重情况。

分布范围：	日本（福岛以南）、泛热带~亚热带
生长环境：	草坪、草原、田地
生长季节：	春季~秋季
大小：	直径7cm~30cm
生长类型：	腐生菌

毒 大青褶伞

呈白色至灰褐色纤维状

展开后菌盖的直径和菌柄的长度几乎一样

孢子成熟后菌褶带绿色

厚而可移动的菌环

呈白色纤维状，后期呈灰褐色

有鳞片

毒 拟乳头状青褶伞

Chlorophyllum neomastoideum

虽与大青褶伞相似，菌柄稍细，菌肉稍薄。生长时期比大青褶伞的稍迟。另外，它的生长场所无需像大青褶伞那样有大量有机物，可在普通的草地上不成列生长。菌盖质地为白色，中部有淡黄褐色、稍大的鳞片，周围有小鳞片。菌柄呈白色，密集。菌柄呈白色，后期带污褐色，中空。基部呈球根状膨大。菌环带白色，可移动。菌肉呈白色，受伤后会慢慢变浅红褐色。会引起呕吐、腹泻等肠胃系统中毒。

毒 大青褶伞

毒 美洲白环蘑
Leucoagaricus americanus

食 锐鳞环柄菇　　毒 栗色环柄菇
食 冠状环柄菇　　? 红盖白环蘑

喜爱温室或堆肥发酵时散发的热量。

束生至丛生于温室中或积有肥堆的场所。菌盖的鳞片像粒子一样细小，触摸会变红。2000年从蘑菇科白鬼伞属被移至青褶伞属。

【特征】**菌盖：**呈卵形至扁半球形，后期平展，中高。质地呈白色，覆盖有浅褐色至深褐色粒状小鳞片。表面分布有沟纹，中部密集，周边稀疏，边缘沟纹不明显。**菌褶：**白色至浅奶油色，隔生，密集。**菌柄：**白色，有厚的膜质菌环。菌环上方覆盖有粉状鳞片，下方覆盖有粒状鳞片。被碰到会变红，变成带紫深褐色。中空，基部呈纺锤形。**菌肉：**白色，受伤后变红。**有毒成分：**不明。

【中毒症状】引起肠胃系统中毒。

分布范围：	日本、欧洲、北美
生长环境：	堆肥、干草堆、锯末、树桩等
生长季节：	夏季~秋季
大小：	直径5cm~10cm
生长类型：	腐生菌

毒 美洲白环蘑

大量丛生于铺满木材碎片的地方。由于分解木材碎片时会散发热量，土地会微微变热，成为热带性蘑菇合适的生长地。

食 冠状环柄菇 ★

Lepiota cristata

日本产冠状环柄菇的学名有待探讨。菌盖呈淡褐色至红褐色，展开后表皮会形成细小鳞片，分布在菌盖中心。菌褶呈偏白色，密集。菌柄呈绢状，有光泽，白色至带肉色，白色菌环易消失。菌肉呈白色至带红褐色，肉薄。可食用，但由于与剧毒的栗色环柄菇相似，最好避开。

呈深红褐色绒毛状，后期呈鳞片状

白色

有深褐色锥状小突起

? 红盖白环蘑

Leucoagaricus rubrotinctus

表面呈深红褐色绒毛状，菌盖展开会形成鳞片，分布于带红褐色纤维状的表面上。菌褶白而密集。菌柄呈白色，中空，基部膨大。菌环呈膜质，白色，边缘带红色。肉呈白色，不明确其是否为毒蘑菇。

菌褶为白色

有膜质菌环

毒 栗色环柄菇

Lepiota castanea

夏季至秋季，生于树林的地上。菌盖和菌柄被栗褐色至橙褐色的小鳞片覆盖。菌盖质地呈白色，覆盖有栗褐色至橙褐色细粒状小鳞片。菌褶呈白色，呈奶油色至砥粉色，稍密，有时带红色。菌柄呈淡橙褐色，覆盖有和菌盖同色的小鳞片，中空。有蜘蛛丝状的菌环，易消失。菌肉偏白色。形状小而带有剧毒成分，和鳞柄白毒鹅膏一样会引起严重的中毒。

食 锐鳞环柄菇 ★

Echinoderma asperum
(=*Lepiota acutesquamosa*)

质地呈带黄褐色至带红褐色，附有深褐色锥状的直立小突起。菌褶呈白色，分枝，密集。菌柄中空，上部呈白色，下部呈淡褐色且带褐色鳞片。菌柄基部稍膨大。白色的膜质菌环边缘带褐色。生于土地肥沃的树林内等。

(食) 野蘑菇 ★
Agaricus arvensis

注 球基蘑菇
毒 细褐鳞蘑菇
食 巴西菇

将双孢蘑菇（Agaricus bisporus）的柄伸长，大概就是这样子吧。

生于草地等地。菌盖触摸后会变黄。虽与鳞柄白毒鹅膏相似，但本菌种没有菌托，菌褶在成熟后变带灰红色至黑褐色。

【特征】**菌盖：**初期呈卵形，后期呈扁半球形至平展。初期呈奶白色，后期稍带黄色，平滑。边缘附有菌环残留物。**菌褶：**初期白色，后期呈带灰红色至黑褐色。隔生，十分密集。**菌柄：**奶白色、平滑。中空，基部膨大。上部有白色的膜质菌环。**菌肉：**白色，受伤后变黄。

【食用方法·注意事项】和双孢蘑菇使用方法一样，尤其适合用于西餐。幼菌酷似鳞柄白毒鹅膏，需要注意。

分布范围：	全世界
生长环境：	草地、田地、树林边缘等
生长季节：	夏季~秋季
大小：	直径8cm~20cm
生长类型：	腐生菌
相似的毒蘑菇：	鳞柄白毒鹅膏（P88）

食 野蘑菇

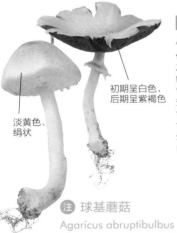

初期呈白色，后期呈紫褐色

淡黄色、绢状

注 球基蘑菇
Agaricus abruptibulbus

有白色至淡黄色的、绢状的光泽。用力触摸会形成污黄色斑点。菌褶初期呈白色，后期从带红色变为紫褐色。菌柄呈白色至带黄色，略带绵质小鳞片，中空，基部突呈块茎状膨大。白色至淡黄色膜质菌环位于菌柄上部，其下有绵屑状附属物。菌肉呈白色。虽被认为是可食用蘑菇，但从其他蘑菇属菌种发现过有毒成分，因此需要注意。

毒 细褐鳞蘑菇
Agaricus moelleri

偏白色绢状质地，覆盖有带灰褐色至近黑色的纤维状小鳞片。中部没有鳞片，呈灰黑色。菌肉虽为白色，受伤后会变黄。菌褶密集。初期呈白色，后期由肉色变至巧克力色。菌柄细、白色，呈绢状；受伤后基部变黄。菌柄上部有白色菌环，下部微呈绵屑状。

食 巴西菇 ★
Agaricus blazei

覆盖有淡灰褐色至褐色的纤维状鳞片，边缘有菌环残片。菌肉呈白色，受伤后会稍微变至橙黄色。菌褶很密，初期呈白色，后期从肉色变为黑褐色。菌柄内实，有初期带白色、后期带褐色的膜质菌环，菌环以下附有带褐色绵屑状的附属物。偏白色，上下同大，触摸后带黄色。菌环以下有粉状至绵屑状小鳞片，后期脱落后变得平滑。产于北美地区的东南海岸或巴西，在日本为人工栽培，作为药用或健康食品而为人们熟知（参见下一页专栏）。

巴西菇被引进日本的开端

森园智浩（日本岩出菌学研究所 所长）

原产巴西、小巧玲珑的蘑菇

巴西菇最早由古本隆寿于巴西圣保罗市彼达迪的草原上发现。1965年，由日本的岩出亥之助博士将该菌种引入日本。岩出博士是成功对蘑菇醇进行结构测定和合成的真菌研究第一人，同时也是现在日本"岩出菌学研究所"的创办者。

人工栽培获得成功！

1975年，在岩出菌学研究所的巴西菇屋中成功实现了高垄栽培法。由于是独自开发栽培方法，且当时经济上没有富余，因此没有获得专利。之后掀起"巴西菇热"的时候，日本各地出现了许多栽培本菌种的从业者，而我们保持一贯的品质，固定栽培"岩出101株"品种。并在南美洲的巴拉圭扩大生产，努力确保优质产品的产出。

确定现在菌屋内使用的栽培方法之前，有过许多失败的经验，如未能确立制作优质堆肥的方法等。有些失败带来了非常惨痛的教训。曾有一位美丽的女性到菌屋视察，原本生长着无数巴西菇的原基从那天开始受损，屋子里所有的巴西菇都坏了。后来思考，恐怕是因为那位女性身上喷有香水，巴西菇对其中的成分产生了反应，使子实体停止生长。这次严重的失败使人体会到栽培巴西菇时所需的细致。

经过1975年一年菌屋内的栽培后，获得成功。从此巴西菇作为"生食蘑菇"，以名古屋、东京的蔬果市场为中心上市。但是，由于其生长温度高，蛋白质含量达40%，使其耐存度差，导致消费者有很多不满的声音。另外，虽然尝试用于各种各样的料理烹饪，但因为不是日本本土产菌，其独特的香气不合消费者口味，作为生食蘑菇的评价没有达到预期值。

巴西菇"岩出101株"

药效被发掘，获得注目

另一方面，1980年在日本癌症学会总会的发起下，三重大学医学部研究小组（伊藤均博士等）连续发表了有关抗肿瘤性及生物活性的研究成果，本菌种取代了多孔菌和灵芝，成为新型的药用蘑菇，并受到注目。之后，不仅日本，其他地区也针对其药效进行了临床试验，使巴西菇得以广泛使用。

巴西菇药效之强口口相传，每天从早到晚，都有从日本全国各地而来访问岩出菌学研究所，无论如何都想食用能提高免疫力的巴西菇。为了能够诚挚地回应大家的心愿，我们现在仍持续对本菌种新的药理活性进行研究。

我们不认为食用巴西菇就能对苦于病痛的人有所帮助。战胜癌症病魔最重要的是保持健康与免疫力，并不是借助蘑菇的力量。

毒 紫红蘑菇
Agaricus subrutilescens

食 双孢蘑菇

生于森林的毒蘑菇。

特征是菌盖上有细小的鳞片，以及大的膜质菌环、菌柄上菌环以下有绵屑状毛刺。紫红蘑菇与双孢蘑菇属于同类。

【特征】**菌盖：**初期呈半球形，后期几乎平展。表面覆盖有带紫褐色纤维，随着菌盖变大，中部以外的部分会裂开，形成小鳞片。从裂纹的缝隙中能看到质地的颜色，呈白色至淡桃色。**菌褶：**短而密，初期呈白色，后期红色逐渐变多，最后变为黑褐色。**菌柄：**白色，有膜质菌环，往下变粗。菌环以下被白色的绵屑状毛刺包裹。**菌肉：**稍厚，呈白色，成熟时带紫褐色。**有毒成分：**不明。

【中毒症状】引起肠胃系统中毒，出现胃痛情况。

分布范围：	日本、北美西部
生长环境：	杂木林等
生长季节：	夏季~秋季
大小：	直径7cm~20cm
生长类型：	腐生菌

菌褶成熟后变黑褐色

有菌环

带紫褐色，菌盖展开后会形成细小鳞片

受伤后变红

幼菌时被带紫褐色的纤维覆盖

有绵屑状毛刺

毒 紫红蘑菇

食 双孢蘑菇 ★★★
Agaricus bisporus

在人工栽培的蘑菇中拥有世界最多的生产量。近年有几个栽培品种。栽培时会使用马肥或稻草，市场上常见的有在低温条件下经常培育出的白色品种，以及肉稍厚、伤口少的棕色品种。虽然其多在最幼的时期被采集，但使其继续生长的话菌盖直径能超过10cm。继续生长会散发气味，菌褶会成熟、变黑褐色，不适合出售或食用。其风味独特，适合用于烹饪西式料理。自然分布于北半球温带地区。

食 毛头鬼伞 ★★

Coprinus comatus

在其白色的时候尽早食用吧，这是从边缘开始溶化的一夜菌种。

在村庄附近的草地、田地、庭院、路边等地可见，常群生或束生于有机物多的地方。孢子成熟后，菌褶从边缘开始溶化，变成黑色墨水状滴落，散发孢子。最近的研究表明，本菌种是蘑菇科菌种，该菌种作为基准种的鬼伞属也属于蘑菇科。

【特征】菌盖： 初期呈长椭圆形，包裹着菌柄，呈钟形展开而不平展。白色，表面被淡褐色的毛刺状鳞片覆盖，有沟纹。**菌褶：** 密集、离生，随着孢子成熟，会从白色至淡红色变为黑褐色，从边缘开始溶化。**菌柄：** 白色，中空。有可移动、明显

的菌环。菌柄不溶，残留下来。**菌肉：** 白色，无臭无味。

【食用方法】 在日本不是一般的蘑菇，不仅被人工栽培，且经常被用于食用。菌盖展开前，白色的幼菌可用来炒、煮菜或烤奶酪等。建议根据其生长场所的环境进行采集。

分布范围： 全世界
生长环境： 草地、田地、路边等
生长季节： 春季~秋季
大小： 直径3cm~5cm
生长类型： 腐生菌
相似的毒蘑菇： 墨汁拟鬼伞（P111）

食 **毛头鬼伞** 菌盖展开前是食用的最佳时期。图中央的两株蘑菇已稍迟于最佳状态。

注 金盖鳞伞 ★

Phaeolepiota aurea

不 Squamanita sp.

无论是菌盖还是菌柄都沾满黄豆粉，并立于森林边缘。

夏季至秋季，群生于树林或路边、庭院、田边等地方。呈土红褐色至金黄色，整体密集分布着与菌肉同色至深色粉末。有独特的强烈气味，也有人感觉像汗味，但煮过后气味会消失，不必在意。

分布范围：	北半球一带
生长环境：	路边、庭院、田界等
生长季节：	夏季~秋季
大小：	直径5cm~15cm
生长类型：	腐生菌

【**特征**】**菌盖：**半球形至中高平展。有时整体呈土红褐色至金黄色，密集覆盖着同色至深色的粉末。幼时多有放射状褶皱。**菌褶：**上生至离生，密集。初期呈黄白色，后期变黄土褐色。**菌柄：**上下同大或下方粗，内实或呈髓状。多有竖纹，膜质菌环大，且呈黄白色。不久孢子掉落、堆积，变褐色。**菌肉：**呈淡黄色，肉质紧致细密，有强烈的气味。

【**食用方法·注意事项**】洗掉全身覆盖的粉末后，适合用来油炸、煮菜。虽被广泛用于食用，但也有消化器官中毒的案例。

不 Squamanita sp. 口蘑科

寄生于金盖鳞伞的菌寄生真菌。秋季多生于金盖鳞伞形成的黄色菌核上。菌核上多形成瘤子，各种各样的瘤子形成了真菌。有葡萄汁的味道，品种稀有。不明确其是否有毒，不适合食用。从以前一直使用S.odorata的学名，而原本S.odorata寄生于滑锈伞属菌种上，日本产的还有待探讨。

图片/宫川光昭（两张都是）

注 金盖鳞伞 菌盖未完全展开的幼菌，此时最适合食用。

毒 墨汁拟鬼伞
Coprinopsis atramentaria

一夜溶化的墨汁拟鬼伞，溶化处包括菌盖和菌褶。

随着菌盖展开边缘开始溶化，只留下菌柄，液化成墨汁状。幼菌时口感好而美味，和酒一起食用，有毒成分会阻碍乙醛的分解，使人陷入严重恶醉的状态。由于有毒成分会残留数日，因此食用后最好暂时控制酒精的摄入。

【特征】**菌盖：**初期呈卵形，后期呈钟形至圆锥形。呈灰色至淡灰褐色，覆盖有带褐色的小鳞片，后期平滑，边缘有沟纹，呈放射状裂开。**菌褶：**幼时呈白色，后期变为紫褐色至黑色，边缘液化。**菌柄：**白色，中空。中部以下有不完全的菌环残留物。菌柄不溶。**菌肉：**白色，极薄。

【中毒症状】与酒一起食用会出现头痛、发汗、呼吸困难、痉挛等严重的恶醉状态。

分布范围：	全世界
生长环境：	路边、草地、庭院
生长季节：	春季~秋季
大小：	直径5cm~8cm
生长类型：	腐生菌

呈放射状裂开

边缘溶化

毒 墨汁拟鬼伞

菌褶呈紫褐色至黑色

群生至束生于公园或田里等地，有时也会从铺好的道路上冒出来。与毛头鬼伞（P109）相似，菌盖表面没有毛刺。

小鳞片、后期平滑

有沟纹

菌柄不溶化

白色

也有的有不完全的菌环

毒 晶粒小鬼伞

食 家生小鬼伞

Coprinellus micaceus

菌盖有亮晶晶的小鳞片。

夏季至秋季，束生至丛生于阔叶树的枯木或树桩上。淡黄褐色的菌盖表面有云幕状的鳞片。成熟后菌褶会液化，但不至于像墨汁拟鬼伞一样。基部不会形成黄褐色的菌丝束。孢子呈椭圆形，一端尖。以前其幼菌也可以食用，但由于发现其含有有毒成分，所以不能食用。

【特征】**菌盖：** 初期呈卵形，后期呈钟形至圆锥形，进一步平展后边缘卷翘。呈淡黄褐色，初期覆盖有小的云母状粉被，后期脱落后变得平滑。边缘有沟纹。**菌褶：** 初期呈白色，后期变黑，液化。菌褶不明显。**菌柄：** 白色，几乎上下同大，中空。**菌肉：** 偏白色至淡黄色，肉薄。**有毒成分：** 色胺类。

【中毒症状】和酒一起食用，会导致头痛、脸色通红、脉搏异常快等症状出现。因其含有双吲哚生物碱，食用后会出现头晕目眩或血压下降等中枢神经系统中毒的症状。

分布范围：	全世界
生长环境：	阔叶林
生长季节：	夏季~秋季
大小：	直径1cm~4cm
生长类型：	腐生菌

淡黄褐色，有细小的云母状鳞片

边缘有沟纹

从显微镜上看，与家生小鬼伞的孢子形态和菌盖鳞片有明显的区别

幼时呈白色，成熟后变黑，液化

不会形成菌丝束

毒 晶粒小鬼伞

食 **家生小鬼伞** ★

Coprinellus domesticus

夏季至秋季，束生至丛生于阔叶树的枯木或树桩上。菌盖呈卵形，后期呈钟形至圆锥形，进一步平展后边缘卷翘。有带黄褐色、绵屑状至头皮屑状小鳞片，后期脱落变得平滑。边缘有沟纹。菌褶初期呈白色，后期变黑，液化后变得不明显。菌柄呈白色，菌柄基部或其生长场所附近能看见黄褐色的菌丝束（一定不是因为有霜）。幼菌可食用，因其长得与晶粒小鬼伞相似，需要注意。其孢子形状和晶粒小鬼伞有明显的区别。形状小，肉薄，因其没有嚼劲，常用来煮菜或做浇汁等。

杜鹃兰的共生菌根菌

带黄褐色

呈绵屑状至头皮屑状的小鳞片

有沟纹

不 白小鬼伞 ★

Coprinellus disseminatus

虽然很多，但不适合食用。

【特征】**菌盖：** 呈卵形至钟形。白色、淡黄色、灰白色等，后期带淡紫灰色。被细毛覆盖，边缘有沟纹。**菌褶：** 初期呈白色，后期呈深灰色至黑紫色，不液化。**菌柄：** 呈白色半透明状，被细毛覆盖，后期无毛，极脆。多群生于倒木或树桩等地。**菌肉：** 极薄。

【利用方法】由于其小而脆、易变干等特点，利用价值低，通常不会被食用。

分布范围： 全世界
生长环境： 阔叶林、针叶林
生长季节： 春季~秋季
大小： 直径1cm~1.5cm，高2cm~3.5cm
生长类型： 腐生菌、虎舌兰的共生菌根菌

注 泪珠垂齿菌 ★

毒 黄盖小脆柄菇
注 珠芽小脆柄菇

Lacrymaria lacrymabunda (=Psathyrella velutina)

毛毡状的茶色菌盖，好似狸的毛皮。

　　菌盖为茶色，呈毛毡状，菌褶在孢子成熟后变深紫褐色。其外形奇怪，因为是群生，可以批量采集。

【特征】**菌盖：** 钟形至平展。覆盖有茶褐色至带黄褐色的纤维状鳞片，呈毛毡状；边缘有菌环的残留物。**菌褶：** 初期呈灰褐色，成熟后变深紫褐色，形成黑色斑点。边缘呈白色粉末状。**菌柄：** 被与菌盖同色的纤维所覆盖，顶部呈白色粉末状。有不完全的菌环，呈绵屑状至纤维状。后期孢子掉落，变黑。**菌肉：** 淡黄褐色，肉薄。

【食用方法·注意事项】口感好，由于没有特别需要注意的地方，煮熟后常被用来炒菜。根据各人体质不同，会引起荨麻疹或头痛、肠胃不适等过敏症状。

分布范围：	北半球一带
生长环境：	杂木林、草地、路边
生长季节：	夏季~秋季
大小：	直径3cm~7cm
生长类型：	腐生菌

呈茶褐色至带黄褐色，覆盖有纤维状鳞片，呈毛毡状

有不完全的菌环，孢子掉落后变黑

成熟的菌褶呈深紫褐色

纤维状

注 泪珠垂齿菌

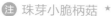 珠芽小脆柄菇 ★
Psathyrella piluliformis

呈淡红褐色，有微呈放射状的褶皱。湿润时呈深褐色至肉桂褐色，周边有条纹。菌褶呈淡灰褐色，后期变深褐色，常常分泌出水滴。菌柄呈白色，中空。菌幕呈白色，附着在菌盖边缘，不会形成菌环。

有条纹

淡黄色，有略呈放射状的褶皱

注 珠芽小脆柄菇　夏季至初冬，多束生至群生于阔叶树的朽木及其附近的地面上

菌褶呈白色，后期呈淡红紫色至带紫褐色

边缘附有菌幕

毒 黄盖小脆柄菇
Psathyrella candolleana

呈淡蜜色至淡黄褐色。周边呈带污褐色。菌褶呈白色，后期由淡紫红色变为带紫褐色，密集。菌柄中空，呈白色。菌幕不形成完全的菌环，附着于菌盖边缘，易脱落。菌肉薄而脆。夏季至秋季，群生于阔叶树的朽木或枯干，及其附近的地上。有毒成分中含有裸盖菇素。

毒 蝶形斑褶菇
Panaeolus papilionaceus

在日本最初的中毒案例中，有人在食用后全裸弹奏日本三弦。

由于含有麻药成分裸盖菇素，2002年日本出台法令禁止采集、持有、贩卖该种蘑菇。发现这种蘑菇的时候，不应急于采集，而应该尽快将其送到最近的保健所或警察署。据菌类学者川村清一介绍，在1917年日本石川县的中毒案例中，一家四口食用过后，"妻子赤身裸体，一边跳舞一边笑，最后取出日本三弦装作在弹的样子，哈哈大笑，大吵大闹。我感到非常吃惊，但就在这时，自己也一样变得癫狂。文助（人名）也继续着癫狂的状态，胡乱舞蹈。"

【特征】**菌盖：**呈半球形至钟形。淡灰色至淡褐色，中央稍带红褐色。表面平滑，常常龟裂，呈龟甲状。边缘比菌褶一端突出，附着白色的菌幕残留物。**菌褶：**初期呈灰色，后期呈黑色，有白色边缘，稍疏。**菌柄：**呈偏白色至淡红褐色，带微粉。上下同大，硬而脆。中心有髓，后期中空。**菌肉：**极薄，呈白色至带褐色。**有毒成分：**胆碱、乙酰胆碱、裸盖菇素等。

【中毒症状】伴随着头痛、头晕目眩、丧失平衡感、低血压、幻觉、精神错乱等神经系统中毒，还会引起出汗或呕吐、腹泻、呼吸困难等毒蕈碱中毒症状出现。

分布范围：	全世界
生长环境：	牧草地、草坪、牛马粪上
生长季节：	春季~秋季
大小：	直径2cm~4cm
生长类型：	腐生菌

也有的生于食草动物的粪上。

毒 阿根廷光盖伞

Psilocybe argentipes

毒 黄褐光盖伞

触摸后会变青的麻药蘑菇，持有和采集该菌种在日本都属于犯罪行为。

含有和蝶形斑褶菇一样的麻药成分。
【特征】菌盖：呈圆锥状至挂钟形，不平展。中部有突起。呈深褐色至黄土褐色，带暗青绿色斑点。没有黏性。菌褶：密集，成熟后变灰褐色至紫褐色。边缘颜色浅，呈微粉状。菌柄：纤维状，质地硬，中空且细长。呈淡红褐色，下部呈暗褐色，被白色丝绸状、黏连在一起的纤维所覆盖，形成层状纤维纹。菌肉：和菌盖同色，肉薄，受伤后变青。有毒成分：裸盖菇素、盖菇素。
【中毒症状】头痛、头晕目眩、丧失平衡感、低血压、幻觉、精神错乱等神经系统中毒，有时会导致麻痹。

分布范围：	日本（本州）
生长环境：	路边、公园、杂木林
生长季节：	夏季~秋季
大小：	直径1cm~5cm
生长类型：	腐生菌

毒 黄褐光盖伞

Psilocybe fasciata

生于杂木林或竹林，以及被扔掉的稻壳上。被触摸后该菌种会受伤变青。与阿根廷光盖伞一样，都受到日本法令的限制。菌盖呈圆锥状，有时中部突出；呈灰绿色至橄榄褐色，周边颜色浅。边缘有残菌幕。有黏性，变干后有光泽。湿润时有表面有条纹。菌褶呈灰白色，后期变为灰褐色至深褐紫色；边缘带白色，稍疏。菌柄呈白色纤维状，有丝绸一般的光泽，基部有粗毛。菌肉薄，受伤后变青。也有称其与毒光盖伞为相同菌种的说法。食用后会引起恶心、散瞳、幻觉、精神错乱等症状出现，主要为中枢神经系统中毒。

毒 阿根廷光盖伞

夏季至秋季生于公园或树林等地上，也有群生的情况。

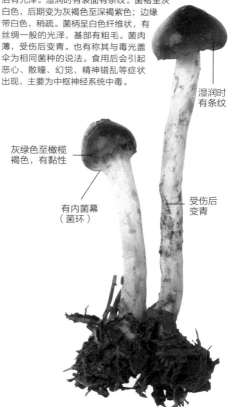

湿润时有条纹

灰绿色至橄榄褐色，有黏性

有内菌幕（菌环）

受伤后变青

注 铜绿球盖菇 ★

毒 鳞皮勒氏菌

Stropharia aeruginosa

生于草地，遍布世界的绿蘑菇。

夏季至初冬，生长于低地至山毛榉带的阔叶林（主要为山毛榉科）中湿气较多的地面。时而群生，杂草多时难以发现。

【特征】**菌盖：**初期被胶质的黏膜覆盖，呈青绿色至绿色。伴随着生长会失去黏液，变成黄绿色至带黄色，变干后具有光泽。菌盖周边散布着绵毛状的小鳞片。**菌褶：**前期呈灰白色，后期变为紫褐色。边缘带白色。**菌柄：**上部呈白色，下部带一点绿色；有膜质菌环，菌环以下带白色绵毛状鳞片。上下等粗或上部偏细，中空。

菌肉：白色。

【食用方法·注意事项】有人将其当作可食用蘑菇，也有人认为它不适合食用。

分布范围：	北半球一带
生长环境：	阔叶林、草地
生长季节：	夏季~初冬
大小：	直径3cm~7cm
生长类型：	腐生菌、虎舌兰的共生菌根菌

注 铜绿球盖菇

青绿色至绿色，被膜质黏膜覆盖

有菌环

菌环以下被绵毛状的鳞片覆盖

初期呈灰色，后期变为紫褐色，边缘带白色

湿润时有黏性

菌盖周边有小鳞片

毒 **鳞皮勒氏菌**

Leratiomyces squamosus

菌盖湿润时有黏性，展开后变得平坦，中部也会突出；呈红褐色，周边有黄白色的小鳞片。菌褶长而密集，前期呈白色，后期变为深褐色至黑褐色，边缘呈白色。菌柄为纤维质地，坚实，中空且细长。基部有时会变成根状。菌环以上为白色至黄白色，呈粉状，下部和菌盖同色，有纤维状的小毛刺。膜质菌环偏窄小，呈黄白色，脆而易脱落。上面没有条纹。秋季生长于树林或田里、草地等。

食 皱环球盖菇 ★★

Stropharia rugosoannulata

食 皱环球盖菇浅黄变型

菌环开裂。

中型至大型蘑菇，有厚而呈星形裂开的菌环。春季至秋季单生或群生于腐殖质的地面。因其孢子呈紫褐色，会给人不好的印象，但其没有臭味且意外地美味。黄色的皱环球盖菇则被称为"皱环球盖菇浅黄变型"。

【特征】**菌盖：**扁半球形至平展。呈红褐色，表面平滑，覆盖有细微的纤维状鳞片。湿润时稍带黏性。老化后褪色，带灰色。

菌褶：白色，密集。孢子成熟后变深紫灰色。边缘有不规则的缺口。**菌柄：**往基部变粗，内实。有丝绸般的光泽，初期为白色，后期变为淡黄褐色。厚膜质菌环呈星形裂开，上部向上卷，易脱落。

菌肉：白而厚。

【食用方法】梅雨季节收获多，味道清淡，口感好。由于烹饪时会使料理变黑，最好是冲洗过孢子之后再煮。除了拿来做浇汁、煮菜之外，还可用来炒菜。

分布范围：	日本、欧洲、北美
生长环境：	路边、田地、木屑的痕迹
生长季节：	春季~秋季
大小：	直径7cm~15cm
生长类型：	腐生菌

菌肉为白色

菌盖呈黄褐色

食 皱环球盖菇

菌褶为深紫褐色

菌盖为红褐色

菌柄内实

菌环呈星形裂开

菌环呈星形裂开

食 皱环球盖菇浅黄变型 ★★

Stropharia rugosoannulata f. lutea

从外表上看，除了菌盖的颜色以外，和皱环球盖菇没有明显的差别；从孢子的大小上看，本菌种的孢子稍小。被当成是皱环球盖菇的一个品种，当皱环球盖菇形成蘑菇圈时，同个蘑菇圈中会混入几个本菌种，因此，其与皱环球盖菇同为一个菌种的可能性很高。食用方法与皱环球盖菇一样。

食 柱形田头菇 ★★
Cyclocybe cylindracea (= Agrocybe cylindracea)

食 田头菇
毒 无环田头菇
食 湿黏田头菇

梅雨季节，街边树上的柱形田头菇会垂下大菌环。

主要在初夏季节束生于白杨、枫树、榆树、接骨木等阔叶树的枯木或树木的腐朽部分，同时也生长在城市公园里的植栽或路边的树上。过去会在柳树的树桩上开小口，进行人工栽培。

【特征】**菌盖：**扁半球形至平展。表面平滑，呈黄土褐色至带灰褐色，周边颜色浅，有浅浅的褶皱。**菌褶：**直生至垂生，带褐色，密集。**菌柄：**白色，呈纤维状，下部后期带污褐色。菌柄根部粗，内实。

上部有膜质大菌环，附着深褐色孢子。**菌肉：**几乎为白色，有小麦粉般的味道。
【食用方法】爽口、鲜嫩、有嚼劲，可人工栽培。不管和什么料理搭配都很合适。推荐将其用于做菜饭、用蚝油煮或炒菜。

分布范围：	全世界
生长环境：	阔叶林、路边树
生长季节：	春季~秋季
大小：	直径5cm~20cm
生长类型：	木材腐朽菌

食 柱形田头菇　其特征为有附着褐色孢子的大菌环。

食 柱形田头菇（人工栽培品种）

出售时菌褶仍被内菌幕包裹。展开后的菌盖没有滑溜的口感，但菌柄比野生品种的柔软，吃起来更容易。

红褐色，平滑

食 田头菇 ★
Agrocybe praecox

菌盖呈红褐色，周边颜色浅，表面平滑，边缘有小菌幕残片。菌褶和菌盖同色，成熟后变为深褐色。菌柄呈白色或与菌盖同色，上部白色膜质菌环，下部稍膨大。菌肉呈白色，稍厚，菌柄呈带黄褐色。春季至秋季，尤其是进入梅雨季节时，生长于草地、荒地或路边等。

有菌环

呈淡红褐色至红褐色，稍带有褶皱

湿润时有条纹

没有菌环

菌环附着于菌柄一半以下的地方

食 湿黏田头菇 ★
Cyclocybe erebia
（＝Agrocybe erebia）

菌盖呈深褐色至灰褐色，湿润时稍有黏性，边缘有条纹，变干后颜色浅，看不见条纹。菌褶稍疏。菌柄内实或中空而呈纤维状。菌环往上偏白色，往下为污褐色。白色的膜质菌环上面有条纹，菌环附着于菌柄一半以下的地方。生于树林里或庭院等地。

毒 无环田头菇
Agrocybe farinacea

菌盖呈淡红褐色至红褐色，表面平滑，但多少带有褶皱。菌褶初期颜色浅，后期呈深褐色，边缘呈细白粉状，密集。菌柄和菌盖几乎同色，有纤维状条纹，顶部呈粉状。没有菌环，基部稍膨大。菌肉厚，呈淡红褐色至白色，有谷物粉般的味道。束生至群生于田地或木屑等肥沃的地方。曾是可食用蘑菇，近年发现其含有裸盖菇素。

食 小孢鳞伞 ★★★

Pholiota nameko (= P.microspora)

菌盖滑溜溜，可防虫，食用有益健康。

只分布于日本的山毛榉林和中国台湾的高原，被认为和山毛榉一起进化。广泛栽培，市场上出售的人工栽培品种多为其幼菌，最近也常能见到其菌盖展开后的成菌，并各自被称为"花蕾"和"花朵"。

【特征】菌盖： 初期呈半球形至圆锥形，后期平展。呈亮褐色至黄褐色，被显著的胶状黏液所覆盖。**菌褶：** 初期呈浅黄色，后期呈浅褐色。直生，密集。初期被薄薄的胶质菌幕覆盖。**菌柄：** 上下同大，内实。胶质菌环以上呈白色，以下和菌盖一样被黏液覆盖。**菌肉：** 呈淡黄色至带有黄白色。

【食用方法】 因其独有的光滑和风味，以及良好的口感而具有人气。最适合用来做味噌汤的配料和炖汤。适合搭配拌萝卜泥等口味清淡的料理。

分布范围：	日本（山毛榉带）、中国台湾地区
生长环境：	阔叶林（主要为山毛榉的倒木）
生长季节：	秋季
大小：	直径3cm~8cm
生长类型：	木材腐朽菌

胶质的内菌幕，在真菌成熟后与菌盖分离，变成菌环

丛生于山毛榉的倒木上。
由于其黏性强，采集后用
竹叶等包裹比较好。

食 黏环锈伞 ★★
Pholiota lubrica

食 黄褐鳞伞
食 黏鳞伞
不 红顶鳞伞

与砖红垂幕菌相似，生于地面的黏环锈伞。

秋季生长于树林里的朽木或被掩埋的树桩等，常见于日本北部地区。菌盖呈茶褐色，黏性强。略带土味，可享用其朴素的风味。

【特征】**菌盖：**呈扁半球形至平展。条纹呈红色至黄褐色，黏性强。边缘分布有绵毛状、带黄色的小鳞片。**菌褶：**直生至弯生，密集。初期呈白色，后期呈黏土褐色。**菌柄：**初期呈白色，后期下部带棕色，被纤维状至毛刺状鳞片覆盖。幼时有纤维状菌环，内实。**菌肉：**白色，略带土味。

【食用方法·注意事项】若用来做浇汁，其鲜味比小孢鳞伞更浓。适合搭配酱油或芝麻油，用来煮菜、炒菜或炖汤。需要注意的是，有可能误食与本菌种相似的毒蘑菇，褐黑口蘑。褐黑口蘑的菌肉受伤后会变成红褐色，这点与黏环锈伞相区别，本菌种没有变色性。

> **分布范围：**全世界
> **生长环境：**阔叶林、针叶林里被掩埋的木材上
> **生长季节：**秋季
> **大小：**直径5cm~10cm
> **生长类型：**木材腐朽菌
> **相似的毒蘑菇：**褐黑口蘑（P48）

菌盖边缘附有绵毛状小鳞片

条纹呈红色至黄褐色，黏性强

幼时有纤维状菌环

菌褶呈黏土褐色

食 黏环锈伞

灰白色至白茶色，黏性强

菌褶呈白色，后期变肉桂褐色

朱红色

菌盖边缘附有白色绵毛状小鳞片

无菌环

菌环易消失

食 黏环鳞伞 ★★

Pholiota lenta

菌盖表面黏性强。菌幕易消失，不会形成菌环。由于采集后经过一夜的时间，会散发出气味，需要在当天就对其进行处理。

黄色，有黏性

不 红顶鳞伞

Pholiota astragalina

菌盖呈朱红色，周边颜色浅；虽然湿润时具有黏性，但很快就会变干。边缘附有白色的内菌幕残片，后期消失。菌褶带黄色，接近菌盖的部分前期为朱红色，后期带褐色，密集。菌柄呈黄白色，下部呈朱红色，没有菌环，呈绵毛状至纤维状。菌肉带橙色，有苦味，该菌种春季至秋季束生或群生于针叶树的枯干或树桩上。

菌褶呈白色，后期变肉桂褐色

菌盖边缘有菌幕残片

菌环易消失

食 黄褐鳞伞 ★★

Pholiota spumosa

和欧洲的品种归为同个菌种，但由于两者有不同的部分，所以也有必要探讨。菌盖呈淡黄褐色至淡橙黄色，中部颜色深，黏性强，边缘有白色绵毛装小鳞片，易消失。菌褶前期呈白色，后期呈肉桂褐色，密集。菌柄前期呈黄白色，后期呈淡黄褐色，表面有毛刺，呈纤维状至略带鳞片状，菌柄顶部呈粉状。前期有蜘蛛网状的菌环，后期变得不明显。菌肉呈白色至淡黄色，菌柄下部呈锈色，略带土味但口味佳。

注 砖红垂幕菇 ★

Hypholoma lateritium (= H.sublateritium)

量大的砖红垂幕菌，在秋天的深山里，一次可以采到很多。

秋季过半时开始出现，多束生于阔叶树的枯木或倒木、树桩。

【特征】**菌盖：**扁半球形至平展，表面条纹呈亮茶褐色至深红色。周边颜色浅，附着有白色的纤维状残菌幕。表面带有湿气。**菌褶：**直生至弯生，稍密。前期为黄白色，后期带紫褐色。**菌柄：**上部为白色至黄白色，下部呈茶褐色的纤维纹状，没有菌环。**菌肉：**致密而坚硬，呈黄白色，菌柄基部为茶褐色。

【食用方法·注意事项】由于砖红垂幕菇的出汁鲜美，用来煮粥或做西班牙海鲜饭、菜饭等可以发挥其鲜味。也可将稍硬的菌柄剁碎后和入肉末中烹饪。加热后食用，不能生食。有食用后引起肠胃系统中毒的案例，在日本以外被当作是毒蘑菇。注意与毒蘑菇簇生黄韧伞相似，请勿食用。

分布范围：	主要广泛分布于北半球温带以北
生长环境：	阔叶林
生长季节：	秋季~晚秋
大小：	直径3cm~8cm
生长类型：	木材腐朽菌
相似的毒蘑菇：	簇生黄韧伞（P127）

注 砖红垂幕菇 因其群生于倒木等地，可以一次大量采集。

毒 簇生黄韧伞
Hypholoma fasciculare

群生的黄蘑菇，菌褶乌黑，伤时变深蓝色。

生于各种树林，几乎全年都可生长。虽呈鲜黄色，但也有的表面交杂着褐色，易与砖红垂幕菇相混淆。虽然该菌种以其幼菌的菌褶呈黄色、味苦的特点作区别，但名为簇生黄韧伞的蘑菇中可能含有多个菌种。

【特征】**菌盖：** 前期呈半球形至山形，后期近平展。呈淡黄色至鲜黄色，中间带黄褐色，表面平滑。略有吸水性。菌幕残片呈蜘蛛网状附着于菌盖边缘，后期消失。**菌褶：** 前期呈硫黄色，后期呈深紫褐色，密集。**菌柄：** 和菌盖颜色几乎一致，有时向下变橙褐色。呈纤维状，带丝绸般的光泽，中空。不完全的蜘蛛网状菌环易消失。**菌肉：** 黄色，苦味重。**有毒成分：** Fasciculol A-F、毒蕈碱、沿丝伞菌素等。

【中毒症状】会引起强烈的腹痛、呕吐、腹泻等肠胃系统中毒症状。严重情况下会引发脱水、痉挛等症状，致人死亡。

分布范围：	全世界
生长环境：	阔叶林、针叶林
生长季节：	春季~晚秋
大小：	直径1cm~5cm
生长类型：	木材腐朽菌

注 砖红垂幕菇

幼时呈黄白色，成熟后呈紫褐色

上部呈白色至黄白色

下部呈茶褐色

条纹呈亮茶褐色至深红色

束生

呈黄色，中部稍带橙色

幼时呈黄色，成熟后变黑

毒 簇生黄韧伞
味苦

注 翘鳞伞 ★

Pholiota squarrosa

注 拟翘鳞伞　　食 多脂鳞伞
食 金毛鳞伞

菌盖表面的鳞片呈毛刺状。

翘鳞伞生于木材上，菌盖的表面被纤维状的粗毛刺状鳞片所覆盖。其中，有的生长在地面上，也有的在一些地方被称为"土生环锈伞"并被食用，但该菌种其实与土生环锈伞（P.terrestris）不同，两者所属的种类也有可能不同。

【特征】**菌盖：**初期呈圆锥形至半球形，后期从中部稍隆起的扁平球状平展。呈淡黄色至淡黄褐色，被粗毛刺状鳞片覆盖。没有黏性。**菌褶：**带绿黄色，后期呈褐色。**菌柄：**上下近同大，下方偏细。有裂开的纤维质菌环。菌环以下与菌盖同色，与菌盖有相同鳞片覆盖。没有黏性。**菌肉：**淡黄色。

【食用方法·注意事项】有的地方将其作为食用蘑菇，和酒一起食用会恶醉，有时还会引起腹痛或腹泻等肠胃系统中毒症状。最好避免食用。

分布范围：	北半球温带
生长环境：	阔叶林、针叶林
生长季节：	秋季
大小：	直径5cm~10cm
生长类型：	木材腐朽菌

注 翘鳞伞　※照片中菌盖展开的是生于被掩埋木材上的荷叶离褶伞。

生于倒木的幼菌

注 拟翘鳞伞 ★

Pholiota squarrosoides

菌盖近白色至淡黄色，中部密集分布有淡黄褐色、直立的刺状鳞片。鳞片下方稍有黏性，菌褶呈黄色，后期呈肉桂色。菌柄上有绵屑状菌环，菌环厚。菌环以下被与菌盖同色的鳞片层叠覆盖。没有黏性。菌肉呈黄白色。食用后有的会引起腹痛或腹泻等肠胃系统中毒症状。

食 多脂鳞伞 ★★

Pholiota adiposa

束生于山毛榉科阔叶树上，尤其是山毛榉的枯木或立木。易与菌盖有黏性的拟翘鳞伞相混淆，本菌种的鳞片呈略黏连状，不形成刺状。菌盖呈鲜黄色，有黏性，被褐色至红褐色胶质鳞片覆盖。菌褶呈淡黄色至锈褐色，密集。菌柄呈黄色，被有黏性的毛刺状小鳞片覆盖，有不完全的菌环，易消失。菌肉呈偏白色至淡黄色，口感和小孢鳞伞一样好，也可以人工栽培。最适合用来做拌萝卜泥和味噌汤。

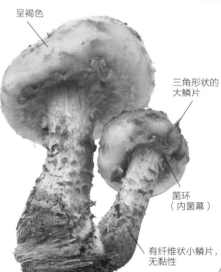

呈褐色

三角形状的大鳞片

菌环（内菌幕）

有纤维状小鳞片，无黏性

有菌环

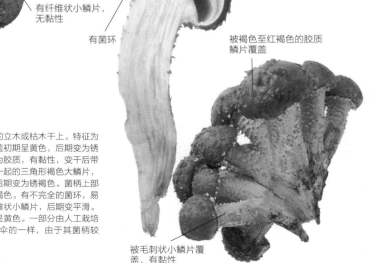

被褐色至红褐色的胶质鳞片覆盖

被毛刺状小鳞片覆盖，有黏性

食 金毛鳞伞 ★★

Pholiota aurivella

春季至秋季束生于阔叶树的立木或枯木干上。特征为形状大、菌柄无黏性。菌盖初期呈黄色，后期变为锈黄色，中间颜色深。表面为胶质，有黏性，变干后带光泽；同时散布着黏连在一起的三角形褐色大鳞片，易脱落。菌褶呈淡黄色，后期变为锈褐色。菌柄上部呈黄色，下部呈锈色至红褐色。有不完全的菌环，易消失。菌环以下有褐色纤维状小鳞片，后期变平滑。菌柄没有黏性。菌肉厚，呈黄色。一部分由人工栽培而来。食用方法和小孢鳞伞的一样，由于其菌柄较硬，适合用来炒菜。

毒 黄丝盖伞

Inocybe fastigiata (＝I.rimosa)

? 小林丝盖伞　　? 球孢丝盖伞
毒 假白色茅屋菌　毒 斑纹丝盖伞

像茅草屋顶一样的蘑菇，屋檐处结了蜘蛛网。

　　由于长得像茅草屋，丝盖伞属的真菌在日语中又被称为"苫屋茸"。丝膜菌同类的特点是有蜘蛛网般纤维状的菌环。【特征】**菌盖：**前期呈圆锥形，后期中高，平展。边缘卷翘。呈红褐色至深红褐色，中部为褐色。纤维状，常呈放射状裂开。**菌褶：**呈淡黄褐色，边缘为白色，稍密。**菌柄：**呈白色至偏黄色，纤维状，内实。**菌肉：**白色，纤维质地。**有毒成分：**毒蕈碱。

【中毒症状】食用约30分钟后会出现发汗、流泪、缩瞳、呕吐、腹泻、视觉障碍、呼吸困难等症状，也有致死的案例。

分布范围：	全世界
生长环境：	阔叶林（山毛榉科）
生长季节：	夏季~秋季
大小：	直径2cm~7cm
生长类型：	外生菌根菌

毒 黄丝盖伞

夏季至秋季，生长于各种树林里，尤其常生长于山毛榉科树下。

毒 荫生丝盖伞

Inocybe umbratica

生于松树、杉树、日本落叶松等针叶树林里。与污白丝盖伞（I.geophylla）相似，但是形状稍大、菌柄基部圆鼓、没有纤维状菌幕。为了将其正确分类，需要用到显微镜。本菌种的孢子呈瘤状突起。菌盖呈白色，前期呈圆锥形，后期平展，中部突出。表面呈纤维状，有丝绸般的光泽。菌褶在成熟后变灰褐色，密集。菌柄也有光泽，食用后会引起神经系统中毒。

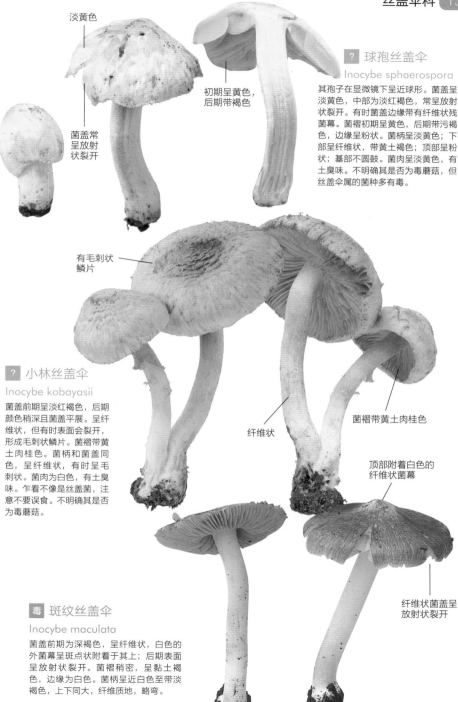

淡黄色

初期呈黄色，
后期带褐色

菌盖常
呈放射
状裂开

? 球孢丝盖伞

Inocybe sphaerospora

其孢子在显微镜下呈近球形。菌盖呈
淡黄色，中部为淡红褐色，常呈放射
状裂开。有时菌盖边缘带有纤维状残
菌幕。菌褶初期呈黄色，后期呈污褐
色，边缘呈粉状。菌柄呈淡黄色；下
部呈纤维状，带黄土褐色；顶部呈粉
状；基部不圆鼓。菌肉呈淡黄色，有
土臭味。不明确其是否为毒蘑菇，但
丝盖伞属的菌种多有毒。

有毛刺状
鳞片

菌褶带黄土肉桂色。

? 小林丝盖伞

Inocybe kobayasii

菌盖前期呈淡红褐色，后期
颜色稍深且菌盖平展。呈纤
维状，但有时表面会裂开，
形成毛刺状鳞片。菌褶带黄
土肉桂色。菌柄和菌盖同
色，呈纤维状，有时呈毛
刺状。菌肉为白色，有土臭
味。乍看不像是丝盖菌，注
意不要误食。不明确其是否
为毒蘑菇。

纤维状

顶部附着白色的
纤维状菌幕

毒 斑纹丝盖伞

Inocybe maculata

菌盖前期为深褐色，呈纤维状，白色的
外菌幕呈斑点状附着于其上；后期表面
呈放射状裂开。菌褶稍密，呈黏土褐
色，边缘为白色。菌柄呈近白色至带淡
褐色，上下同大，纤维质地，略弯。

纤维状菌盖呈
放射状裂开

毒 簇生盔孢菌
Galerina fasciculata

注 长根滑锈伞
毒 酒红褶滑锈伞

小而致命的菌种。

单生至群生于杉木等的朽木或锯屑上，以及垃圾场等地。易被当作膨瑚菌科菌种误食，需要注意。

【特征】**菌盖：**扁半球形至平展，中部突起。有吸水性，湿润时表面有条纹。**菌褶：**呈肉桂色，直生至略呈垂生状，稍密。边缘呈微粉状。**菌柄：**呈淡黄色至淡黏土色，下部呈污褐色，纤维状；顶部呈粉状；基部有白色的菌丝丛。膜质菌环易脱落。**菌肉：**和菌盖或菌柄同色。**有毒成**

分：鹅膏毒肽。

【中毒症状】有持续数日类似霍乱的症状（呕吐、腹泻、腹痛），导致昏迷。之后肝脏或肾脏、肠胃等细胞会受到破坏，致人死亡。

分布范围：	日本
生长环境：	阔叶林、针叶林
生长季节：	秋季
大小：	直径2cm~5cm
生长类型：	木材腐朽菌

毒 簇生盔孢菌

从表面上看缺乏显著特征，需要借助担孢子或菌褶的囊状体等细胞的形状对其进行正确地分类，有必要利用显微镜观察。

注 **长根滑锈伞**

Hebeloma radicosum

菌盖呈黄土褐色，周边颜色浅或呈白色，湿润时有黏性，有的菌盖上附有带褐色的鳞片。菌褶呈褐色，密集。菌柄呈白色，有膜质菌环。菌柄基部稍膨大，前端往地里细长延伸，紧贴着地下鼹鼠窝边排便的痕迹。菌肉呈白色，肉质细密而硬，有臭气。其学名有待探讨。

地下有鼹鼠排便的痕迹

毒 **酒红褶滑锈伞**

Hebeloma vinosophyllum

菌盖呈白色至象牙色。湿润时有黏性。幼时菌盖边缘有内菌幕残片。菌褶前期为白色，后期带红褐色，稍密至稍疏。菌柄和菌盖颜色几乎一致，菌柄基部膨大。蜘蛛网状的膜易消失。菌肉略带有粉臭味，白色，稍带苦味。

毒 橘黄裸伞

Gymnopilus spectabilis (=G.junonius)

毒 铜绿裸伞

生长于枯木上，误食能致人狂笑。

橘黄裸伞丛生于树木枯萎的部分或腐木的根部，有时会形成一大株。在日本山毛榉带等北部或山地上，常生于水楢和枹栎上；在关东地区的低地等气候暖和的地方，则多生于锥栗属植物上。从外表看可以食用，但实际上有毒，其菌肉往往很苦。

【特征】**菌盖：**初期呈半球形至馒头形，后近平展；颜色为黄金色至黄橙褐色，表面分布有细纹。**菌褶：**初期呈金黄色后变亮锈色；直生或近垂生，分布密集。**菌柄：**颜色较菌盖浅，具毛状鳞片；基部稍膨大，顶部有淡黄色膜质菌环。**菌肉：**呈淡黄色至红褐色，肉质细腻，味极苦。**有毒成分：**苦味成分Gymnopilins等。

【中毒症状】会引起中枢神经系统的中毒，导致幻觉产生、活动不稳、头晕眼花等。

分布范围：	全世界
生长环境：	主要为阔叶树腐木的根部等
生长季节：	夏季、秋季
大小：	直径5cm~15cm
生长类型：	木材腐朽菌

毒 橘黄裸伞

黄色无黏性

有菌环

呈株状生长于木材，有时会变得巨大

毒 铜绿裸伞

Gymnopilus aeruginosus

不仅生长于倒木上或者木材上，在公园里铺设的木板上也能生长。菌盖呈橙褐色至紫褐色，生长后表面分布有小鳞片状，具绿色斑点。菌褶初期呈淡红褐色，成熟后略带橙黄色。菌柄和菌盖的颜色相同或更深；表面有纵条纹，也有与菌盖同样的绿色斑点。菌环为膜质，易脱落。菌肉呈绿色，味苦，有臭气。据说食用后会产生头晕、恶心等症状。其有毒成分正在研究中。

成熟后略带橙褐色

有鳞片

菌环易脱落

有绿色斑点

有毒的丝膜菌属蘑菇

柴田尚（日本山梨县森林综合研究所）

丝膜菌属蘑菇都可食用吗？

40年前，在人们开始对菌类产生兴趣的时候，街头巷尾都流传着"丝膜菌类中没有毒蘑菇"的说法，现在想起来令人脊背发凉。为什么当时会存在这样的误解呢？

对丝膜菌属中的蘑菇进行正确分类，即便现在也不容易做到。将在日本采集到的外国已知菌种制作成标本的时代，则偏向于以一般被用作食用的菌种（常见菌种）为中心，对菌种进行分类。

今关和本乡的《原色日本菌类图鉴》（1957年）中也记录了，丝膜菌属蘑菇种类的总数可能为已知种类数量的5倍以上。因此，"丝膜菌类中的毒蘑菇未为人所知"的说法有可能变成了"丝膜菌类中不存在毒蘑菇"。

丝膜菌属蘑菇中也有毒蘑菇！

1990年以后，对丝膜菌属蘑菇感兴趣的人们开始预想，日本也存在着丝膜菌属毒蘑菇。实际上，到了20年代已经有细鳞丝膜菌（见照片）及毒丝膜菌的报告。这些菌种的有毒成分中含有奥来毒素。食用后24小时内会出现呕吐、腹泻、头痛等症状，也有经过3~14日后因肾功能不全、肝细胞坏死而死亡的例子。

细鳞丝膜菌肉眼可见的特征有：子实体呈橙褐色；菌盖中部向上凸起，表面有绵毛状鳞片；菌柄表面有可见的淡黄色带条纹等。其主要的生长场为亚高山带的常绿针叶林。

毒丝膜菌肉眼可见的特征有：子实体呈黄红褐色，菌盖表面平滑，菌柄表面没有条纹。其生长场所为阔叶林。

结语

细鳞丝膜菌中毒的例子中，属波兰的例子（1952年）最有名，记录中有11人食用后死亡。毒丝膜菌中毒报告有芬兰（1974年）、苏格兰（1980年）、瑞典、挪威和意大利（1982年）等地的例子。除了这些之外，还有其他中毒事故发生。因此，爱沙尼亚于最近发行了有细鳞丝膜菌图案的邮票。细鳞丝膜菌和毒丝膜菌，是丝膜菌属中需要特别注意的毒蘑菇。

细鳞丝膜菌

食 皱盖丝膜菌 ★★

不 黄环鳞伞

Cortinarius caperatus

扁半球形的菌盖像日本僧侣的斗笠，菌环像袈裟。

秋季生于赤松或黄杉林里的绿苔等地。尤其生长在看不见松口蘑的地方，存在"有皱盖丝膜菌的地方，就没有松口蘑"这样的说法。有时也生长在枹栎或小叶栲等阔叶树上。

【特征】**菌盖**：呈半球形至卵形，后期平展。呈带红褐色至黄土褐色，少有带紫色的种类。初期被白色至带紫色的丝绸状纤维覆盖，后期平滑。有放射状褶皱。**菌褶**：初期偏白色，后期呈锈色；稍密。**菌柄**：比菌盖色浅，呈纤维状。有偏白色膜质菌环，基部有不完全的菌托。内实。**菌肉**：偏白色至带红褐色。

【食用方法】因其口感清爽，口味上乘，适合搭配清汤或凉拌菜等味道清淡的料理。同鱼或贝类搭配也合适。

分布范围：	北半球温带以北
生长环境：	针叶林（赤松、黄杉）、阔叶林（枹栎、小叶栲等）
生长季节：	秋季
大小：	直径4cm~15cm
生长类型：	外生菌根菌

初期被丝绸状的纤维（外菌幕）覆盖，后期平滑

有放射状的浅褶皱

膜质菌环

有黄色绵屑状的外菌幕残片

菌环上面有条纹

与皱盖丝膜菌相比颜色深

有不完全的菌托

不完全的菌托，易消失

食 皱盖丝膜菌

不 黄环鳞伞

Descolea flavoannulata 粪锈伞科

秋季生于针叶林、阔叶林中，比较少。菌盖带蜜色，呈红褐色至暗黄褐色，带黄色的绵屑状外菌幕残片；边缘有放射状褶皱；表面无黏性。菌褶带黄褐色至暗肉桂色，黄色边缘呈粉状。菌柄带红褐色，下部带褐色；膜质菌环呈黄色，上面有条纹；基部有不完全的菌托。菌肉呈白色至淡带黄褐色。不明确其是否有毒性，带泥土味，不适合食用。

食 丝膜菌 ★★

食 紫绒丝膜菌
食 荷叶丝膜菌

Cortinarius sp. (= *C. pseudosalor sensu Hongo*)

像油一样光滑，菌盖上没有褶皱。

丝膜菌的表面很光滑，覆盖着大量黏液。不仅群生于秋季亚高山带的针叶树林中，也常生于阔叶林。为了能在堆积大量落叶的地面上生长，需花费功夫将地上的垃圾挑除。与蓝锗丝膜菌（*C. elatior*、*C. livido-ochraceus*）相似，但该品种没有显著呈放射状的褶子。

【特征】**菌盖：**呈半球形，之后变成馒头形至平展；呈灰褐色至灰褐色，被明显的黏液覆盖；中央偏深，四周呈淡紫色。**菌褶：**初期呈淡紫色、之后呈锈褐色，分布稍疏。**菌柄：**上下一样大，呈淡蓝色。上部有蜘蛛网状的菌环，略带黏性，菌环以

下的部分表面覆盖着大量黏液。**菌肉：**菌盖近肤色，菌柄则带有紫色。

【食用方法】微甜，口感好。可佐酱油和料酒烹饪日式料理，也可以佐白葡萄酒做成西餐，和红色味噌汤或醋的味道也很配。

> **分布范围：**日本、欧洲
> **生长环境：**阔叶林、针叶林
> **生长季节：**秋季
> **大小：**直径3cm~8cm
> **生长类型：**外生菌根菌

食 丝膜菌

被明显的黏液覆盖

周围有小褶皱

黏性强

青紫色至淡紫色，有明显的黏液覆盖

有菌环痕迹

有菌环，孢子成长后脱落，菌环着色

淡紫色，后为栗色

食 荷叶丝膜菌 ★★

Cortinarius salor

与生于针叶林上的近缘紫光丝膜菌（*C. iodes*）不同，生于阔叶林中。菌盖整体呈青紫色至淡紫色，中间呈褐色。表面被大量黏液覆盖。菌褶初期呈淡紫色，后期呈栗色。菌柄呈淡紫色，老化后下部带有污黄色；顶部被黏液覆盖，呈微粉状；上部有菌环。菌肉口感上佳，常以其口感滑溜的特点运用于日式料理中。

天鹅绒状，后期为纤维状，无黏性

食 紫绒丝膜菌 ★★

Cortinarius violaceus

生于山毛榉科阔叶林，菌盖呈深紫色，前期密被绒毛，之后变成成簇的小鳞片，表面无黏性。菌褶呈暗紫色，孢子成熟后会变成锈色。菌柄呈暗紫色，前期为天鹅绒状，后期为纤维状，常常变成鳞片。蜘蛛网状的菌环呈蓝紫色，孢子掉落后会变成锈色。菌肉口感生脆，但有时味道苦涩，建议调味时应浓一些。

深紫色

蜘蛛网状的菌环呈蓝色，孢子掉落后会变成锈色

食 亮色丝膜菌 ★★★
Cortinarius claricolor

食 细柄丝膜菌
食 纹缘丝膜菌

针叶林里的亮色丝膜菌，粗壮的菌柄下方带绵毛。

生长在亚高山带的日本铁杉林或日本落叶松林里，四季都有售。菌盖呈橙褐色，表面有黏性，在树林中常常很显眼。本菌种幼时被绵毛状外被膜覆盖，随着生长，外被膜变为包裹着粗大菌柄的残留物。与亮色丝膜菌十分相似的细柄丝膜菌生于阔叶林，其菌柄下方不呈绵毛状。

【特征】**菌盖：** 呈扁半球形，后期平展，边缘内卷。呈橙褐色，表面平滑有黏性。周边附有白色的绵状外菌幕残片。**菌褶：** 前期呈白色，后期变黄土褐色，密集。**菌柄：** 白色，粗而内实。初期被密集的绵毛状菌丝（外菌幕）覆盖。菌柄上部有呈褐色（即脱落的孢子的颜色）、绵毛状的菌环（内菌幕）残留物。没有黏性。
菌肉： 偏白色。

【食用方法】因其味道温和，用于浇汁、煮菜、炒菜用锡纸烤等，都很合适。用奶油煎炒尤其美味。

分布范围：	日本（岐阜县、长野县以北的山地）
生长环境：	针叶林（日本铁杉、日本落叶松）
生长季节：	夏季~秋季
大小：	直径7cm~10cm
生长类型：	外生菌根菌

食 亮色丝膜菌（幼菌）多株丛生于针叶林林床上。

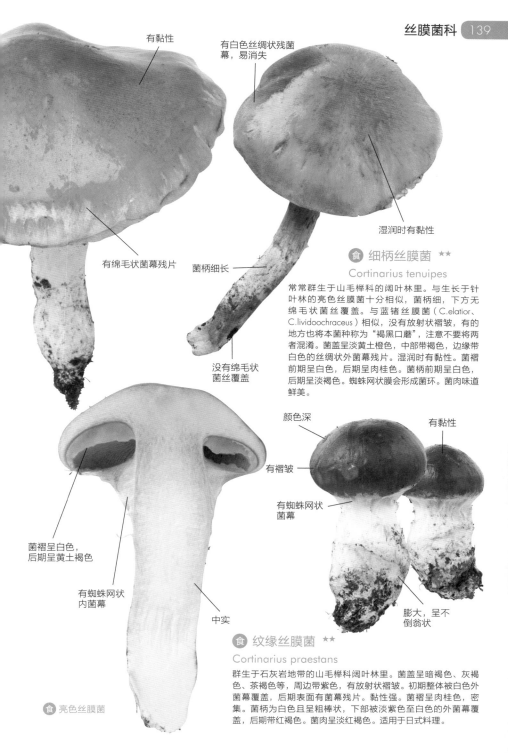

有黏性

有白色丝绸状残菌幕，易消失

湿润时有黏性

有绵毛状菌幕残片

菌柄细长

没有绵毛状菌丝覆盖

食 **细柄丝膜菌** ★★
Cortinarius tenuipes

常常群生于山毛榉科的阔叶林里。与生长于针叶林的亮色丝膜菌十分相似，菌柄细，下方无绵毛状菌丝覆盖。与蓝锗丝膜菌（C.elatior、C.lividoochraceus）相似，没有放射状褶皱，有的地方也将本菌种称为"褐黑口蘑"，注意不要将两者混淆。菌盖呈淡黄土橙色，中部带褐色，边缘带白色的丝绸状外菌幕残片。湿润时有黏性。菌褶前期呈白色，后期呈肉桂色。菌柄前期呈白色，后期呈淡褐色。蜘蛛网状膜会形成菌环。菌肉味道鲜美。

颜色深

有黏性

有褶皱

有蜘蛛网状菌幕

膨大，呈不倒翁状

菌褶呈白色，后期呈黄土褐色

有蜘蛛网状内菌幕

中实

食 **纹缘丝膜菌** ★★
Cortinarius praestans

群生于石灰岩地带的山毛榉科阔叶林里。菌盖呈暗褐色、灰褐色、茶褐色等，周边带紫色，有放射状褶皱。初期整体被白色外菌幕覆盖，后期表面有菌幕残片。黏性强。菌褶呈肉桂色，密集。菌柄为白色且呈粗棒状，下部被淡紫色至白色的外菌幕覆盖，后期带红褐色。菌肉呈淡红褐色。适用于日式料理。

食 亮色丝膜菌

食 鳞丝膜菌 ★
Cortinarius pholideus

食 环带柄丝膜菌
毒 细鳞丝膜菌

被毛刺包裹的丝膜菌，在白桦树下就能见到。

夏季至秋季，常生于白桦树或桦木、日本樱桦树等桦木属的树下。具有被大量的深褐色小鳞片覆盖的菌盖和被黑褐色毛刺覆盖的菌柄。

【特征】**菌盖：** 前期呈扁半球形，后期中高至平展。被大量密集的深褐色小鳞片所覆盖。**菌褶：** 带紫色，后期呈肉桂色，密集。**菌柄：** 和菌盖同色；菌环以上带紫色，下部被黑褐色毛刺覆盖。下部稍粗，内实。**菌肉：** 灰白色至淡灰白色。

【食用方法】因其稍带土味，适用油炒或炖汤，搭配任合类型的料理都合适。

分布范围：	北半球温带以北
生长环境：	阔叶林（桦木属）
生长季节：	夏季~秋季
大小：	直径2cm~8cm
生长类型：	外生菌根菌

食 鳞丝膜菌

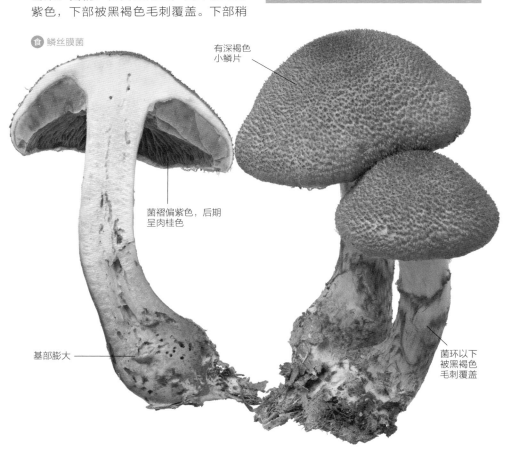

有深褐色小鳞片

菌褶偏紫色，后期呈肉桂色

基部膨大

菌环以下被黑褐色毛刺覆盖

砖红色

肉桂色

朱红色的外菌幕
残片变成菌环状

基部膨大

菌环状外菌
幕残片

食 蜜环丝膜菌 ★

Cortinarius armillatus

菌盖呈砖红色，中间颜色深。菌褶呈淡肉桂色至
暗锈色，稀疏。菌柄呈淡灰褐色、纤维状，朱红
色的外菌幕残片变成菌环状残留柄上。菌环以下
有1~3个不完全的淡红色环，基部膨大。菌肉呈
污白色。稍呈尘土状，是味道稍浓的调料。

中部突出

暗褐色

呈红褐色，有红褐色
层状花纹

毒 细鳞丝膜菌

Cortinarius rubellus

菌盖呈红褐色，被细小鳞片覆盖，
中部突出呈暗褐色。菌褶呈茶褐
色，稍疏。菌柄呈纤维状，带毛
刺，黄土褐色的表面上有红褐色的
层状花纹。基部稍膨大。菌肉薄。
秋季生长于亚高山带针叶林。在欧
洲或北美地区为致命的剧毒蘑菇，
为人所熟知。（参见P135的专栏）

食 粉褶菌 ★★★
Entoloma sarcopus

菌褶呈肉色，菌盖上有碎白点和指压印，可食用。

生于枹栎、大叶栎、栲树、橡树等林床。因其与有毒的褐盖粉褶菌和毒粉褶菌非常相似，误食后发生过很多中毒事故，需要十分注意。因为有的地方也将本菌种称为"毒粉褶菌"，易混淆。一定要确认菌盖上是否有碎白点状花纹和斑纹。

【特征】**菌盖：**初期呈圆锥形，后期中高至平展。初期带灰褐色，被白色的丝绸状纤维覆盖，后期变为碎白点状花纹。常常会出现被手指按压过似的斑纹。**菌褶：**初期为污白色，后期变肉色。稍疏。易与菌盖脱离。**菌柄：**白色，平滑、内实。下部稍粗或稍细。**菌肉：**白色，有粉臭味、味苦。

【食用方法】因其形状大，采集量大，在各地被用作食用菌。虽然其味道不够鲜美，也不怎么出汁，但口感好。若担心味道苦，可以水煮去其苦味。适合用来搭配油炸食物或酱油。

分布范围：	日本
生长环境：	阔叶林（山毛榉科）
生长季节：	秋季
大小：	直径7cm~12cm
生长类型：	外生菌根菌
相似的毒蘑菇：	褐盖粉褶菌（P144）、 毒粉褶菌（P145）

食 粉褶菌　　生于山毛榉科树林的林床上。因其与有毒的褐盖粉褶菌和毒粉褶菌相似，不确定的情况下最好不要食用。

被纤维纹覆盖，
呈碎白点状

有斑，像
手指按压
后留下的
痕迹一样

菌柄坚实

基部粗大

有粉臭味

内实、白色，
味苦

菌褶成熟后呈肉色

相似的毒蘑菇

毒 褐盖粉褶菌（P144）

无碎白点

与粉褶菌在相同时期里
生长在同一环境中

菌肉味苦，
带斑点，与
褐盖粉褶菌
相区别

毒 褐盖粉褶菌
Entoloma rhodopolium

毒 毒粉褶菌

有各种各样的颜色，不确定的情况下不食用，是"铁的法则"。

该种同类的特征是成熟后菌褶变为肉色。本菌种比较细，多数菌盖边缘呈波状，菌柄中空。但是，其中也有的菌盖颜色不同、长得粗壮、菌柄内实等，样子各不相同，以后有可能会被分为几个种类。褐盖粉褶菌没有苦味这点将其与可食用的粉褶菌（P142）区分开来。

【特征】**菌盖：**初期呈钟形，后期中高至平展。湿润时呈灰色或稍带肉色，变干后带丝绸状的光泽。边缘呈不规则的波纹状。**菌褶：**成熟后变肉色。前期直生，后期与菌柄分离，向内弯。**菌柄：**呈白色，上下同大或下方稍粗。中空而脆。**菌肉：**白色，表皮下的颜色稍暗。有粉臭味，薄而脆。无苦味。**有毒成分：**溶血蛋白质、胆碱、毒蕈碱、白僵菌素。

【中毒症状】引起腹痛、呕吐、腹泻等肠胃系统中毒的同时会引起神经系统中毒。情况严重时可致人死亡。

分布范围：北半球一带
生长环境：阔叶林（山毛榉科）
生长季节：夏季~秋季
大小：直径3cm~8cm
生长类型：腐生菌

毒 褐盖粉褶菌　群生于山毛榉科的阔叶林等。有时束生。

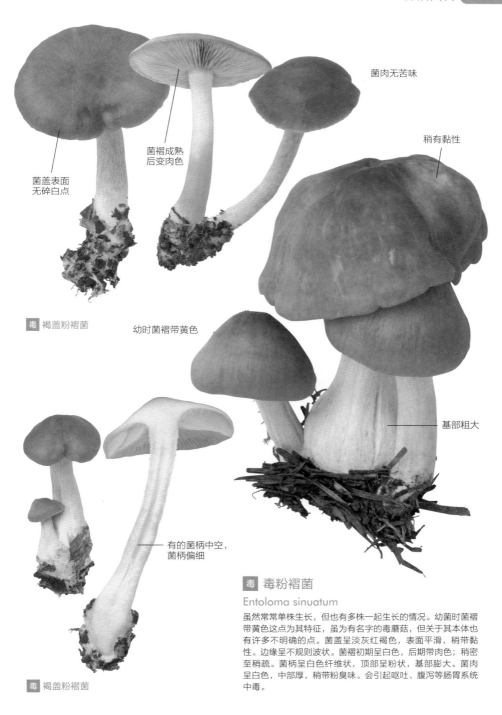

菌肉无苦味

稍有黏性

菌盖表面
无碎白点

菌褶成熟
后变肉色

毒 褐盖粉褶菌

幼时菌褶带黄色

基部粗大

有的菌柄中空，
菌柄偏细

毒 褐盖粉褶菌

毒 毒粉褶菌

Entoloma sinuatum

虽然常常单株生长，但也有多株一起生长的情况。幼菌时菌褶带黄色这点为其特征，虽为有名字的毒蘑菇，但关于其本体也有许多不明确的点。菌盖呈淡灰红褐色，表面平滑，稍带黏性。边缘呈不规则波状。菌褶初期呈白色，后期带肉色；稍密至稍疏。菌柄呈白色纤维状，顶部呈粉状，基部膨大。菌肉呈白色，中部厚，稍带粉臭味。会引起呕吐、腹泻等肠胃系统中毒。

注 灰粉褶菌 ★★
Entoloma sepium

不 晶盖粉褶菌

最美味的灰粉褶菌位于梅树下，多生于春季。

近年，将生于梅树、桃树、梨树下的种类归为灰粉褶菌，将生于野蔷薇、樱花树、苹果树等下面的种类归为晶盖粉褶菌，未来还有进一步细分的可能。另外，其学名还有待进一步探讨。

【特征】**菌盖：**呈钟形至扁半球形，后期中高至平展。呈灰色，有深色纤维纹，平滑。边缘幼时内卷，展开后呈波状。**菌褶：**白色，后期呈肉色，稍疏。**菌柄：**白色，后期带灰色，呈纤维状；上下同大，下方变粗。**菌肉：**白而脆，有粉臭味。伤后带红色。

【食用方法·注意事项】没有特殊气味，与任何料理搭配都合适。将其炒后用来做意大利面的酱料，味道绝佳。如果介意其粉臭味，可以搭配芝麻油或培根等除味。生食会引起肠胃系统中毒，需要注意。

分布范围：北半球温带
生长环境：梅树等蔷薇科树下
生长季节：春季
大小：直径5cm~8cm
生长类型：外生菌根菌
相似的毒蘑菇：褐盖粉褶菌（P144）、毒粉褶菌（P145）

注 灰粉褶菌 呈蘑菇圈生长的灰粉褶菌，因季节性原因，草未被除净时看不到该菌种。请不要擅自进入私人园林或公共监管场所。

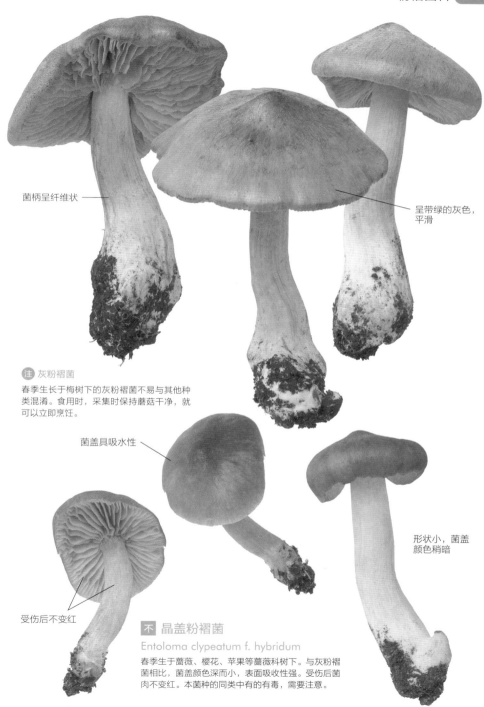

菌柄呈纤维状

呈带绿的灰色，平滑

注 灰粉褶菌

春季生长于梅树下的灰粉褶菌不易与其他种类混淆。食用时，采集时保持蘑菇干净，就可以立即烹饪。

菌盖具吸水性

形状小，菌盖颜色稍暗

受伤后不变红

不 晶盖粉褶菌

Entoloma clypeatum f. hybridum

春季生于蔷薇、樱花、苹果等蔷薇科树下。与灰粉褶菌相比，菌盖颜色深而小，表面吸收性强。受伤后菌肉不变红。本菌种的同类中有的有毒，需要注意。

食 斜盖粉褶菌 ★

Entoloma abortivum (=E.giganteum)

寄生于蜜环菌的斜盖粉褶菌，美味倍增。

秋季生于湿润的山毛榉或大叶栎的朽木上。除了正常的子实体以外，常常会形成丸子状的菌块，不形成菌核。以前本菌种被认为是由于蜜环菌菌种的寄生而畸形的菌种，最近有说法称其寄生于蜜环菌菌种。

【特征】**菌盖：**初期呈扁半球形，后期平展。初期呈灰白色至淡灰褐色，后期带褐色，平滑。**菌褶：**初期呈淡灰色，后期呈污淡红色。垂生，密集。**菌柄：**比菌盖色浅。有纤维状竖纹。**菌肉：**白而厚，稍有粉臭味。

【食用方法】味浓，用于调味、炒菜等。丸子状的菌块也可食用。

分布范围：	日本、俄罗斯沿海州、新几内亚岛、北美
生长环境：	阔叶林（山毛榉科）的朽木
生长季节：	秋季
大小：	直径3cm~10cm
生长类型：	木材腐朽菌

灰白色至灰褐色

菌褶垂生，前期呈淡灰色，后期呈污淡红色

丸子状的菌块也可食用

毒 默里粉褶菌

Entoloma murrayi

毒 默里粉褶菌变种
毒 方形粉褶菌
? 穆雷粉褶菌

蘑菇中的郁金香，除了黄色以外，还有红色和白色。

形状纤细，菌盖上有铅笔芯般的凸起冒尖。群生至单生于林中，常与方形粉褶菌混生。

【特征】**菌盖：**呈圆锥形至圆锥状钟形。黄色，中部有铅笔芯般的凸起冒尖。湿润时边缘有条纹，有时呈波状。**菌褶：**和菌盖同色，成熟后带肉色。长，直生至上生，稍疏。**菌柄：**和菌盖同色，呈纤维状，多弯曲，中空。**菌肉：**和菌盖同

色，质脆。**有毒成分：**不明。

【中毒症状】会引起肠胃系统中毒，详细情况不明。在北美地区也被视为毒蘑菇。

分布范围：	日本、俄罗斯沿海州、加里曼丹岛（马来群岛中的一岛）、北美东部
生长环境：	杂木林
生长季节：	夏季~秋季
大小：	直径1cm~6cm
生长类型：	腐生菌

呈凸起状冒尖

中空

成熟后带肉色

菌盖和菌柄都呈黄色

毒 默里粉褶菌

呈疙瘩状突起

成熟后带肉色

中空

菌盖和菌柄呈淡黄色

毒 默里粉褶菌变种
Entoloma murrayi f. album

夏季至秋季，群生或单生于树林内。和默里粉褶菌的形状和大小相同，颜色不同。菌盖呈圆锥形至圆锥状钟形，呈黄白色。中部有铅笔芯般的凸起冒尖。边缘湿润时有条纹，有时呈波状。菌褶和菌盖同色，成熟后带肉色。菌柄呈纤维状，多弯曲，中空。菌肉和菌盖同色，质脆。有毒成分为毒蕈碱类，食用后会出现发汗、流涎、缩瞳、心率慢、呼吸困难等症状，情况严重时可致人死亡。

? 变绿粉褶菌
Entoloma virescens

呈圆锥形至平展，顶端凸起冒尖。表面被细微的纤维状鳞片覆盖。菌褶多上生或离生，稀疏。菌柄呈纤维状，多弯曲，中空。秋季生于树林中，数量稀少。不明确其是否为毒蘑菇。　图片/波部健

毒 方形粉褶菌
Entoloma quadratum

夏季至秋季，群生或单生于树林中。与形状相同、大小相当的默里粉褶菌混生在一起。菌盖呈圆锥形至圆锥状钟形，朱红色至深肉色。中部有铅笔芯般的凸起冒尖，有时呈波状。菌褶成熟后带肉色，菌褶长，稍疏。菌柄和菌盖同色，呈纤维状，多弯曲，中空。有毒成分不明。食用后会引起肠胃系统中毒，详细情况不明。在北美地区被视为毒蘑菇。　图片/泽田有纪

食 变绿红菇 ★
Russula virescens

? 绿边红菇

"绿"指的是其酸化前的蓝色。

变绿红菇在蘑菇中是稀有的青绿色。与其十分相似的绿边红菇，菌盖周边带暗红色，有时难以识别。

【特征】**菌盖：**初期呈半球形至平展，后期呈浅漏斗形。边缘有沟纹。呈绿色至灰绿色，湿润时有黏性。随着生长表面出现不规则龟裂，形成碎白点花纹。**菌褶：**初期呈白色，后期带奶油色。稍密。**菌柄：**白色，被褶皱状的竖纹覆盖。内实至髓状，质地硬。**菌肉：**白色，幼时肉质硬，无变色性。

【食用方法】没有臭味，尤其用于做浇汁时会出鲜美的肉汁。也可以用黄油炒。

分布范围：	北半球暖温带以北
生长环境：	阔叶林（山毛榉科、桦木科）
生长季节：	夏季~秋季
大小：	直径6cm~12cm
生长类型：	外生菌根菌

食 变绿红菇 生于阔叶林的山毛榉科、桦木科树下，常见于夏季至初秋。

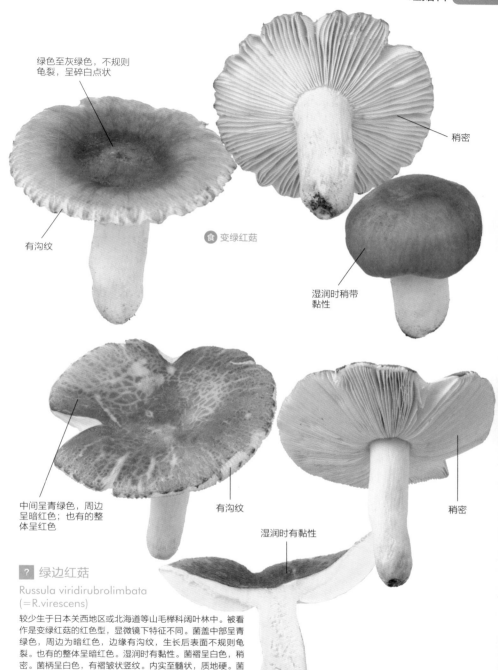

绿色至灰绿色，不规则
龟裂，呈碎白点状

稍密

有沟纹

食 变绿红菇

湿润时稍带
黏性

中间呈青绿色，周边
呈暗红色；也有的整
体呈红色

有沟纹

稍密

湿润时有黏性

? 绿边红菇

Russula viridirubrolimbata
(=R.virescens)

较少生于日本关西地区或北海道等山毛榉科阔叶林中。被看
作是变绿红菇的红色型，显微镜下特征不同。菌盖中部呈青
绿色，周边呈暗红色，边缘有沟纹，生长后表面不规则龟
裂。也有的整体呈暗红色。湿润时有黏性。菌褶呈白色，稍
密。菌柄呈白色，有褶皱状竖纹。内实至髓状，质地硬。菌
肉呈白色。【注意】不明确其是否为毒蘑菇。也有凭肉眼难
以分辨的个体，需要注意。

毒 毒红菇

Russula emetica

注 绒盖红菇
注 微紫柄红菇

一种难以辨别的红菇。

红菇有很多同类，很难确定类别。
【特征】**菌盖：** 前期呈半球形，后期平展，中部稍稍下陷。初期呈鲜红色，后期因雨水等因素退为白色。边缘有沟纹。表皮易脱落，湿润时有黏性。**菌褶：** 白色，稍疏。**菌柄：** 白色，多少分布有褶皱状竖纹。**菌肉：** 白而脆。辣味强，不变色。**有毒成分：** 毒蕈碱类、溶血蛋白质。
【中毒症状】食用几小时后会出现腹泻等霍乱状肠胃系统中毒症状，情况严重时会导致脱水、痉挛、颤抖等。另外，被认为会引起发汗、呼吸困难等毒蕈碱中毒。

分布范围： 北半球一带、澳大利亚
生长环境： 针叶林（松树、云杉）、阔叶林
生长季节： 夏季~秋季
大小： 直径3cm~10cm
生长类型： 外生菌根菌

呈鲜红色，湿润时有黏性

有沟纹

毒 毒红菇

无臭味，味辣

有褶皱状竖纹

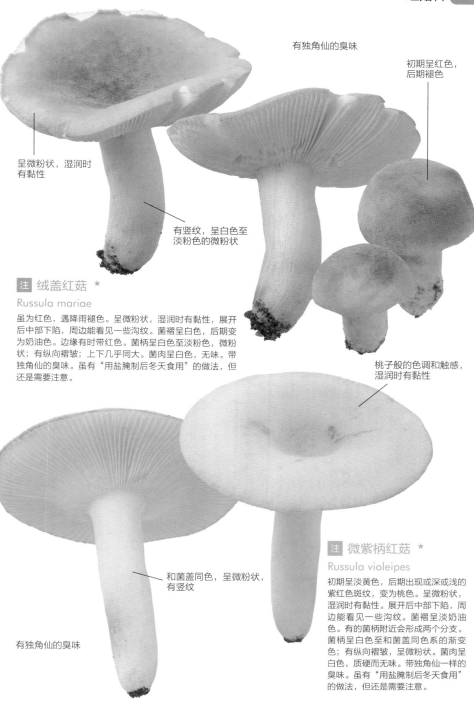

有独角仙的臭味

初期呈红色，后期褪色

呈微粉状，湿润时有黏性

有竖纹，呈白色至淡粉色的微粉状

注 绒盖红菇 ★

Russula mariae

虽为红色，遇降雨褪色。呈微粉状，湿润时有黏性，展开后中部下陷，周边能看见一些沟纹。菌褶呈白色，后期变为奶油色。边缘有时带红色。菌柄呈白色至淡粉色，微粉状；有纵向褶皱；上下几乎同大。菌肉呈白色，无味。带独角仙的臭味。虽有"用盐腌制后冬天食用"的做法，但还是需要注意。

桃子般的色调和触感，湿润时有黏性

和菌盖同色，呈微粉状，有竖纹

有独角仙的臭味

注 微紫柄红菇 ★

Russula violeipes

初期呈淡黄色，后期出现或深或浅的紫红色斑纹，变为桃色。呈微粉状，湿润时有黏性。展开后中部下陷，周边能看见一些沟纹。菌褶呈淡奶油色。有的菌柄附近会形成两个分支。菌柄呈白色至和菌盖同色系的渐变色；有纵向褶皱，呈微粉状。菌肉呈白色，质硬而无味。带独角仙一样的臭味。虽有"用盐腌制后冬天食用"的做法，但还是需要注意。

毒 黑红菇
Russula nigricans

后期整体变黑的黑红菇，曾有食用后有死亡的例子，充分加热后依然有毒。

夏季至秋季生长于树林的地上。白色的菌肉被切断后变红，最后变黑。菌褶极粗。以前认为生食是引起中毒的原因，但也出现了充分加热后食用中毒的案例。在其他国家也被认为是有毒菌种。

【特征】**菌盖：**中部为扁半球形至浅漏斗形。初期呈污白色，后期转暗褐色至接近黑色。**菌褶：**白而长，稀疏。老化后变黑。**菌柄：**与菌盖同色。**菌肉：**白色，受伤后变红，后期变黑。**有毒成分：**不明。

【中毒症状】会引起恶心、呕吐、腹痛、腹泻等肠胃系统中毒症状。情况严重时身体疼痛、麻痹后引起死亡。

分布范围：	北半球
生长环境：	阔叶林（山毛榉科）、针叶林（松树、云杉、银杉）
生长季节：	夏季~秋季
大小：	直径8cm~15cm
生长类型：	外生菌根菌

夏季至秋季，生长于公园、树林或森林等地上。

毒 黑红菇 菌褶很粗。受伤后变红,最后变黑。

菌盖呈绒毛状,颜色独特。菌褶粗,受伤后变红而不变黑。

不管哪个部分受伤都会慢慢变红,不变黑。

毒 亚稀褶黑菇 *Russula subnigricans*

与黑红菇相似,受伤后变红,经过一段时间后变黑。菌盖在成熟后呈浅漏斗形。呈灰褐色至黑褐色,边缘颜色浅。表面干燥时呈绒毛状。菌褶呈淡黄色,稍厚,稀疏。菌柄呈淡灰褐色,有不明显的纵向褶皱,内实。菌肉呈白色,受伤后变红而不变黑。有时经过长时间会稍带灰色。食用数10分钟后,会出现腹泻、呕吐等肠胃系统中毒症状,此后会引起背部疼痛或尿血(褐色尿液)、手脚麻痹或筋肉硬直、心功能不全或脏器功能不全,脏器衰弱后致人死亡。有毒成分为甲基丙烯酸酯。黑红菇的同类中大部分未被记录,存在多种形态的菌种,难以辨别。

图片/下野义人

毒 点柄臭黄菇

Russula senis (=R."senecis")

不 淡黄红菇
不 赤黄红菇

因其有臭味而被称为"臭黄菇"，即使是幼菌时期也能看见表面老化般的褶皱。

主要生长于山毛榉科的树下，有独特的、令人不悦的臭味。近缘的臭黄菇（R.foetens）菌柄上有浅的褶皱，会形成一些非褐色细点。可爱红菇（R.grata）有杏仁的香气，与本菌种相区别。

【特征】**菌盖：**中部下陷。呈黄土褐色至污黄色，表面有明显的褶皱，湿润时有黏性。周边有粒状沟纹。**菌褶：**呈黄白色至污白色，稍疏。有褐色至黑褐色的边缘。**菌柄：**呈污黄色，有褐色至黑褐色细点。**菌肉：**极辣，有令人不悦的臭气。**有毒成分：**不明。

【中毒症状】会引起腹痛或腹泻等肠胃系统中毒症状。

分布范围：	日本、中国、俄罗斯沿海州、新几内亚岛
生长环境：	阔叶林（山毛榉科等）
生长季节：	夏季~秋季
大小：	直径5cm~10cm
生长类型：	外生菌根菌

毒 点柄臭黄菇

有显著褶皱

菌褶呈褐色，有边缘

最大的特征是菌柄上有褐色细点

粒状沟纹

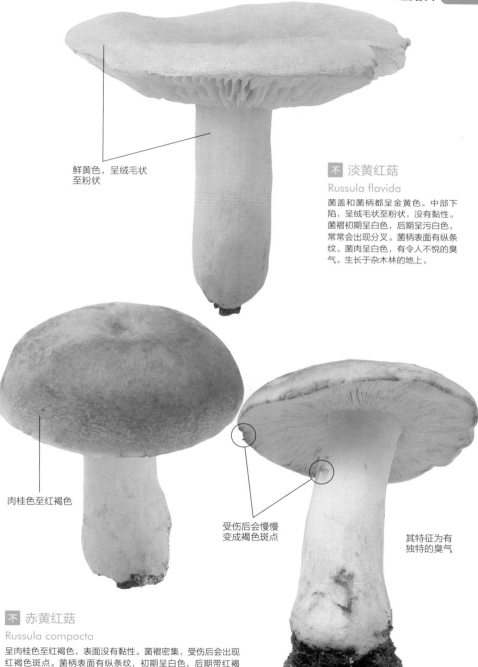

鲜黄色，呈绒毛状
至粉状

不 淡黄红菇

Russula flavida

菌盖和菌柄都呈金黄色。中部下陷，呈绒毛状至粉状，没有黏性。菌褶初期呈白色，后期呈污白色，常常会出现分叉。菌柄表面有纵条纹。菌肉呈白色，有令人不悦的臭气。生长于杂木林的地上。

肉桂色至红褐色

受伤后会慢慢
变成褐色斑点

其特征为有
独特的臭气

不 赤黄红菇

Russula compacta

呈肉桂色至红褐色，表面没有黏性。菌褶密集，受伤后会出现红褐色斑点。菌柄表面有纵条纹，初期呈白色，后期带红褐色。菌肉厚而质硬，白色，受伤后会形成红褐色斑点。有鲱鱼的气味，变干后气味变强。

食 美味红菇 ★

Russula delica

毒 绒白乳菇
不 白乳菇

可食用的美味红菇菌褶粗，没有斑点。菌褶密集且有斑点的为有毒的日本红菇。

虽其形状大且可大量采集，但因后味辛辣、口感不佳等原因，不常用来食用。粉绿美味红菇（R.delica var.glaucophylla）正如其名，整体呈粉绿色，有人将其作为美味红菇的变种进行区别。

【特征】**菌盖**：表面平滑，前期呈白色，后期带污红褐色。前期为中部下陷的扁半球形，后期呈漏斗状。**菌褶**：稍垂生，呈白色至奶油白色，稍密。**菌柄**：白色而质硬，与菌盖相接的部分稍带青绿色。**菌肉**：白色，无味，但后味辛辣。

【食用方法·注意事项】做浇汁时会出鲜美肉汁。与有毒的日本红菇（Russula japonica）相似，需要注意。日本红菇的菌褶十分密集，稍苦，老化后会形成褐色斑点，孢子小等这些特征将其与美味红菇区别开来。

分布范围：	北半球温带以北、澳大利亚（或许为归化）
生长环境：	阔叶林、针叶林
生长季节：	夏季~秋季
大小：	直径9cm~13（20）cm
生长类型：	外生菌根菌

食 美味红菇

特征是菌柄和菌褶中间的部分会变青

菌褶密集

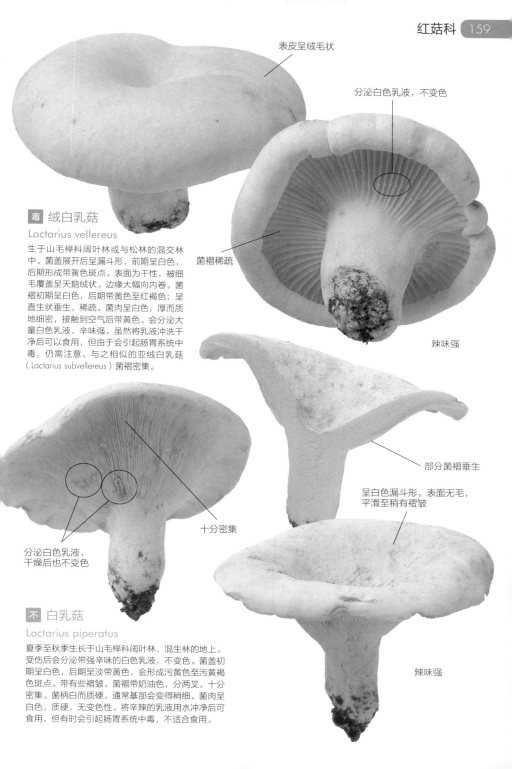

表皮呈绒毛状

分泌白色乳液，不变色

菌褶稀疏

辣味强

毒 绒白乳菇

Lactarius vellereus

生于山毛榉科阔叶林或与松林的混交林中。菌盖展开后呈漏斗形，前期呈白色，后期形成带黄色斑点。表面为干性，被细毛覆盖呈天鹅绒状。边缘大幅向内卷。菌褶初期呈白色，后期带黄色至红褐色；呈直生状垂生，稀疏。菌肉呈白色，厚而质地细密，接触到空气后带黄色。会分泌大量白色乳液，辛味强。虽然将乳液冲洗干净后可以食用，但由于会引起肠胃系统中毒，仍需注意。与之相似的亚绒白乳菇（*Lactarius subvellereus*）菌褶密集。

部分菌褶垂生

呈白色漏斗形。表面无毛，平滑至稍有褶皱

分泌白色乳液，干燥后也不变色

十分密集

不 白乳菇

Lactarius piperatus

夏季至秋季生长于山毛榉科阔叶林、混生林的地上。受伤后会分泌带强辛味的白色乳液，不变色。菌盖初期呈白色，后期呈淡带黄色，会形成污黄色至污黄褐色斑点。带有些褶皱。菌褶带奶油色，分两叉，十分密集。菌柄白而质硬。通常基部会变得稍细。菌肉呈白色，质硬，无变色性。将辛辣的乳液用水冲净后可食用，但有时会引起肠胃系统中毒，不适合食用。

辣味强

毒 毛头乳菇
Lactarius torminosus

食 浅黄褐乳菇　　毒 窝柄黄乳菇
毒 潮湿乳菇　　食 亮色乳菇

白桦林里簇生的"帽子"，味道十分辛辣。

夏季至初秋，生于白桦或桦木等桦木科树下的阴凉的。呈中部下陷的漏斗形，菌盖周边有绵毛状软毛。
【特征】**菌盖：**呈肉红色至橙黄褐色等，有深色环纹。表面被纤维覆盖，尤其是周边有明显的绵毛状软毛。边缘初期大幅内卷。**菌褶：**呈淡红黄色，垂生，密集。**菌柄：**比菌盖色浅，中空。**菌肉：**偏白色至肉色，味道极其辛辣。**有毒成分：**不明。

【中毒症状】食用30分钟至3小时左右后会出现腹痛、严重的腹泻等霍乱状的肠胃系统中毒症状。情况严重时会导致脱水、痉挛、颤抖等。

分布范围：北半球温带以北、日本中部以北
生长环境：阔叶林（白桦等桦木科树下）
生长季节：夏季~初秋
大小：直径4cm~12cm
生长类型：外生菌根菌

生于桦木林

毒 毛头乳菇

菌柄有月球表面般的斑点

生于杉木等针叶林里

边缘起毛

毒 **窝柄黄乳菇**
Lactarius scrobiculatus
被带红褐色的绵毛状鳞片覆盖，有黏性。表面有环纹，周边向内卷。菌褶比菌盖色浅，密集。受伤或老化后会形成暗褐色斑点。乳液呈白色，但很快就会变成亮黄色。味道十分辛辣。菌柄上有深色的坑洼状花纹。是夏季至秋季生于亚高山针叶林里的大型菌种。

湿润时有黏性

生于杉林里

白色乳液缓慢
变淡青色

食 浅黄褐乳菇 ★

Lactarius tottoriensis
(=L.flavidulus)

初期呈白色，后期呈淡污
黄色，有少量环纹，中
部下陷。湿润时有黏性，
边缘有短毛。菌褶比菌盖
颜色浅，稍密。菌柄与菌
盖同色，粗而短。菌肉呈
白色，无辛味。由于受伤
后流出白色乳液并变青绿
色，不论是菌盖还是菌褶
上都有青色的斑点。秋季
生于杉木属的树下。

毒 潮湿乳菇

Lactarius uvidus

呈偏褐色、灰褐色、偏紫褐色
等，湿润时有黏性。几乎没有
环纹。菌褶呈白色至黄白色，
密集。菌柄呈黄白色，稍有黏
性。受伤后白色的乳液会很快变
紫，初期无味，后期有苦味至
辛味。近缘种类中的董紫乳菇
（L.violascens）菌盖表面多有环
纹，这点与潮湿乳菇相区别。本
菌种会引起肠胃系统中毒。

湿润时有
黏性

乳液前期呈
白色，后期
变紫

乳液几乎不变色，
变成红色斑点

有或大或小的
椭圆形浅洼

有同心圆状
环纹

生于杉林

食 亮色乳菇 ★★

Lactarius laeticolor

与红汁乳菇相似，生于杉木林里。橙红色
的乳液几乎不变色，几乎不形成青绿色
斑点。菌柄上有或大或小的椭圆形浅洼。
多以红汁乳菇或浅橙红乳菇的名字出售。
菌盖呈中部下陷的扁半球形，后期偏漏斗
形。呈淡橙黄色，有颜色稍深、不明显的
菌环。湿润时稍有黏性。菌褶比菌盖色
深，呈直生状垂生，密集。菌柄和菌盖几
乎同色，有或大或小的深色椭圆形浅洼；
呈髓状至内实。菌肉初期带白色，后期呈
淡橙色。菌柄周边和菌褶上部呈朱红色。
受伤会分泌橙红色乳液，几乎不变色。食
用方法与红汁乳菇一样。

食 红汁乳菇 ★★★

Lactarius lividatus (=L.hatsudake)

食 浅橙红乳菇
食 亚蓝绿乳菇

虽然不含铜，但却能长出铜绿色。

常生于幼松林。其特征为受伤后会渗出酒红色乳液并缓慢变青绿色。该菌种在日本千叶县尤其珍贵。

【特征】**菌盖：**初期呈中部下陷的扁半球形，后期呈浅漏斗状展开。呈淡红褐色至淡黄红褐色、淡污黄褐色等，有深色的同心圆状环纹。湿润时有黏性。受伤的部分会形成青绿色斑点。**菌褶：**呈直生状稍垂生，密集。**菌柄：**与菌盖同色，平滑至粉状。上下同大，内实至中空。**菌肉：**白而硬，菌柄周边和菌褶上部呈酒红色。乳液呈暗酒红色，经过一段时间会变成青绿色。

【食用方法】虽然其口感干，但其香味佳，肉汁足。除了可以用来与酱油、甜料酒做蘑菇饭之外，也适合用来做浇汁、西洋风味的炖品等。

分布范围：日本、韩国、中国
生长环境：松林
生长季节：夏季~初秋
大小：直径5cm~10cm
生长类型：外生菌根菌

食 红汁乳菇 常生于幼松林。受伤后会渗出酒红色乳液并缓慢变青绿色。（参见图中左边蘑菇的菌褶）

食 亚蓝绿乳菇 ★ *Lactarius subindigo*

生于松树、栲树、枹栎等树林中，分布较稀疏。虽然生长于日本至北美东部的种类与生长于东南亚至印度的种类在分布上隔离，但经证明为相同菌种。菌褶呈蓝绿色，有深色的环纹。老化后呈淡污黄绿色。湿润时稍有黏性。菌褶初期呈蓝绿色，后期变为淡青色；受伤的部分会变绿；直生至呈直生状垂生，稍密。菌柄和菌盖几乎同色。菌肉近白色，厚而硬，受伤后初期呈青色，后期带绿色。有极少的蓝色乳液。食用方法与红汁乳菇的一样。

食 浅橙红乳菇 ★★ *Lactarius akahatsu*

生于松林。呈淡橙黄色至淡黄红色，有不明显的环纹。菌褶稍垂生，呈橙黄色，稍密。菌柄和菌盖同色，表面平滑或带浅洼。菌肉稍带橙黄色。乳液呈橙红色，分泌量极少。接触到空气后会经酒红色变为青绿色，受伤的部分会形成斑点。

食 多汁乳菇 ★★★

Lactarius volemus

食 稀褶乳菇　　注 黄汁乳菇
食 黑乳菇　　　注 黑褐乳菇

会分泌大量白色乳液的多汁乳菇，在日本栃木县拥有超高人气。

菌盖或菌柄受伤后会分泌大量白色、有黏性的乳液。乳液有涩味，干燥后变褐色。在日本栃木县被称为"乳茸"，人气相当高。相似的毒蘑菇有红褐杯伞（P42），以其不分泌乳液这点与多汁乳菇相区别。

【特征】**菌盖：**成扁半球形至浅漏斗形。呈绒毛状，黄褐色至红褐色。**菌褶：**白色，后期偏黄色，直生至垂生，密集。**菌柄：**上下同大，中空或呈髓状。**菌肉：**受伤后会分泌白色乳液，不久形成褐色斑点。有臭气，干燥后会散发鲱鱼干的味道。

【食用方法】虽然口感干巴，但肉汁鲜美。适合用来与菜和肉一起煮饭、做浇汁或带咸甜味的海味烹。

分布范围：	北半球暖温带以北
生长环境：	阔叶林（山毛榉科）
生长季节：	夏季~初秋
大小：	直径5cm~12cm
生长类型：	外生菌根菌
相似的毒蘑菇：	红褐杯伞（P42）

有白色乳液

乳液变为褐色斑点

中部稍下陷

表面呈绒毛状，黄褐色至红褐色

纵向无法撕裂

食 多汁乳菇

注 **黄汁乳菇** ★

Lactarius chrysorrheus

菌盖肉薄，稍带黄色，有深色的环纹，虽然湿润时有黏性但易干。菌褶呈奶油色至淡肉色，垂生且密集。菌柄比菌盖色浅，后期色深，中空。菌肉近白色，断面变黄。乳液呈白色，接触到空气后很快变黄，有辛味。夏季至秋季生于赤松林、枹栎林等。可食用，但也会引起肠胃系统中毒。

食 **稀褶乳菇** ★★

Lactarius hygrophoroides

夏季至秋季多生于落叶阔叶树下。虽与多汁乳菇相似，但其乳液不变色。菌盖带橙褐色，呈粉状至绒毛状，有时有绉绸状褶皱。菌褶初期呈白色，后期偏黄色，厚而长，稀疏。菌柄与多汁乳菇的比起来相当短。菌柄比菌盖色浅，有褶皱状竖纹，呈髓状至中空。菌肉呈白色，味道不辛不涩，也没有多汁乳菇独特的气味。乳液呈白色，不变色。食用方法与多汁乳菇的一样。适合用来做浇汁。

有白色乳液渗出，不变色

绒毛状褶皱

菌褶间间隔大

↓ 食 **黑褐乳菇** ★

Lactarius lignyotus

菌盖初期呈黑色，边缘有带白色的部分，后期呈黑褐色至暗黄褐色。呈绒毛状，无黏性，有放射状褶皱。菌盖展开后中部下陷，但中部呈圆锥状突起。菌柄初期呈白色，后期偏黄色，稍垂生且稍疏。菌柄和菌褶同色，基部颜色浅至白色；有绒毛状沟纹。菌肉呈白色，伤后变淡红色。乳液呈白色水状，稍有苦味。

菌肉或乳液接触到空气后变红

乳液不变色，将其与黑褐乳菇、黑褐乳菇变种[L.lignyotus var.marginatus（L.nigroviolascens）]区分开来

← 注 **宽褶黑乳菇** ★

Lactarius gerardii

菌盖呈暗黄褐色至黑褐色，表面无黏性，多分布有绒毛状褶皱。展开后中部下陷，中部常有小突起。菌褶初期呈白色，后期呈淡奶油色，常常有暗褐色边缘；初期直生，后期垂生，稀疏；相互间脉络相连。菌柄和菌盖同色。呈绒毛状，顶部的褶皱上有持续隆起的线条。菌肉呈白色，不变色。乳液呈白色，无辛味。有说法称其可以食用，但相关信息不足，需要注意。

毒 卷边网褶菌
Paxillus involutus

毒 黑毛椿菇
食 铅色短孢牛肝菌

生长于倒木上的外生菌根菌。

卷边网褶菌有几个种类，分布于欧洲或北美地区东部的种类与日本产的卷边网褶菌，日后有待进一步比较、探讨。

【特征】**菌盖：**初期呈山形，后期平展呈浅漏斗状，边缘大幅内卷，表面稍稍隆起、带短条纹。呈黏土色至偏橄榄绿的黄褐色，老化后会形成红褐色斑点。虽然表面几乎无毛、平滑，但边缘密集分布着软毛，呈毛毡状，湿润时稍有黏性。**菌褶：**呈淡黄色至黄土褐色，受伤后变褐色。菌褶长，垂生且密集。有不规则的分叉，与菌柄附近相接，有时会在菌柄顶部形成网眼。**菌柄：**污黄色，平滑。上下同大，内实，受伤或老化后会形成褐色斑点。**菌肉：**呈淡黄色，受伤后变褐色。**有毒成分：**毒蕈碱类。

【中毒症状】食用后1~2小时内，引起肠胃系统中毒的同时会引起神经系统中毒。情况严重时会由溶血引起的脏器功能不全而致人死亡。

分布范围：	北半球温带以北
生长环境：	阔叶林、针叶林的地上或倒木上
生长季节：	夏季~秋季
大小：	直径4cm~8cm
生长类型：	外生菌根菌

毒 卷边网褶菌 夏季至秋季生长于树林地上或倒木上。菌褶受伤后会变褐色。菌盖几乎无毛，平滑，边缘密集生长着软毛，呈毛毡状。

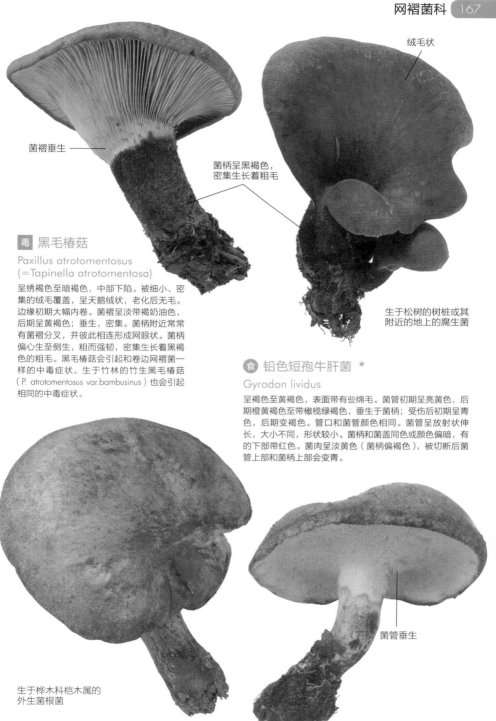

绒毛状

菌褶垂生

菌柄呈黑褐色，
密集生长着粗毛

毒 黑毛椿菇

Paxillus atrotomentosus
(＝*Tapinella atrotomentosa*)

呈绣褐色至暗褐色，中部下陷。被细小、密集的绒毛覆盖，呈天鹅绒状，老化后无毛。边缘初期大幅内卷。菌褶呈淡带褐奶油色，后期呈黄褐色；垂生，密集。菌柄附近常常有菌褶分叉，并彼此相连形成网眼状。菌柄偏心生至侧生，粗而强韧，密集生长着黑褐色的粗毛。黑毛椿菇会引起和卷边网褶菌一样的中毒症状。生于竹林的竹生黑毛椿菇（ *P. atrotomentosus var.bambusinus* ）也会引起相同的中毒症状。

生于松树的树桩或其附近的地上的腐生菌

食 铅色短孢牛肝菌　★

Gyrodon lividus

呈褐色至黄褐色，表面带有些绵毛。菌管初期呈亮黄色，后期橙黄褐色至带橄榄绿褐色，垂生于菌柄；受伤后初期呈青色，后期变褐色。管口和菌管颜色相同。菌管呈放射状伸长，大小不同，形状较小。菌柄和菌盖同色或颜色偏暗，有的下部带红色。菌肉呈淡黄色（菌柄偏褐色），被切断后菌管上部和菌柄上部会变青。

生于桦木科桤木属的外生菌根菌

菌管垂生

食 黏盖牛肝菌 ★★★
Suillus bovinus

食 红铆钉菇

表面平滑的黏盖牛肝菌，煮后变紫红色。

生于海岸上的日本黑松林或内陆的红松林等地。菌管粗，因其整体呈歪曲状，与其他的牛肝菌菌种相区别。常常伴随红铆钉菇一起生长。煮后变紫红色。

【特征】**菌盖：**呈扁半球形至平展，肉桂色至黏土褐色，平滑。湿润时有黏性。**菌管：**呈橄榄黄色，稍垂生；管口和菌管同色，呈放射状排列，形成大小不同的多角形。**菌柄：**比菌盖色浅，没有粒点。呈棒状，质硬而内实，无菌环。**菌肉：**偏白色至淡鲑肉色。即使受伤也不变色。

【食用方法】口味清淡且口感滑溜，美味。适合用来炖菜、做浇汁、凉拌等。

分布范围：	欧亚大陆、澳大利亚
生长环境：	松林（二针叶）
生长季节：	夏季~秋季
大小：	直径5cm~11cm
生长类型：	外生菌根菌

食 黏盖牛肝菌
加热后变紫红色。

食 红铆钉菇 ★
Gomphidius roseus 铆钉菇科

虽然菌盖内部有菌褶，但红铆钉菇属于牛肝菌类。生长于红松林、日本黑松林等，常常与黏盖牛肝菌混生。菌盖呈近圆锥形至平展，或变为浅漏斗形。呈淡红色，老化后会形成黑色斑点。湿润时黏性强。菌褶初期呈灰白色，后期带绿暗灰褐色，垂生，稍疏。菌柄呈白色，有呈绵毛状的不完全菌环；菌柄下部呈淡红色至淡红褐色；基部稍微变细，呈黄色至带红色。菌肉呈白色，表皮下呈淡红色。适合用来做日式浇汁或火锅。

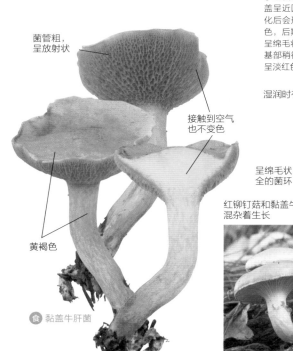

菌管粗，呈放射状

接触到空气也不变色

黄褐色

食 黏盖牛肝菌

湿润时有黏性

呈绵毛状、不完全的菌环

红铆钉菇和黏盖牛肝菌常常混杂着生长

菌褶垂生

注 点柄乳牛肝菌 ★★
Suillus granulatus

注 褐环乳牛肝菌

生于松林，没有菌环，会分泌乳液。

　　与褐环乳牛肝菌极其相似，同样都生长于松林中。其菌柄上没有菌环，幼菌时期会分泌出淡黄色的乳液。
【特征】**菌盖：**呈栗褐色，湿润时被显著的黏液覆盖。**菌管：**初期呈黄色，后期呈黄褐色，垂生至直生。管口的形状小。会分泌黄白色乳液，老化后形成褐色斑点。**菌柄：**表面呈淡黄色；密集分布着细粒点，前期呈淡黄色，后期变褐色。没有菌环。**菌肉：**淡黄色。
【食用方法·注意事项】采集其幼菌后，适合用于做浇汁、火锅、炖汤，以及加酱油和海鲜汁的日式料理等。由于个人体质的不同，可能引起肠胃系统中毒，需要注意。

分布范围：	北半球温带以北、澳大利亚、新西兰
生长环境：	松林（主要为二针叶）
生长季节：	夏季~秋季
大小：	直径4cm~10cm
生长类型：	外生菌根菌

注 褐环乳牛肝菌 ★★
Suillus luteus

多见于幼松林。与点柄乳牛肝菌相似，但褐环乳牛肝菌的菌柄上有菌环，不分泌乳液。菌盖呈暗红褐色至黄褐色，湿润时被显著黏液覆盖。边缘有菌环残片。菌管初期被白色的膜质菌幕覆盖；初期呈柠檬黄色，后期偏褐黄色；直生至稍垂生。管口形状小，初期呈白色至淡黄色，后期呈偏橙黄色至偏褐色。菌柄呈白色至淡黄色，密集分布着偏褐色的细粒点。有膜质菌环，易脱落。菌肉呈白色至淡黄色，菌柄稍偏黄色，颜色深。与点柄乳牛肝菌的食用方法一样，但由于个人体质的不同会引起肠胃系统中毒。

幼时有淡黄色乳液从菌管孔的表面或菌柄上部渗出。老化后会形成褐色斑点

栗褐色，有黏性

注 点柄乳牛肝菌

无内菌幕（菌环）

奶油色，密集分布着细粒点

呈暗红褐色至黄褐色，有黏性

边缘有内菌幕（菌环）残片

内菌幕裂开后形成菌环

老化后菌环脱落的褐环乳牛肝难以与点柄乳牛肝菌区别

菌环以上的菌柄密集生长着细粒点

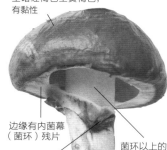

食 黄乳牛肝菌 ★★★

Suillus flavus (= S. grevillei)

秋季在日本落叶松树下，像花一样像争相盛开。

夏季至秋季，单生或群生于日本落叶松林里。因其收获量可期且味道佳，最适合作为采蘑菇的对象。在日本北海道和信州人气很高。

【特征】**菌盖：**呈扁半球形至几乎平展。呈金黄色至带褐橙色或呈红褐色，表面黏液多。**菌管：**直生至稍垂生，深黄色。管口形状较小，呈多角形。**菌柄：**整体呈黄色，后期除了顶部和基部都呈褐色。有淡黄色纤维状的膜质菌环，菌柄除上部被褐色的粒点覆盖，其余部分都呈网眼状。菌环以下呈纤维状，有黏性。内实。**菌肉：**

呈黄色，即使受伤也不变色，有时会稍微变灰紫色或青色。

【食用方法】因其有黏液，适合用来做浇汁。将幼菌整个放进味噌汤中会有奶香味。成菌的菌盖或菌管质软，汁水入味，味道佳。

分布范围：	日本、中国东北部、俄罗斯沿海州、欧洲、北美、澳大利亚、新西兰
生长环境：	赤松林
生长季节：	夏季~秋季
大小：	直径4cm~10cm
生长类型：	外生菌根菌

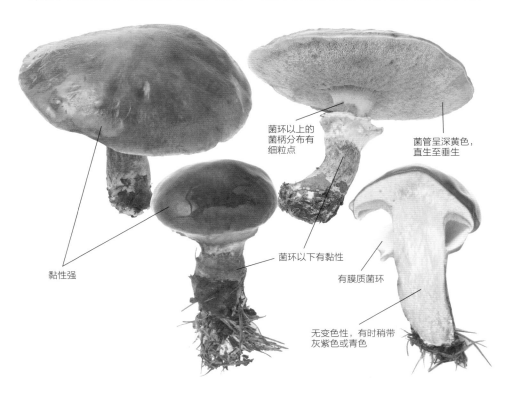

菌环以上的菌柄分布有细粒点

菌管呈深黄色，直生至垂生

黏性强

菌环以下有黏性

有膜质菌环

无变色性，有时稍带灰紫色或青色

生于赤松林地上，
一次可大量收获。

食 红鳞黏盖牛肝菌 ★

Suillus spraguei (= S. pictus)

食 灰环黏盖牛肝菌
注 美色黏盖牛肝菌

生长于五叶松等五针松树下。

本菌种有几个类似菌种，以本菌种的鳞片后期变黑、受伤变红、有纤维状菌环等特点，与其他菌种区别开来。
【特征】**菌盖：**呈扁半球形至圆锥形，边缘内卷，后期近平展。表面被深红至带紫红色的纤维状鳞片覆盖，后期鳞片变黑。有时稍有黏性。**菌管：**初期呈黄色，后期呈黄褐色；垂生；管口大小不同，菌管稍呈放射状排列。受伤后变红。**菌柄：**上下同大，下方稍细。上方有纤维状菌环，菌环以上为黄色，下方与菌盖同色。被纤维状外壳包裹。**菌肉：**呈奶油色，伤后变红。菌柄基部呈黄色，伤后变青。没有苦味。
【食用方法】用来炖汤或凉拌。

分布范围：	日本（北海道、本州）、中国、北美
生长环境：	松林（五叶松、偃松等五针松）
生长季节：	夏季~秋季
大小：	直径5cm~10cm
生长类型：	外生菌根菌

食 红鳞黏盖牛肝菌　生于五针松树下。

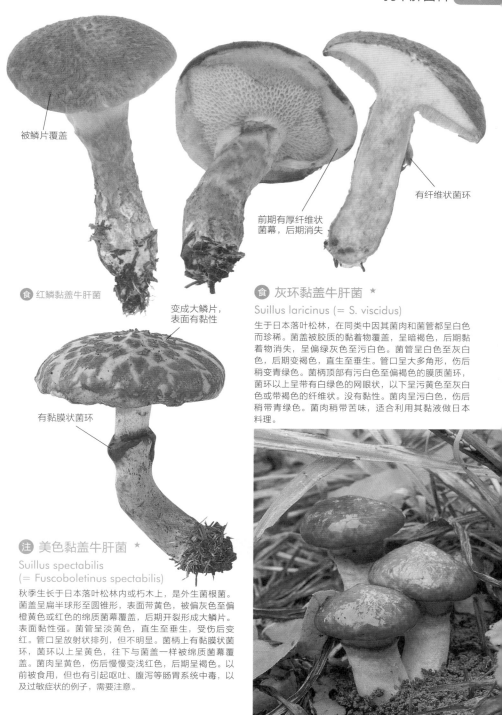

被鳞片覆盖

有纤维状菌环

前期有厚纤维状
菌幕，后期消失

食 红鳞黏盖牛肝菌

变成大鳞片，
表面有黏性

有黏膜状菌环

食 **灰环黏盖牛肝菌** ★

Suillus laricinus (= *S. viscidus*)

生于日本落叶松林，在同类中因其菌肉和菌管都呈白色
而珍稀。菌盖被胶质的黏着物覆盖，呈暗褐色，后期黏
着物消失，呈偏绿灰色至污白色。菌管呈白色至灰白
色，后期变褐色，直生至垂生。管口呈大多角形，伤后
稍变青绿色。菌柄顶部有污白色至偏褐色的膜质菌环，
菌环以上带有白绿色的网眼状，以下呈污黄色至灰白
色或带褐色的纤维状。没有黏性。菌肉呈污白色，伤后
稍带青绿色。菌肉稍带苦味，适合利用其黏液做日本
料理。

注 **美色黏盖牛肝菌** ★

Suillus spectabilis
(= *Fuscoboletinus spectabilis*)

秋季生长于日本落叶松林内或朽木上，是外生菌根菌。
菌盖呈扁半球形至圆锥形，表面带黄色，被偏灰色至偏
橙黄色或红色的绵质菌幕覆盖，后期开裂形成大鳞片。
表面黏性强。菌管呈淡黄色，直生至垂生，受伤后变
红。管口呈放射状排列，但不明显。菌柄上有黏膜状菌
环，菌环以上呈黄色，往下与菌盖一样被绵质菌幕覆
盖。菌肉呈黄色，伤后慢慢变浅红色，后期呈褐色。以
前被食用，但也有引起呕吐、腹泻等肠胃系统中毒，以
及过敏症状的例子，需要注意。

不 小牛肝菌
Boletinus paluster

食 空柄小牛肝菌
食 紫红小牛肝菌

生于日本落叶松林里，根据菌环判断其是或不是该菌种。

夏季至秋季生于日本落叶松林或严重腐朽的木材上。有一定的收获量，由于生长时期与美味的黄乳牛肝菌（P170）一致，易被一起采回，但不适合食用。

【特征】**菌盖：** 紫红色至蔷薇色，被绵毛状至纤维状的鳞片覆盖。**菌管：** 初期呈黄色，后期呈污黄色；菌管短，长度为2mm~3mm，垂生于菌柄。呈放射方向的菌管内壁显著发达。管口呈放射状排列，形状大，呈多角形。**菌柄：** 偏红至偏黄色。菌柄细且上下同大，表面有些毛刺或平滑。菌环不明显，残余着绵屑状残菌幕。**菌肉：** 呈黄色，稍带酸味至苦味。无变色性。

【注意事项】虽然可以食用，但味苦，不适合食用。

分布范围：	日本（中部以北）、俄罗斯（西伯利亚东部~沿海州）、美国北部
生长环境：	日本落叶松林（有时为白叶冷杉）
生长季节：	夏季~秋季
大小：	直径2cm~7cm
生长类型：	外生菌根菌

不 小牛肝菌

被绵毛状至纤维状鳞片覆盖

菌柄内实

菌环残片

多角形大管口呈放射状排列，垂生

菌环呈绵屑状，不明显

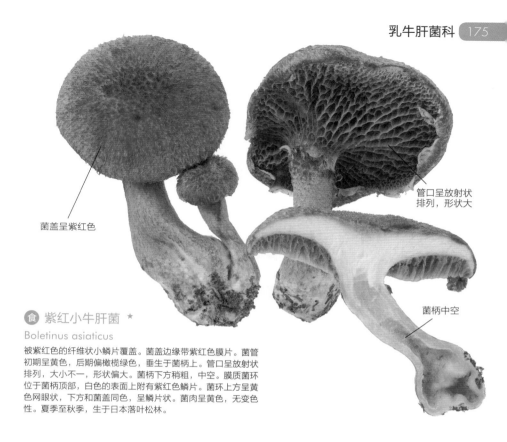

菌盖呈紫红色

管口呈放射状
排列，形状大

菌柄中空

🍴 紫红小牛肝菌 ★

Boletinus asiaticus

被紫红色的纤维状小鳞片覆盖。菌盖边缘带紫红色膜片。菌管
初期呈黄色，后期偏橄榄绿色，垂生于菌柄上。管口呈放射状
排列，大小不一，形状偏大。菌柄下方稍粗，中空。膜质菌环
位于菌柄顶部，白色的表面上附有紫红色鳞片。菌环上方呈黄
色网眼状，下方和菌盖同色，呈鳞片状。菌肉呈黄色，无变色
性。夏季至秋季，生于日本落叶松林。

🍴 空柄小牛肝菌 ★

Boletinus cavipes

呈黄褐色至褐色，被红褐色的纤维状
鳞片覆盖，无黏性。菌管初期呈黄
色，后期带橄榄绿黄色至污红褐色，
垂生于菌柄。管口呈放射状排列，
大小不一，面积可达4mmx3mm。菌
柄上带白色膜质菌环，菌环以上呈黄
色，下方和菌盖同色，呈细鳞片状，
中空。菌肉呈淡黄色，无变色性。秋
季生于日本落叶松林里。

图片/浅井郁夫

食 褐圆孢牛肝菌 ★

Gyroporus castaneus

?	毛盖圆孢牛肝菌
毒	褐金孢牛肝菌
不	胡椒牛肝菌

因其呈褐色而得此名，菌盖无毛或呈绒毛状。

菌柄表层质硬，内部伴随着生长会变空，因此按压菌柄会有瘪了的感觉。

【特征】**菌盖：**呈扁半球形至平展，有时会上翻。呈栗色至黄褐色。表面几乎无毛或至呈绒毛状，有时边缘有明显的褶皱。**菌管：**初期呈白色，后期变淡黄色。于菌柄周边稍稍下陷、上生。无变色性。**菌柄：**与菌盖同色，上下同大，表面稍有凹凸处。菌柄表层质硬，稍呈软骨质地，内部为绵质，柔软。随着子实体的生长而变得空洞（该属的特征）。**菌肉：**白色，受伤后也不变色。

【食用方法】肉质较干，口感不佳。因其缺乏甜味，适合用来煮浓汤。

分布范围：	全世界
生长环境：	阔叶林（山毛榉科）、针叶林
生长季节：	夏季~秋季
大小：	直径2cm~7cm
生长类型：	外生菌根菌

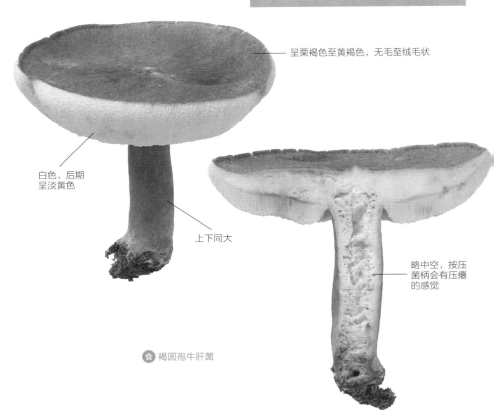

呈栗褐色至黄褐色，无毛至绒毛状

白色，后期呈淡黄色

上下同大

略中空，按压菌柄会有压瘪的感觉

食 褐圆孢牛肝菌

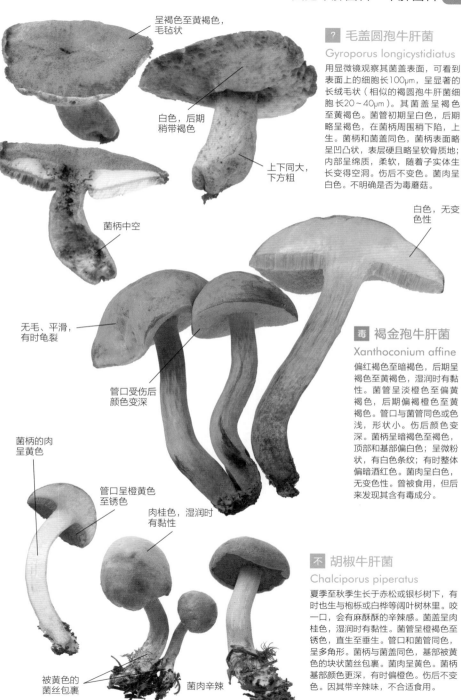

呈褐色至黄褐色，毛毡状

? 毛盖圆孢牛肝菌
Gyroporus longicystidiatus

用显微镜观察其菌盖表面，可看到表面上的细胞长100μm，呈显著的长绒毛状（相似的褐圆孢牛肝菌细胞长20~40μm）。其菌盖呈褐色至黄褐色。菌管初期呈白色，后期略呈褐色，在菌柄周围稍下陷，上生。菌柄和菌盖同色，菌柄表面略呈凹凸状，表层硬且略呈软骨质地；内部呈绵质，柔软，随着子实体生长变得空洞。伤后不变色。菌肉呈白色。不明确是否为毒蘑菇。

白色，后期稍带褐色

上下同大，下方粗

菌柄中空

白色，无变色性

无毛、平滑，有时龟裂

毒 褐金孢牛肝菌
Xanthoconium affine

偏红褐色至暗褐色，后期呈褐色至黄褐色，湿润时有黏性。菌管呈淡橙色至偏黄色，后期偏褐橙色至黄褐色。管口与菌管同色或色浅，形状小。伤后颜色变深。菌柄呈暗褐色至褐色，顶部和基部偏白色；呈微粉状，有白色条纹；有时整体偏暗酒红色。菌肉呈白色，无变色性。曾被食用，但后来发现其含有毒成分。

管口受伤后颜色变深

菌柄的肉呈黄色

管口呈橙黄色至锈色

肉桂色，湿润时有黏性

不 胡椒牛肝菌
Chalciporus piperatus

夏季至秋季生长于赤松或银杉树下，有时也生与枹栎或白桦等阔叶树林里。咬一口，会有麻酥酥的辛辣感。菌盖呈肉桂色，湿润时有黏性。菌管呈橙褐色至锈色，直生至垂生。管口和菌管同色，呈多角形。菌柄与菌盖同色，基部被黄色的块状菌丝包裹。菌肉呈黄色。菌柄基部颜色更深，有时偏橙色。伤后不变色。因其带辛辣味，不合适食用。

被黄色的菌丝包裹

菌肉辛辣

毒 美丽褶孔牛肝菌

Phylloporus bellus

毒 变蓝褶孔牛肝菌

隐匿于橡实林中，但黄色的菌褶清晰可见。

虽然属于牛肝菌科，其子实层托呈菌褶状，生长后呈倒圆锥形状。

【特征】**菌盖：**呈褐色至偏红褐色，或黄褐色至偏橄榄绿褐色，略呈绒毛状。伤处变为深褐色至暗褐色至黑色。**菌褶：**稀疏，相互之间以脉相连，经过鲜黄色至黄褐色后偏橄榄绿褐色。长而垂生于菌柄上，伤后微微变青。**菌柄：**菌柄下方细，呈黄色至偏褐黄色，呈微粉状至细鳞片状，下方呈绒毛状。**菌肉：**呈白色

至淡红色，后期变黄，无变青性。**有毒成分：**不明。

【中毒症状】曾被食用，但根据各人体质不同会引起肠胃系统中毒，需要注意。

分布范围：	日本、马来西亚、新加坡
生长环境：	阔叶林（主要为山毛榉科树下）、赤松混交林
生长季节：	夏季~秋季
大小：	直径2cm~6cm
生长类型：	外生菌根菌

变青

毒 美丽褶孔牛肝菌

毒 变蓝褶孔牛肝菌

Phylloporus cyanescens
(=P.bellus var. cyanescens)

与美丽褶孔牛肝菌十分相似，受伤后菌褶上部和菌肉会变青，但也有不会变青的种类。被认为包括多个菌种，凭肉眼难以区分。曾被食用，与美丽褶孔牛肝菌一样，根据各人体质不同会引起肠胃系统中毒，需要注意。

注 粗网柄牛肝菌 ★
Retiboletus ornatipes (＝Boletus ornatipes)

食 裴氏紫褐牛肝菌
不 灰褐牛肝菌

黄色的菌柄上，从上至下都有明显的网眼。

　　粗网柄牛肝菌的菌柄上整体都有隆起的网眼，该菌种呈黄色，为味苦的牛肝菌。生于栲树林的芥黄牛肝菌（B.sinapicolor f.japonicus）整体近黄褐色（芥末色），菌柄上半部呈网眼状，菌柄根部被芥黄色的菌丝包裹，菌肉无苦味。芥黄牛肝菌的这些上述特点将其与粗网柄牛肝菌相区别。
【特征】菌盖：偏黄褐色、偏褐橄榄绿色或暗橄榄绿色，表面呈绒毛状，无黏性。**菌管：**初期呈黄色，后期呈灰黄色。管口和菌管同色，形状小，呈圆形至角形。伤后颜色变深。**菌柄：**呈黄色，或与菌盖同

色。略呈粉质，几乎整体有稍呈翼状隆起的网眼。基部被白色的菌丝包裹，菌丝伤后变橙黄色。质硬而易折。**菌肉：**黄色，切断后缓缓变为深黄色，不变青。略有酸臭味，味苦。
【注意事项】可以食用，但因其味苦，最好避免食用。

分布范围：	日本、中国、俄罗斯沿海州、美国北部
生长环境：	阔叶林（主要为山毛榉科）
生长季节：	夏季~秋季
大小：	直径5cm~8cm
生长类型：	外生菌根菌

注 粗网柄牛肝菌

整体带明显的网眼

食 裴氏紫褐牛肝菌 ★

Boletus subtomentosus (＝Xerocomus subtomentosus)

呈黄褐色至偏褐橄榄绿色。呈绒毛状，表面龟裂，有的能看见菌肉。菌管呈硫磺色至绿黄色，伤后稍变青。管口形状较大，呈多角形。菌柄呈淡黄色至淡褐色，平滑至粉状，上部有稍微隆起的竖纹。菌肉呈黄白色至淡黄色。断面稍变青但不变色。

不 灰褐牛肝菌

Retiboletus griseus (＝Boletus griseus)

呈灰色至偏褐灰色；表面初期有微毛，后期无毛且平滑，有皮革般的触感。菌管呈材白色，后期变为材褐色。管口呈白色形状小，呈多角形，受伤后变褐色。菌柄表面整体有细网眼，呈白色至灰白色，往下呈灰色至暗褐色；基部常有偏褐黄至偏褐橙色斑点。上下同大或基部变细呈根状。菌肉呈白色，切断后变淡粉色。不适合食用。

整体带网眼

食 美味牛肝菌 ★★★

食 美网柄牛肝菌

Boletus edulis

生于针叶林的美味牛肝菌，菌柄上部有明显的网眼。

虽然以前易将其与长的美网柄牛肝菌混淆，但现在凭借这两点区分："生于日本本州中部以北的亚高山带针叶林、菌柄上部有尤为显眼的网眼的为美味牛肝菌"，和"生于山毛榉科阔叶林，菌柄整体都有网眼的为美网柄牛肝菌"。该菌种因其美味成为世界上人气最高的野生菌。

【特征】**菌盖：**呈赤橙褐色至偏黄褐色，呈半球形至平展。表面平滑无毛，湿润时有黏性。**菌管：**最初管口被白色的菌丝包裹，后期呈淡黄色至偏橄榄绿色。**菌柄：**淡褐色。上部有明显隆起的白色网眼，下部的纹路不太明显。**菌肉：**白而厚，无变色性。

【食用方法】菌肉厚实、口感好，粗壮的菌柄也很美味。不仅适合用来烹饪西餐，还适合用于日式料理、中餐等各种料理。

分布范围：	北半球
生长环境：	针叶林
生长季节：	夏季~秋季
大小：	直径6cm~20cm
生长类型：	外生菌根菌
相似的毒蘑菇：	有毒新牛肝菌（P185）

食 美网柄牛肝菌 ★★★

Boletus reticulatus

生于山毛榉科林中，菌柄整体都有明显的网眼。菌盖呈暗灰褐色至暗褐色，后期变为黄褐色至偏橄榄绿褐色，有时呈淡绒毛状。前期呈绒毛状，后期无毛，湿润时有黏性。菌管呈淡黄色，后期呈橄榄绿色；管口形状小，呈圆形，初期被白色菌丝盖。菌柄呈淡褐色至淡灰褐色，有明显隆起的白色网眼。菌肉呈白色。干燥时会散发独特而强烈的香气。食用方法和美味牛肝菌的相同。

食 美味牛肝菌

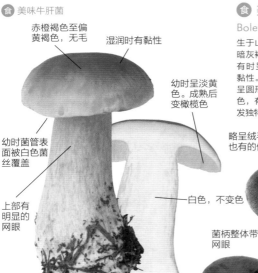

赤橙褐色至偏黄褐色，无毛

湿润时有黏性

幼时呈淡黄色。成熟后变橄榄色

幼时菌管表面被白色菌丝覆盖

上部有明显的网眼

白色，不变色

略呈绒毛状。呈暗灰褐色至暗褐色，也有的偏黄色

菌柄整体带网眼

幼时被白色菌丝覆盖，成熟后能看到淡黄色至偏橄榄褐色的菌管

🍴 美味牛肝菌

生于针叶林的林床上、充满欧洲风情的
蘑菇，人气十足。

美网柄牛肝菌焗芝士
料理/内堀 笃
（轻井泽的法式餐厅 "E.Bu.Ri.Ko" 主厨）

食 紫褐牛肝菌 ★★★
Boletus violaceofuscus

紫褐牛肝菌长得有点奇怪，好像斑驳的帽子搭配网纹裤袜。

该菌种的菌盖上有斑纹，暗紫色的菌柄带白色网眼，姿态与众不同。特别在梅雨、秋分季节生长于栲树、橡树林或枹栎林等地上，常常群生。

【特征】**菌盖：**呈扁半球形至平展。表面呈紫色，有褶皱且常有黄色、橄榄色、褐色等颜色斑纹。湿润时稍有黏性。**菌管：**近白色，后期成熟后变为淡黄色至污黄褐色。管口小，呈圆形，初期被白色菌丝包裹。**菌柄：**粗，表面呈暗紫色，有白色、隆起的网眼纹。**菌肉：**白色，不变色。

【食用方法】肉厚而有嚼劲，味道好，口感佳。烹饪方法与美味牛肝菌的一样，适合用来做浇汁、炖汤、炒菜等。

分布范围：	日本（本州、四国、九州）、中国（云南、四川）、韩国
生长环境：	阔叶林（山毛榉科）
生长季节：	夏季~秋季
大小：	直径5cm~10cm
生长类型：	外生菌根菌

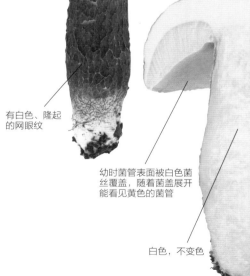

表面呈紫色，带浅色的斑

有褶皱

有白色、隆起的网眼纹

白色，不变色

幼时菌管表面被白色菌丝覆盖，随着菌盖展开能看见黄色的菌管

食 平冢牛肝菌 ★★
Boletus hiratsukae

菌盖和菌柄都呈黑色，像煤一般的蘑菇。生于针叶林，菌柄被网眼覆盖。

整体呈黑色，像煤一样，生于红松或冷松等针叶林里，菌柄呈黑色。铜色牛肝菌（B.aereus）生于阔叶林，菌柄不呈黑色，被认为其种类有待进一步探讨。

【特征】**菌盖：**呈半球形至扁半球形平展。呈黑褐色至深焦茶色，表面有细毛，呈天鹅绒状。常常出现细小裂纹，边缘龟裂。**菌管：**呈偏白色至黄褐色，管口初期被白色菌丝覆盖。**菌柄：**与菌盖同色，顶部和基部呈白色。菌柄整体被白色

至浅色或黑褐色网眼覆盖。呈棍形，基部以下变细。**菌肉：**白而厚。

【食用方法】与美味牛肝菌的食用方法相同。

分布范围：	日本、中国、欧洲、北美
生长环境：	针叶林（红松、冷松等）
生长季节：	夏季~秋季
大小：	直径6cm~15cm
生长类型：	外生菌根菌
相似的毒蘑菇：	有毒新牛肝菌（P185）

呈黑褐色至深煎茶色，天鹅绒状

有白色至浅色，或黑褐色的网眼状花纹

幼时菌管的表面被白色的菌丝覆盖，菌盖展开的同时能看见黄色的菌管

呈白色，不变色

基部变细

整体呈黑色

食 粉状绒盖牛肝菌 ★★

食 小美牛肝菌

Boletus pulverulentus (=Cyanoboletus pulverulentus)

伤后很快变为深绿色。

　　与有毒的假美柄牛肝菌相似，但本菌种的菌管不垂生，无特殊气味。

【特征】**菌盖：**呈半球形至扁半球形。橄榄褐色至黑褐色，绒毛状至几乎无毛，湿润时有黏性。**菌管：**初期呈黄色，后期偏橄榄黄色。直生至弯生。管口呈黄色，形状小，呈角形。伤后变深绿色。**菌柄：**上下同大或往下变细。顶部呈鲜黄色，其他部分呈红褐色，表面都密集分布着细点。受伤后变深绿色，后期形成黑色斑点。**菌肉：**黄色。菌柄下部带红色。接触到空气变深绿色。

【食用方法】味道清爽。切碎后慢炖能发挥其鲜味。

分布范围：	日本、中国台湾地区、俄罗斯沿海州、欧洲、非洲（摩洛哥）、北美、新几内亚岛
生长环境：	阔叶林、针叶林
生长季节：	夏季~秋季
大小：	直径3cm~10cm
生长类型：	外生菌根菌
相似的毒蘑菇：	假美柄牛肝菌（P187）

食 粉状绒盖牛肝菌

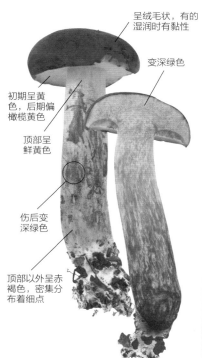

呈绒毛状，有的湿润时有黏性

变深绿色

初期呈黄色，后期偏橄榄黄色

顶部呈鲜黄色

伤后变深绿色

顶部以外呈赤褐色，密集分布着细点

食 小美牛肝菌 ★★★

Boletus speciosus

生于针叶、阔叶混生林。与有毒的假美柄牛肝菌（P187）相似，需要注意。菌盖呈蔷薇红色，常带有青色斑点，表面近乎平滑。湿润时稍有黏黏性。菌管初期呈淡黄色，后期呈黏土褐色，管口微小，受伤后变青。菌柄偏淡黄色至红色，有细的网眼纹，成熟后由基部开始变暗红色。菌肉呈淡黄色且厚，受伤后变亮绿色。适合用来煮火锅或炖汤等。

毒 有毒新牛肝菌

食 亮金牛肝菌

Boletus venenatus (= Neoboletus venenatus)

虽然胖乎乎的样子看起来很美味，一旦食用就会遭殃。

有毒新牛肝菌是生长于亚高山带的大型真菌。其特征为菌柄中部附近有带状的红褐色斑点。菌盖和菌柄都薄，呈茶色。虽然看起来无毒，但有着少量食用都会引起严重中毒的毒素。亚高山带被扔掉的牛肝菌中，多为有毒新牛肝菌。

【特征】菌盖：呈半球形，展开呈扁半球形至平展。呈淡黄褐色，略为绒毛状，湿润时稍有黏性。**菌管：**呈淡黄色，成熟后变为黄褐色至污黄褐色。管口和菌管同色，形状微小，受伤后变青，后期变为黄褐色至褐色的斑点。**菌柄：**幼时近白色，基部偏黄色。后期变为污黄色至淡黄褐色。没有网眼，中央有红褐色的斑点呈带状分布。**菌肉：**淡黄色，伤后慢慢变青。

【中毒症状】少量食用后会引起呕吐、腹泻等肠胃系统中毒。

分布范围：	日本
生长环境：	针叶林（亚高山带）
生长季节：	夏季~秋季
大小：	直径10cm~20cm
生长类型：	外生菌根菌

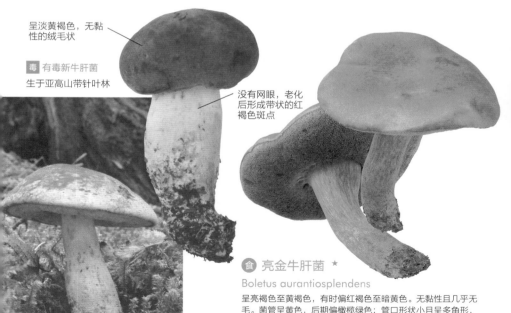

呈淡黄褐色，无黏性的绒毛状

毒 有毒新牛肝菌
生于亚高山带针叶林

没有网眼，老化后形成带状的红褐色斑点

食 亮金牛肝菌 ★

Boletus aurantiosplendens

呈茶褐色至黄褐色，有时偏红褐色至暗黄色。无黏性且几乎无毛。菌管呈黄色，后期偏橄榄绿色；管口形状小且呈多角形，初期被黄色的菌丝覆盖，伤后不变青。菌柄呈黄色至污黄色，上部或整体有白色至淡黄色的细网眼纹。菌肉初期呈黄色，后期呈淡黄色，无变色性。初期质硬，后期变得柔软。味道温和。夏季至秋季生于阔叶林（主要为山毛榉科）。

毒 红黄孢牛肝菌

Boletus rhodocarpus

受伤后变青色，是毒蘑菇。

　　最近收录的毒蘑菇。生于异叶铁杉或富士山铁杉等针叶林中，管口呈红色，菌柄上有微微隆起、明显的网眼；其特征是会变青。由于有些菌柄上没有网眼，关于其分类有待进一步讨论。

【特征】**菌盖：**呈半球形展开，至平扁半球形。**管孔：**呈亮黄色，管口呈红色、圆形，看上去像橙黄色。**菌柄：**上部表面呈黄色，有红色、微微隆起的网眼，下部带红色粉末，或者呈粒点状、毛刺状、不完全的网眼状。基部被白色菌丝覆盖。

菌肉：淡黄色，受伤后快速变青。**有毒成分：**不明。

【中毒症状】极少量即能引起呕吐、严重的腹泻等肠胃系统中毒症状。

分布范围：	日本
生长环境：	针叶林（亚高山带的异叶铁杉、富士山铁杉）
生长季节：	夏季~秋季
大小：	直径5cm~10cm
生长类型：	外生菌根菌

呈淡灰褐色，后期变玫瑰红色，被深红色的纤维状小鳞片覆盖

不完全的网眼，呈红色的粒点状

无黏性

菌肉呈淡黄色，变青

管口呈红色

（菌柄上无网眼的类型）

被白色的菌丝覆盖

变青

受伤后变青，短时间内褪色

管孔很短，垂生于菌柄上

管孔直生至离生

表面平滑，微微裂开

呈天鹅绒状，微微裂开

略变青

呈黄色，伤后变青色

被网眼纹覆盖

基部不变粗

有奶酪般的味道

基部膨大

毒 丽柄牛肝菌

Boletus calopus (= Caloboletus calopus)

夏季至秋季生于异叶铁杉或赤松林。与灰褐牛肝菌相似，以该菌种管口并非红色而区分。菌盖偏绿黄色至淡褐色。呈微毛状至几乎无毛，常有细微的龟裂。管孔直生至离生初期呈黄色，后期偏绿黄色；管口形状小，呈圆形；变青。菌柄顶部呈黄色，向下呈鲜红色，基部偏褐色。被白色至与表面颜色同色的细网眼纹覆盖。菌肉呈淡黄色至白色，质硬，受伤后变青。食用几十分钟至约一小时内会出现腹痛、腹泻等肠胃系统中毒症状，情况严重时会引发脱水、痉挛、颤抖、发汗、呼吸困难等。

毒 假丽柄牛肝菌

Boletus pseudocalopus (= Baorangia pseudocalopus)

夏季至秋季生于山毛榉科阔叶林或松树的混生林。与粉状绒盖牛肝菌（P184）相似，其特征为管孔短、垂生。菌盖呈红褐色至黄褐色，或呈暗褐色，也有的整体呈淡红色。表面呈绵毛状至几乎无毛，有时有浅龟裂纹。管孔初期呈黄色，后期呈污褐色，很短。管口形状小，初期呈圆形，后期呈角形，伤后变青。菌柄上部呈黄色，向下呈淡红色至暗红褐色。顶部有细网眼纹。菌肉呈淡黄色至黄色，肉厚。伤后变青，很快褪色。幼菌变色不明显或不变色。成菌有奶酪般的味道。食用后会引起肠胃系统中毒症状。

毒 粉孢牛肝菌属菌种

毒 紫盖粉孢牛肝菌

Tylopilus sp.

不能放入味噌煮的牛肝菌，有两层网眼。

本世纪于日本爱知县发现。在牛肝菌科中是为稀有菌种，含有剧毒成分，其中包括N-γ-Glutamyl boletine等两种新规有毒成分。现主要可在日本爱知县和三重县的栲树、青冈林中采集，未来有可能在其他地方发现。

【特征】**菌盖：**表面呈暗紫褐色至黑紫褐色，毛毡状，干燥后微微裂开。**管孔：**初期呈浅灰色，后期呈浅红棕色。管口呈灰白色。**菌柄：**与管孔同色，被明显的二重黑色网眼纹覆盖。**菌肉：**呈白色，偏灰色，肉质坚实。受伤后快速由红色变为紫色，后期变为黑色。**有毒成分：**N-γ-Glutamyl boletine、2-丁基-1-氮杂环-亚胺盐。

【中毒症状】在实验老鼠身上显现出神经系统的急性中毒，有致死效果。

分布范围：	日本（爱知县、三重县）
生长环境：	阔叶林（栲树、青冈）
生长季节：	夏季~秋季
大小：	直径5cm~15cm
生长类型：	外生菌根菌

毒 粉孢牛肝菌属菌种

在牛肝菌科中属于稀有的剧毒菌。菌盖呈毛毡状，菌柄上有二重黑色网眼纹。未来有可能在其他地方发现。

图片/中条长昭

网眼扩大

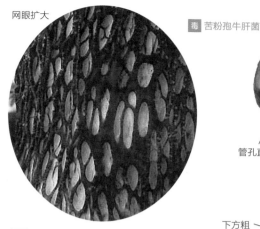

毒 苦粉孢牛肝菌

伤后变红色至紫色，
后期变黑色

管孔直生

内实

下方粗

毒 紫盖粉孢牛肝菌

Tylopilus eximius (= Sutorius eximius)

生于山毛榉科树下。与本菌种相似、形状小的菌种被称为"小紫盖粉孢牛肝菌"（T.eximius var.nanus），因其孢子形状小，两菌种形状不同。菌盖呈焦茶色至暗红褐色，几乎无毛，平滑。湿润时带黏性。管孔呈稍偏紫色的深褐色。管口比管孔颜色深，形状微小。菌柄偏紫灰色，有深色的竖纹，表面整体被偏褐色的酒红色小鳞片覆盖。菌肉呈淡偏紫灰色至淡偏紫褐色，质硬，稍变红。曾被认为可食用，目前已明确，根据体质不同，食用后会引起胃痛、腹痛、呕吐、恶寒等肠胃系统中毒症状。

呈焦茶色至暗红褐色，
几乎无毛

湿润时有
黏性

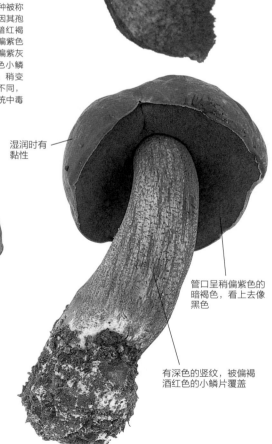

管口呈稍偏紫色的
暗褐色，看上去像
黑色

有深色的竖纹，被偏褐
酒红色的小鳞片覆盖

食 粗壮粉孢牛肝菌 ★

Tylopilus valens
(= Pseudoaustroboletus valens)

食 黄脚粉孢牛肝菌	不 黑盖粉孢牛肝菌
不 新苦粉孢牛肝菌	不 紫褐粉孢牛肝菌
不 苦粉孢牛肝菌	? Tylopilus alkaixanthus
注 绿盖粉孢牛肝菌	

菌盖里面的管孔会变成淡红色。

分布于栲树、青冈林的东南亚菌种，在日本福岛县、宫城县也有发现。在日本关东以西地区常见于初秋的杂木林中，生长数量较少。菌柄表面有粗且隆起的网眼纹。

【特征】**菌盖：**呈扁半球形至平展，呈灰褐色，初期略呈绵毛状，后期无毛，湿润时有黏性。**管孔：**初期呈白色，后期呈淡红色至灰橙色。管口近角形，与管孔同色，受伤后变褐色。**菌柄：**几乎为白色，带稍粗、隆起的网眼纹，老化后逐渐变为淡红色至暗黄色。至基部稍粗。**菌肉：**白色，无变色性。

【食用方法】因其带酸味，可以将其用来做腌泡汁或西式泡菜、凉拌等，发挥其酸味有利于使食物入味。

分布范围：	日本（关东以西）、马来半岛、加里曼丹岛
生长环境：	阔叶林（栲树、青冈）
生长季节：	夏季~秋季
大小：	直径6cm~20cm
生长类型：	外生菌根菌

食 粗壮粉孢牛肝菌

呈黄褐色至橄榄灰色、灰褐色等

毛毡状

← 不 苦粉孢牛肝菌
Tylopilus felleus

呈黄褐色至偏橄榄灰色、灰褐色，前期呈毛毡状，后期平滑。管孔初期呈白色，后期偏肉色，管口与管孔同色，受伤后变褐色。菌柄带黄色，表面整体有明显的偏橄榄绿色至深褐色网眼纹。菌肉呈白色，苦味重。无变色性。

白色，后期偏肉色

偏黄色，整体有明显的网眼纹

橄榄褐色至偏红褐色，略呈毛毡状

苦味重

最上端有的小网眼偏紫色，有时也没有网眼

管口呈紫色

有的上半部分被网眼覆盖

→ 不 新苦粉孢牛肝菌
Tylopilus neofelleus

生于山毛榉科树下，尤其多生于赤松、枹栎林中。菌盖呈橄榄褐色至偏红褐色，稍呈绒毛状。管孔初期呈白色，后期偏淡红色。管口从初期开始偏有紫色，有细网眼；也有的无网眼或上部被网眼覆盖。菌肉呈白色，受伤后不变色。因为苦味重，不适合食用。

苦味重

初期呈毛毡状，后期平滑

与菌盖同色

初期呈白色，后期偏粉色，受伤后变茶褐色

← 不 紫褐粉孢牛肝菌
Tylopilus vinosobrunneus

呈或深或浅的酒红褐色，表面前期呈绒毛状，后期无毛。管孔初期呈白色，后期偏粉色，管口与管孔同色。受伤后变茶褐色。菌柄和菌盖同色。菌肉受伤后变红。苦味重，不适合食用。生于阔叶林（山毛榉科）。

苦味重

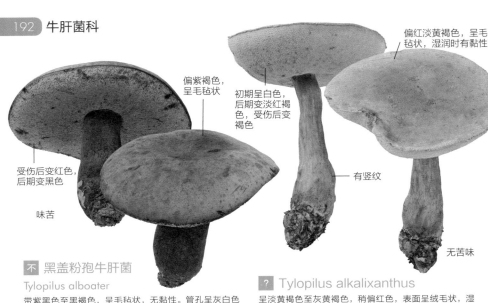

偏红淡黄褐色，呈毛
毡状，湿润时有黏性

偏紫褐色，
呈毛毡状

初期呈白色，
后期变淡红褐
色，受伤后变
褐色

有竖纹

受伤后变红色，
后期变黑色

味苦

无苦味

不 黑盖粉孢牛肝菌

Tylopilus alboater

带紫黑色至黑褐色，呈毛毡状，无黏性。管孔呈灰白色
至污灰红色，伤后先变红后变黑。管口与管孔同色，形
状小，呈多角形。伤后逐渐变黑。菌柄顶部有网缘纹。
菌肉呈灰白色，受伤后变灰红色或橙褐色，后期变黑
色。有苦味，不适合食用。生于松树和山毛榉混生林、
日本冷杉林等地。

? *Tylopilus alkalixanthus*

呈淡黄褐色至灰黄褐色，稍偏呈红色，表面呈绒毛状，湿
润时稍有黏性。管孔呈白色，后期呈淡红褐色，管口与
管孔同色，呈偏圆形至多角形，受伤后变褐色。菌柄偏
黄白色，有竖纹。菌肉呈白色，无苦味，稍带甜味，受
伤后变淡红褐色。生于阔叶林（主要为山毛榉科）。不明
确其是否可食用。

食 黄脚粉孢牛肝菌 ★

Tylopilus chromapes (= Harrya chromapes)

本菌种整体带红色，菌肉为白色。因绿盖粉孢牛肝菌的菌
肉呈黄色，这点与黄脚粉孢牛肝菌相区别（两种基部都为
黄色）。菌盖呈淡红色至淡酒红色，中部颜色深。稍带微
毛。湿润时稍有黏性。管孔初期呈白色，后期变为鲑肉
色，老化后偏褐色。管口形状小。菌柄表面呈白色，密集
分布着淡红色的小鳞片。菌肉呈白色，基部为黄色。生于
针叶林、阔叶林的林床。虽可以食用，但不普遍。

注 绿盖粉孢牛肝菌 ★ *Tylopilus virens*

带绿色，中部颜色深。稍有毛，湿润时有黏性。管孔呈
淡红色；管口与管孔同色，形状小。菌柄呈淡黄色，有
时中部至下部偏有红色至橙色，基部为黄色。表面稍
呈粉状至纤维状，有的有偏黄色至橄榄色、不完全的网
眼。菌肉呈淡黄色至黄色（菌柄颜色深）。无变色性。与
苦粉孢牛肝菌相比无臭无味。虽被用来食用，但在确定
其食用的安全性前最好注意。生于赤松、枹栎林或栲树
林里。

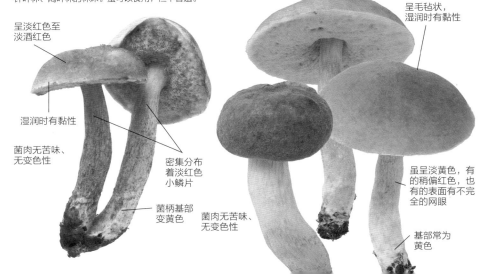

呈淡红色至
淡酒红色

呈毛毡状，
湿润时有黏性

湿润时有黏性

菌肉无苦味、
无变色性

密集分布
着淡红色
小鳞片

菌柄基部
变黄色

菌肉无苦味、
无变色性

虽呈淡黄色，有
的稍偏红色，也
有的表面有不完
全的网眼

基部常为
黄色

食 远东疣柄牛肝菌 ★★★

Leccinum extremiorientale (= Rugiboletus extremiorientalis)

形似雨伞，其幼菌适合食用。

菌盖的直径有时会超过30cm。作为褐疣柄牛肝菌的同类，其特征为菌柄上有粒状的小鳞片。

【特征】**菌盖：**呈半球形，后期平展。呈橙褐色至橙黄褐色，毛毡状。幼时有大脑状的皱纹，生长后龟裂开，能看见淡黄色的菌肉。边缘呈膜状，比管孔突出。湿润时有显著的黏性，通常无黏性。**管孔：**初期呈黄色，后期呈偏橄榄黄色。与管口同色，形状微小。**菌柄：**呈黄色，被黄褐色的细粒点至细鳞片密集覆盖。**菌肉：**呈白色至淡黄色，肉厚。幼时肉质紧密，后期变得柔软。无变色性，有的稍带红色。

【食用方法·注意事项】用来做浇汁时会煮出黄色的肉汁与鲜味，烤制也很美味。同样适合搭配奶酪或黄油做西餐。因为该菌种易受伤，根据其状态可能需要去除其管孔。单独用奶油煎炒新鲜的管孔，即采用嫩煎法，会有棉花糖的口感。

分布范围：	日本、韩国、中国、俄罗斯远东地区
生长环境：	阔叶林（山毛榉科）
生长季节：	夏季~秋季
大小：	直径10cm~25cm
生长类型：	外生菌根菌

由于虫子易进入蘑菇内部，有时采到这种蘑菇也不能食用。有时将管孔去除后便可以食用。

呈橙黄褐色，毛毡状，湿润时有黏性

表面龟裂，能看见淡黄色菌肉

边缘比管孔突出

菌柄表面被深色的细粒点至细鳞片覆盖

注 褐疣柄牛肝菌 ★

Leccinum scabrum

注 变色疣柄牛肝菌
食 异色疣柄牛肝菌
? 灰疣柄牛肝菌

生于白桦树下，菌柄上有黑色疙瘩。

生于白桦或岳桦等桦木科树下，菌肉受伤后几乎不变色。

【特征】**菌盖：** 半球形至平扁半球形，呈灰褐色至暗褐色，稍带绒毛，后期几乎无毛，有时有浅裂纹。湿润时稍有黏性。**管孔：** 白色至偏黄色，后期偏淡灰褐色，上生至离生。管口形状小，呈圆形；受伤后稍变橄榄绿色。**菌柄：** 表面呈白色至灰色，带深褐色至黑色小鳞片。**菌肉：** 呈白色，无变色性，稍变粉色。

【食用方法·注意事项】无异味，但缺乏鲜味。生食会引起消化不良等肠胃系统中毒症状。

分布范围：	北半球温带以北
生长环境：	阔叶林（桦木科）
生长季节：	夏季~秋季
大小：	直径5cm~8cm
生长类型：	外生菌根菌

黄色，几乎无毛

有黑色的小鳞片

菌肉不变色，稍变粉

注 褐疣柄牛肝菌

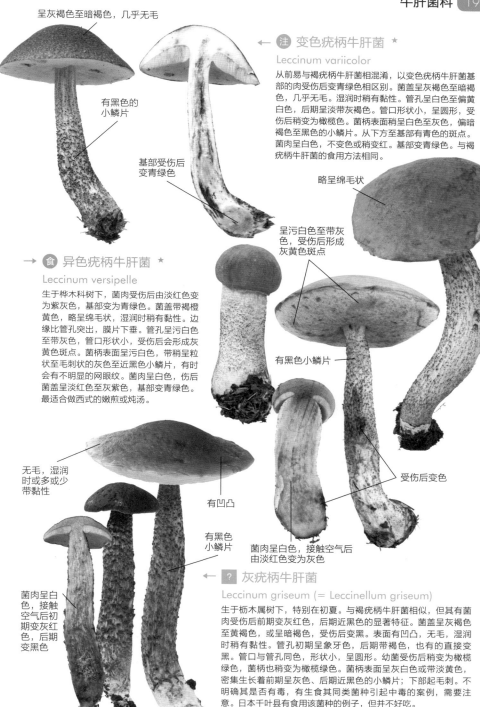

呈灰褐色至暗褐色，几乎无毛

有黑色的小鳞片

基部受伤后变青绿色

← 注 **变色疣柄牛肝菌** ★
Leccinum variicolor

从前易与褐疣柄牛肝菌相混淆，以变色疣柄牛肝菌基部的肉受伤后变青绿色相区别。菌盖呈灰褐色至暗褐色，几乎无毛。湿润时稍有黏性。管孔呈白色至偏黄白色，后期呈淡带灰褐色。管口形状小，呈圆形，受伤后稍变为橄榄色。菌柄表面稍呈白色至灰色，偏暗褐色至黑色的小鳞片。从下方至基部有青色的斑点。菌肉呈白色，不变色或稍变红。基部变青绿色。与褐疣柄牛肝菌的食用方法相同。

略呈绵毛状

呈污白色至带灰色，受伤后形成灰黄色斑点

→ 食 **异色疣柄牛肝菌** ★
Leccinum versipelle

生于桦木科树下，菌肉受伤后由淡红色变为紫灰色，基部变为青绿色。菌盖带褐橙黄色，略呈绵毛状，湿润时稍有黏性。边缘比管孔突出，膜片下垂。管孔呈污白色至带灰色，管口形状小，受伤后会形成灰黄色斑点。菌柄表面呈污白色，带稍呈粒状至毛刺状的灰色至近黑色小鳞片，有时会有不明显的网眼纹。菌肉呈白色，伤后菌盖呈淡红色至灰紫色，基部变青绿色。最适合做西式的嫩煎或炖汤。

有黑色小鳞片

受伤后变色

无毛，湿润时或多或少带黏性

有凹凸

有黑色小鳞片

菌肉呈白色，接触空气后由淡红色变为灰色

菌肉呈白色，接触空气后初变灰红色，后期变黑色

← ? **灰疣柄牛肝菌**
Leccinum griseum (= *Leccinellum griseum*)

生于栎木属树下，特别在初夏。与褐疣柄牛肝菌相似，但其有菌肉受伤后前期变灰红色，后期近黑色的显著特征。菌盖呈灰褐色至黄褐色，或呈暗褐色，受伤后变黑。表面有凹凸，无毛，湿润时稍有黏性。管孔初期呈象牙色，后期带褐色，也有的直接变黑。管口与管孔同色，形状小，呈圆形。幼菌受伤后稍变为橄榄绿色，菌肉也稍变为橄榄绿色。菌柄表面呈灰白色或带淡黄色，密集生长着前期呈灰色、后期近黑色的小鳞片；下部起生毛刺。不明确其是否有毒，有生食其同类菌种引起中毒的案例，需要注意。日本千叶县有食用该菌种的例子，但并不好吃。

食 松塔牛肝菌 ★

Strobilomyces strobilaceus (= S. floccopus)

食 混淆松塔牛肝菌
? 半裸松塔牛肝菌
? Strobilomyces hongoi

绵质鳞片质地柔软。

单生至群生于山毛榉、水栖林或松树、枹栎林中。菌盖被柔软、绵质的黑褐色鳞片覆盖。

【特征】**菌盖：**呈半球形至平扁半球形。被暗褐色至黑褐色的绵毛状小鳞片覆盖。表面近白色，边缘附有菌环残片。**管孔：**初期呈白色，后期呈暗灰色至黑褐色。管口呈白色至灰白色，多角形。受伤后变红，后期变黑。**菌柄：**呈暗灰褐色至黑褐色，顶部呈灰白色，有厚的绵毛状膜质菌环，易脱落。虽有竖长、稍隆起的网眼纹，因其表面被显著的绵毛状鳞片覆盖，从表面看不明显。内实，坚硬而易折。**菌肉：**白色，受伤后先变红，后期变黑。

【食用方法】新鲜的松塔牛肝菌口感好、味佳，但腐烂得早。

分布范围：	北半球
生长环境：	阔叶林（山毛榉、水栖林）、混生林（赤松、枹栎林）
生长季节：	夏季~秋季
大小：	直径3cm~12cm
生长类型：	外生菌根菌

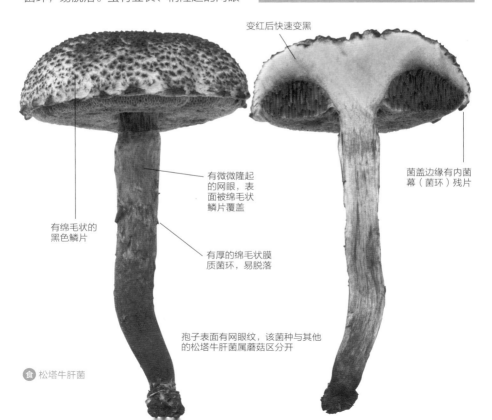

变红后快速变黑

有微微隆起的网眼，表面被绵毛状鳞片覆盖

有绵毛状的黑色鳞片

有厚的绵毛状膜质菌环，易脱落

菌盖边缘有内菌幕（菌环）残片

孢子表面有网眼纹，该菌种与其他的松塔牛肝菌属蘑菇区分开

食 松塔牛肝菌

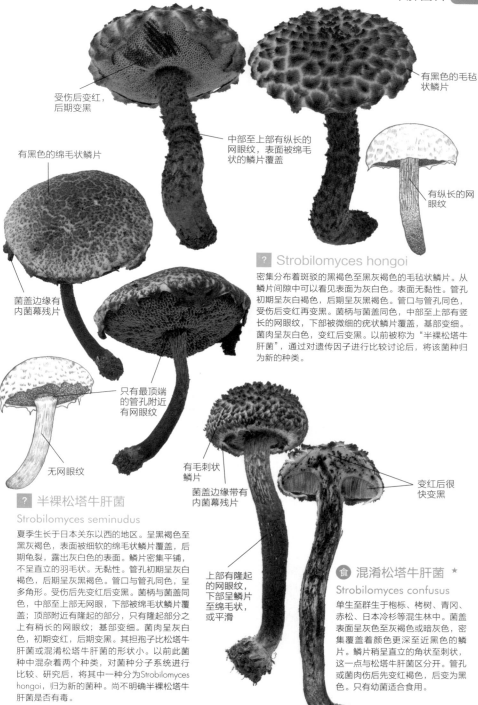

受伤后变红，后期变黑

有黑色的绵毛状鳞片

有黑色的毛毡状鳞片

中部至上部有纵长的网眼纹，表面被绵毛状的鳞片覆盖

有纵长的网眼纹

菌盖边缘有内菌幕残片

只有最顶端的管孔附近有网眼纹

无网眼纹

有毛刺状鳞片

菌盖边缘带有内菌幕残片

变红后很快变黑

上部有隆起的网眼纹，下部呈鳞片至绵毛状，或平滑

? Strobilomyces hongoi

密集分布着斑驳的黑褐色至黑灰褐色的毛毡状鳞片。从鳞片间隙中可以看见表面为灰白色。表面无黏性。管孔初期呈灰白褐色，后期呈灰黑褐色。管口与管孔同色，受伤后变红再变黑。菌柄与菌盖同色，中部至上部有竖长的网眼纹，下部被微细的疣状鳞片覆盖，基部变细。菌肉呈灰白色，变红后变黑。以前被称为"半裸松塔牛肝菌"，通过对遗传因子进行比较讨论后，将该菌种归为新的种类。

? 半裸松塔牛肝菌

Strobilomyces seminudus

夏季生长于日本关东以西的地区。呈黑褐色至黑灰褐色，表面被细软的绵毛状鳞片覆盖，后期龟裂，露出灰白色的表面。鳞片密集平铺，不呈直立的羽毛状。无黏性。管孔初期呈灰白褐色，后期呈灰黑褐色。管口与管孔同色，呈多角形。受伤后先变红后变黑。菌柄与菌盖同色，中部至上部无网眼，下部被绵毛状鳞片覆盖；顶部附近有隆起的部分，只有隆起部分之上有稍长的网眼纹；基部变细。菌肉呈灰白色，初期变红，后期变黑。其担孢子比松塔牛肝菌或混淆松塔牛肝菌的形状小。以前此菌种中混杂着两个种类，对菌种分子系统进行比较、研究后，将其中一种分为Strobilomyces hongoi，归为新的菌种。尚不明确半裸松塔牛肝菌是否有毒。

食 混淆松塔牛肝菌 ★

Strobilomyces confusus

单生至群生于枹栎、栲树、青冈、赤松、日本冷杉等混生林中。菌盖表面呈灰色至灰褐色或暗灰色，密集覆盖着颜色更深至近黑色的鳞片。鳞片稍呈直立的角状至刺状，这一点与松塔牛肝菌区分开。管孔或菌肉伤后先变红褐色，后变为黑色。只有幼菌适合食用。

木生条孢牛肝菌 ★
Boletellus emodensis

食 Boletellus aurocontextus
食 龟裂松塔牛肝菌

曾包含三个种类，经常被混淆。

尤其多生于夏季的栲树、青冈林中。一直以来，木生条孢牛肝菌的菌盖上呈菊花状、有特点的龟裂与鳞片分为细鳞片和粗鳞片两种类型为人们所知。但根据详细的观察和DNA鉴定结果，鳞片粗的类型又被分为两个种类，其中一种即为木生条孢牛肝菌。因其菌盖或菌柄带红色的部分多而与类似菌种区分开。

【特征】**菌盖：**呈扁半球形至平扁半球形。表面被厚（3mm以下）而粘连着的红紫色鳞片覆盖，从间隙中露出白色的菌肉。鳞片随着生长阶段的变化，褪色呈浅黄褐色。**管孔：**初期表面整体被膜质的菌幕覆盖。前期呈黄色，后期呈黄褐色至橄榄褐色。管口与管孔同色，形状大且呈多角形。**菌柄：**整体呈玫瑰红色，也有的顶部呈黄色。表面平滑至略呈纤维状，坚硬而易折，内实。基部有白色的块状菌丝。**菌肉：**白色，受伤后变淡青色。

【食用方法】适合煮汤或做浇汁等。

分布范围：	日本（本州）、中国、印度、马来半岛、加里曼丹岛、新几内亚岛
生长环境：	阔叶林（栲树、青冈）
生长季节：	夏季~秋季
大小：	直径6cm~14cm
生长类型：	外生菌根菌

迄今为止，其形态的不同都被认为是个体间差异，对DNA进行研究后，明确了其他种类的存在。

图片/佐藤博俊

图片／佐藤博俊

食 **龟裂松塔牛肝菌** ★

Boletellus areolatus

根据DNA鉴定结果被分为菌盖上鳞片粗的一种类型。特征是菌柄上半部分呈浅奶油色。与木生条孢牛肝菌的生长环境相同，给人的印象是整体呈白色。菌盖表面被薄（1mm以下）而粘连在一起的红褐色鳞片覆盖，从间隙中露出白色的菌肉，鳞片伴随着生长会褪为黄褐色。管孔初期全面被膜质菌幕覆盖，初期呈黄色，后期呈黄褐色至橄榄褐色。管口与管孔同色，形状大，呈多角形。成菌呈红褐色，受伤后变青。菌柄上半部分呈淡奶油色，下半部分呈酒红色，表面平滑至稍呈纤维状，硬而易折，内实；基部有白色的块状菌丝。菌肉呈白色，受伤后变淡青色。

食 Boletellus **aurocontextus** ★

一直以来作为鳞片细的类型而为人所知，常见于赤松、枹栎林中。以其菌肉呈黄色辨别。菌盖被紫红色小鳞片覆盖，从间隙中可看见鲜黄色的菌肉。鳞片随着生长也不褪色。管孔初期全面被膜质的菌幕覆盖，呈黄色后变为黄褐色至橄榄褐色。管口与管孔同色，形状大，呈多角形；成菌时呈红褐色，受伤后变青色。菌柄整体呈酒红色至红紫色，有的顶部呈黄色；表面平滑或稍呈纤维状，硬而易折，内实；基部有白色的块状菌丝。菌肉呈鲜黄色，受伤后变淡青色。

右侧图片／佐藤博俊

注 金黄条孢牛肝菌 ★

Boletellus russellii

不 高脚条孢牛肝菌

并不是很高的金黄条孢牛肝菌。

生于阔叶林或松树的混生林。其特征为菌柄有显著隆起的独特网眼纹。

【特征】**菌盖：** 呈半球形至近平展。呈薄茶色至淡红褐色，初期呈毛毡状，后期无毛。湿润时稍有黏性。**管孔：** 初期呈淡黄色，成熟后带橄榄褐色。上生至离生，深深陷没于菌柄周围。管口和管孔同色，形状大且呈多角形。无变色性。**菌柄：** 表面呈红褐色，整体被浅色至灰白色、隆起的纵长粗网眼纹覆盖。网眼的棱角呈鱼鳍状，微微起毛刺。向下变粗，内实。**菌肉：** 呈黄白色，伤后不变色。

【食用方法·注意事项】以前被食用，但近年出现过胃部不适或宿醉感等肠胃系统中毒的案例，需要注意。该菌种味道佳，用来煮汤或煮火锅时能发挥其黏液的美味。其粗而长的菌柄像细纤维被束在一起一样，口感爽脆。

分布范围：	日本、北美东部
生长环境：	阔叶林（枹栎）、混生林（枹栎和赤松）
生长季节：	夏季~秋季
大小：	直径4cm~10cm
生长类型：	外生菌根菌

注 金黄条孢牛肝菌 生于枹栎或松树的杂木林里。其特征为粗而长的菌柄上有显著的网眼纹。

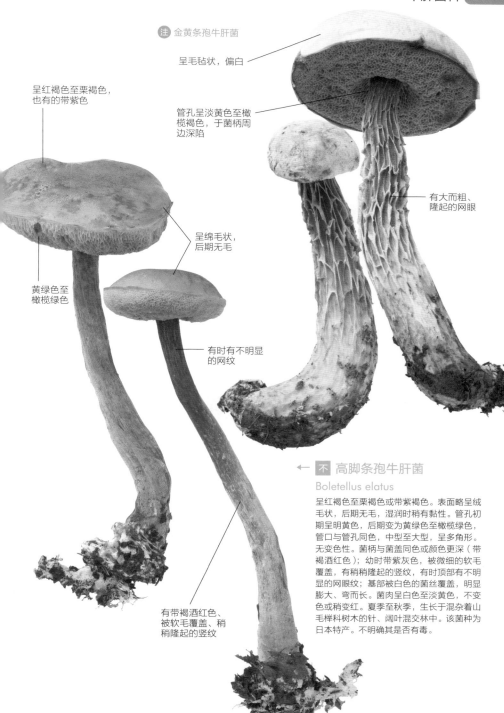

注 金黄条孢牛肝菌

呈毛毡状，偏白

呈红褐色至栗褐色，
也有的带紫色

管孔呈淡黄色至橄
榄褐色，于菌柄周
边深陷

呈绵毛状，
后期无毛

有大而粗、
隆起的网眼

黄绿色至
橄榄绿色

有时有不明显
的网纹

← 不 高脚条孢牛肝菌

Boletellus elatus

呈红褐色至栗褐色或带紫褐色。表面略呈绒
毛状，后期无毛，湿润时稍有黏性。管孔初
期呈明黄色，后期变为黄绿色至橄榄绿色，
管口与管孔同色，中型至大型，呈多角形。
无变色性。菌柄与菌盖同色或颜色更深（带
褐酒红色）；幼时带紫灰色，被微细的软毛
覆盖，有稍稍隆起的竖纹，有时顶部有不明
显的网眼纹；基部被白色的菌丝覆盖，明显
膨大、弯而长。菌肉呈白色至淡黄色，不变
色或稍变红。夏季至秋季，生长于混杂着山
毛榉科树木的针、阔叶混交林中。该菌种为
日本特产。不明确其是否有毒。

有带褐酒红色、
被软毛覆盖、稍
稍隆起的竖纹

注 日本海氏牛肝菌 ★

食 绒斑条孢牛肝菌
食 细南牛肝菌

Heimioporus japonicus (＝Heimiella japonica)

在日本没有同类。

该属的菌种分布于东亚至东南亚的暖温带至亚热带，在日本只有这一种。深红条孢牛肝菌（Boletellus obscurecoccineus）属于条孢牛肝菌属。

【特征】**菌盖：**带深紫红色或带红褐色，表面平滑，湿润时有黏性。边缘略分布有突出，不变为膜片状。**管孔：**初期呈柠檬黄色，后期带橄榄绿色。管口颜色相同，呈圆形至略呈多角形。无变色性。**菌柄：**与菌盖同色（上部常带黄色）。被微细点覆盖，几乎到基部为止都分布有明显

的网眼纹。网眼边缘相交的地方呈刺状至粒状。基部膨大。**菌肉：**呈淡黄色，菌柄基部带红色。无变色性，略变青。

【注意事项】虽有食用的案例，但也有不明确其是否有毒的说法，需要注意。

分布范围：	日本（关西以西）、马来西亚、澳大利亚
生长环境：	赤松和枹栎林、栲树和青冈林
生长季节：	夏季~秋季
大小：	直径5cm~8cm
生长类型：	外生菌根菌

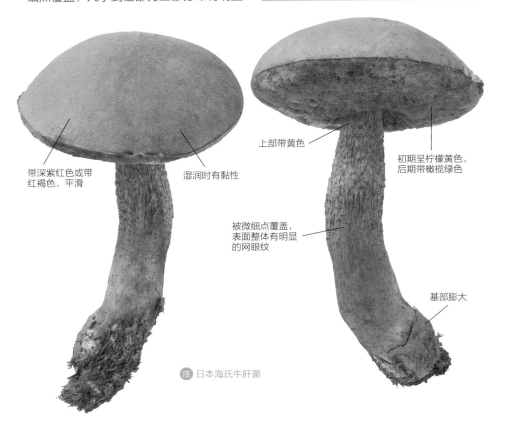

带深紫红色或带红褐色，平滑

湿润时有黏性

上部带黄色

初期呈柠檬黄色，后期带橄榄绿色

被微细点覆盖，表面整体有明显的网眼纹

基部膨大

注 日本海氏牛肝菌

呈暗红褐色，
带黄褐色斑点

呈橄榄褐色，
受伤后变黄

 绒斑条孢牛肝菌 ★

Aureoboletus mirabilis
(= Boletellus mirabilis)

因其生于亚高山带针叶树（主要为异叶铁杉）明
显腐朽的倒木上等处，像是木材腐朽菌，实则为
外生菌根菌。菌盖呈橙红褐色，有带黄褐色的圆
形斑纹；表面密集覆盖着纤维状至绵毛状的小鳞
片。边缘呈膜状，稍突出。管孔初期呈淡黄色，
后期呈橄榄褐色。管口呈圆形至多角形，受伤后
变芥末色。菌柄比菌盖颜色浅，有纵长的粗网眼
纹；基部呈棒状膨大。菌肉带白色至黄色，菌盖
带紫色。无变色性。适合用来做烩菜或浇汁。

基部膨大

呈栗色至红褐色，毛毡状，
湿润时有黏性

稍带粉色

带白色，
后期带酒
红色

有网眼

食 细南牛肝菌 ★

Austroboletus gracilis

主要生于山毛榉科树下，一眼看上去像粉孢牛肝菌
属菌种。菌盖呈栗色至红褐色，或带橙褐色；常常
有细小的裂纹，有时有褶皱状脉纹；呈毛毡状至略
呈绵毛状；湿润时有黏性。管孔初期带白色，后期
带酒红色；管口带白色至浅色，呈圆形至多角形。
菌柄与菌盖同色至浅色，呈绒毛状，有稍隆起的竖
纹，有时有不明显的网纹；基部为白色；多呈弯曲
状。菌肉呈白色或稍带粉色，质软，无变色性。有
苦味和酸味。可食用，但不普遍。

注 鸡油菌 ★★
Cantharellus cibarius

食 薄喇叭菌
食 漏斗鸡油菌
食 灰黑喇叭菌

带杏子香的蘑菇，初夏从地上盛开。

整体呈卵黄色，表面有皱纹。在欧美地区拥有高人气。日本有多个菌种与鸡油菌酷似，其中也有的菌种被称为"鸡油菌"，未来有必要对此进一步探讨。

【特征】**菌盖：**淡黄色，呈歪圆形，中部下陷，表面平滑。边缘微裂开，有不规则的波纹。**菌褶：**有与菌盖同色的厚褶皱，垂生于菌柄上，相互之间呈脉状连结。**菌柄：**偏生，呈不正的圆柱状，内实。**菌肉：**偏白色，表皮下呈淡黄色。肉稍厚，略带酸味，带杏子的香气。

【食用方法·注意事项】用于做菜肉蛋卷或炖杂烩。

分布范围：	全世界
生长环境：	杂木林、针叶林
生长季节：	秋季
大小：	直径3cm~8cm
生长类型：	外生菌根菌

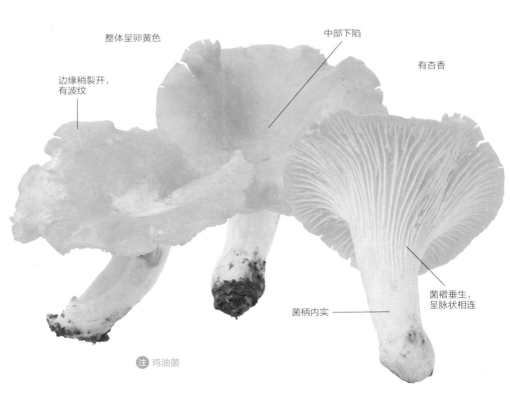

整体呈卵黄色

中部下陷

有杏香

边缘稍裂开，有波纹

菌褶垂生，呈脉状相连

菌柄内实

注 鸡油菌

菌褶呈灰黄白色，垂生

菌盖呈黄茶色至淡红褐色

漏斗形

呈浅粉红色至浅橘红色

漏斗形

菌褶浅

无黏性，表面粗糙

边缘微裂

菌柄呈柠檬黄色，中空

菌柄中空

食 漏斗鸡油菌 ★

Craterellus tubaeformis
(= Cantharellus tubaeformis,
C. infundibuliformis)

是鸡油菌的同类。秋季生于各种树林中，有时群生。菌盖呈漏斗形，下陷深入菌柄基部。呈黄茶色至淡红褐色，有放射状的纤维纹和不明显的环纹。边缘向下弯曲，不规则微微开裂。菌褶呈灰黄白色的脉状，垂生。菌柄中空。菌肉呈膜状、肉质。虽可食用，但不普遍。

食 薄喇叭菌 ★★

Craterellus lutescens (= Cantharellus luteocomus)

秋季生于松林里，有时会形成蘑菇圈。菌盖呈淡粉色至淡橘红色，也有的呈淡黄色至白色。呈漏斗形，有时下陷处深达菌柄基部。边缘有波纹，无黏性而粗糙。有与菌盖同色的浅菌褶，垂生。菌柄细而中空。菌肉与菌盖同色，薄而有弹性。干燥后有黄油的香气，适合炖汤。

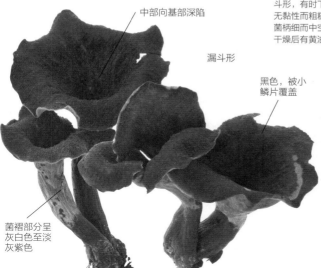

中部向基部深陷

漏斗形

黑色，被小鳞片覆盖

菌褶部分呈灰白色至淡灰紫色

食 灰黑喇叭菌 ★

Craterellus cornucopioides

生于山毛榉科阔叶树下。颜色为黑色，因而不显眼，初期很难发现该菌种，习惯后就很容易发现了。整体呈细长的漏斗形至喇叭形；暗褐色至灰黑褐色。带细菌褶，小而平滑，呈灰白色至淡灰紫色；有时垂生至菌柄基部。菌柄呈紫褐色，不明显。菌肉呈薄膜质，柔软。适合做西式杂烩或汤类。也可用于法餐。

毒 毛钉菇

Turbinellus floccosus (= Gomphus floccosus)

毒 毛钉菇菌种
毒 浅褐陀螺菌

毛钉菇和日本冷杉亲密无间，日本冷杉的附近一定有毛钉菇。

常见于日本冷杉林，单生至群生，除了日本冷杉之外，与松属、云杉属、铁杉属等松科内各种各样的树形成外生菌根。以前煮透后可以食用，但即便如此，由于其引起肠胃系统中毒的可能性高，最好在一开始就将其当作毒蘑菇。

【特征】**菌盖：**幼时呈角笛形，后期呈漏斗形。中间向基部下陷。初期红色深，成熟后由橙红色变为橙黄褐色。表面有鳞片状小毛刺。**菌褶：**呈黄白色至黄色，伪菌褶长、垂生。**菌柄：**基部带红色。

菌肉：薄。**有毒成分：**α-十四烷柠檬酸。【中毒症状】误食后会引起腹痛、呕吐、腹泻等肠胃系统中毒症状。在动物实验中，出现过散瞳或肌弛缓等中枢神经系统病症。

分布范围：	日本、中国、欧洲、北美
生长环境：	针叶林（日本冷杉类）
生长季节：	夏季~秋季
大小：	直径4cm~12cm、高10cm~15cm
生长类型：	外生菌根菌

毒 毛钉菇　生于日本冷杉林等地的红蘑菇，呈中间向菌柄基部深深下陷的漏斗形。

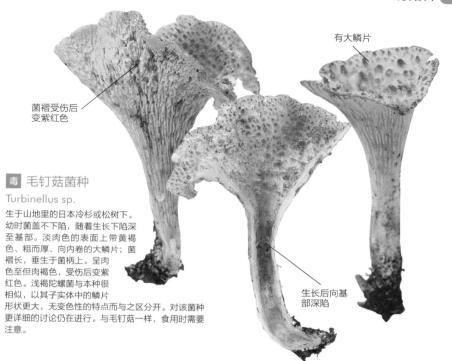

有大鳞片

菌褶受伤后
变紫红色

毒 **毛钉菇菌种**
Turbinellus sp.

生于山地里的日本冷杉或松树下。
幼时菌盖不下陷，随着生长下陷深
至基部。淡肉色的表面上带黄褐
色、粗而厚、向内卷的大鳞片；菌
褶长，垂生于菌柄上。呈肉
色至但肉褐色，受伤后变紫
红色。浅褐陀螺菌与本种很
相似，以其子实体中的鳞片
形状更大，无变色性的特点而与之区分开。对该菌种
更详细的讨论仍在进行。与毛钉菇一样，食用时需要
注意。

生长后向基
部深陷

形状非常大　图片/安藤洋子

毒 **浅褐陀螺菌**
Turbinellus fujisanensis (= Gomphus fujisanensis)

呈黏土色、淡红褐色至淡褐色，初期呈角笛状，后期呈漏斗
状。内侧有大鳞片，中部下陷至菌柄根部。子实层初期呈奶油
色，后期呈黄肉桂色，呈褶皱状至脉状。伤后不变色。夏季至
秋季，生于日本冷杉和铁杉等针叶树和阔叶树的混交林中，有
的高达数十厘米。以前煮透后食用，但仍有中毒的案例。近年
被指定为毒蘑菇。

食 紫陀螺菌 ★
Gomphus purpuraceus

山中的珊瑚，可搭配酸橘酱油食用。

生于赤松林等松属的混生杂木林地上，有的会群生且形成蘑菇圈，但数量稀少。菌盖多集合与短柄上，虽然菌盖与鸡油菌（鸡油菌科）相似，但根据DNA解析结果与孢子的形态，明确了其与毛钉菇科的珊瑚菌有强近缘关系。

【特征】**菌盖：**中部呈紫色，边缘颜色稍浅，有不规则的波纹。老化后褪色。**菌**

紫色，形美，老化后褪色。

褶：菌褶相连、垂生。**菌柄：**和菌盖同色，合生，内实。**菌肉：**白而硬。

【食用方法】具独特的口感，味道佳。适合用来炒菜。

分布范围：	日本
生长环境：	杂木林、针叶林（松属）
生长季节：	夏季~秋季
大小：	高20cm
生长类型：	外生菌根菌

珊瑚菌和毛钉菇

安藤洋子（日本东京都立足立高等学校）

形状不同但属于同类

珊瑚菌和毛钉菇的同类形状完全不同。珊瑚菌的同类长得像用来打扫卫生的扫帚或温暖海洋中的珊瑚；而毛钉菇的同类长得像以前制饼时用的磨或乐器中的喇叭。由于两种形状完全不同，以前被分为完全不同的种类。珊瑚菌属于珊瑚菌科，毛钉菇则属于丝膜菌科。

然而DNA研究结果表明，两个菌种间有近缘关系。现在都被归类于毛钉菇科，珊瑚菌科则不复存在。另外，毛钉菇科中除了有枝瑚菌属和陀螺菌属之外，还有钉菇属及褐锁瑚菌属的蘑菇。

毛钉菇属的蘑菇

呈紫色，其中包括可以食用的紫陀螺菌，其与珊瑚菌也有近缘关系。日本也有被称为毛钉菇的菌种，该菌种与欧洲或美国的毛钉菇的遗传因子信息相似，可以在日本北海道找到。

褐锁瑚菌属的蘑菇

在日本九州发现的Phaeoclavulina campestris也属于褐锁瑚菌属。该属菌种的特征为孢子带刺。

陀螺菌属的蘑菇

红色的毛钉菇或肉色的浅褐陀螺菌都属于陀螺菌属。浅褐陀螺菌于日本正式获名，在富士山的针叶树林里形成列或蘑菇圈。令人遗憾的是，这么大的蘑菇，由于因个体差异，可能会引起中毒、味道不佳等问题，不能食用。

在日本被称为毛钉菇的菌种有着菌柄根部呈红色或黄色的差异，DNA研究结果也证实了差异的存在。未来随着研究的进一步推进，有可能将该菌种分为多个种类。毛钉菇的同类几乎都是因个体差异能引起中毒的毒蘑菇。

枝瑚菌属的蘑菇

在日本，可食用的珊瑚菌很多，虽然都属于枝瑚菌属，但都没有正式的学名。不管和其他国家哪种珊瑚菌同类的DNA进行比较，都没有发现一致的菌种。随着研究的推进，这些蘑菇应该会被赋予正式的学名。

在日本，很早就发现珊瑚菌的同类中就有美味且可食用的菌种；另一方面，也有令人吃坏肚子的毒蘑菇。为了在食用珊瑚菌的同类时不中毒，需要十分注意。

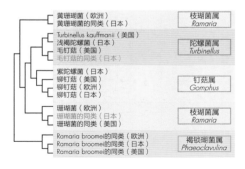

食 珊瑚菌 ★★
Ramaria sp.

毒 黄珊瑚菌
毒 花珊瑚菌

形如珊瑚，山中也有龙宫。

形状像珊瑚枝一样，以前一直被称为"R.botrytis"，但日本产的所有本菌种学名都有待进一步探讨（见P209页专栏）。淡红色分枝的前端像老鼠的脚趾一样，在日本各地被称为"鼠茸"。

【特征】子实体：无菌盖，整体呈菜花状。由白而粗的圆柱状菌柄分为多枝，各分枝再不断下分，形成多个小枝的集合。分枝前端呈淡红色至淡紫色。菌肉呈白色，肉质紧密，有的稍带苦味。

【食用方法】口感如鸡胸肉，味道如玉蕈离褶伞。煮后搭配芥末酱油或酸橘酱油，味道清爽。

分布范围：	日本、欧洲、北美
生长环境：	杂木林、针叶林
生长季节：	秋季
大小：	直径15cm、高15cm
生长类型：	外生菌根菌

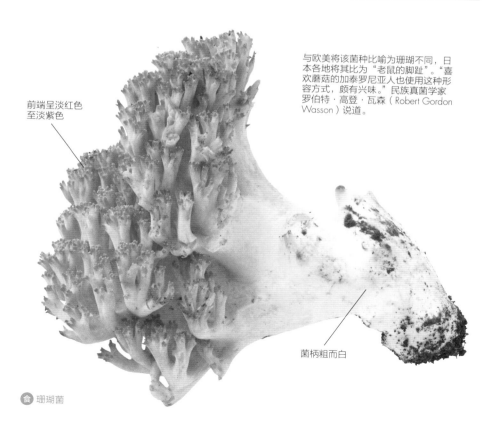

前端呈淡红色至淡紫色

与欧美将该菌种比喻为珊瑚不同，日本各地将其比为"老鼠的脚趾"。"喜欢蘑菇的加泰罗尼亚人也使用这种形容方式，颇有兴味。"民族真菌学家罗伯特·高登·瓦森（Robert Gordon Wasson）说道。

菌柄粗而白

食 珊瑚菌

黄色

分为细枝

毒 黄珊瑚菌

常将黄珊瑚菌统称为"珊瑚菌"。分枝有细、有长、有芳香等，形态各不相同；子实体在有多个分枝、带黄色的表面上形成孢子。菌柄比着黄色部分的颜色浅。菌肉近白色。有的老化后变红。食用数十分钟后开始出现腹痛、呕吐、腹泻等肠胃系统中毒症状，之后有时还会引起痉挛、颤抖等。有的地方也会将其煮透后食用，熟透后毒性会变弱。另外，因多种珊瑚菌没有明显区别，若黄珊瑚菌混杂在其中，则十分危险。

前端带黄色

分为细枝

呈橙红色至污桃色

毒 花珊瑚菌

子实体着色的部分呈橙红色至污桃色，前端带黄色。分枝有的呈纵向裂开，有的质脆等；基部则有的坚实，有的分枝等，形态各异。另外，有的个体伤后变红。以前一直使用"R.formosa"作为其学名，但因为仍有许多不明确的点，目前其命名有待进一步讨论。食用数十分钟后会引起腹痛、呕吐、腹泻等肠胃系统中毒症状，之后有时还会引起痉挛、颤抖等。

食 梭形黄拟锁瑚菌 ★

Clavulinopsis fusiformis

食 金赤拟锁瑚菌
食 紫珊瑚菌

像长刀一样，"刀刃"前端呈鲜黄色，呈束状丛生于杂木林中。

夏季至秋季，生于杂木林的林床。在日本关东地区的平原看不到该菌种。

【特征】如丛枝菌属菌种一样基部一体化却不粗，一株株散开。与微黄拟锁瑚菌（C.helvola）相似，以梭形黄拟锁瑚菌前端稍尖，基部不变细将两者区别开。无菌盖，呈长纺锤形至长刀状，稍扁平，几株至数十株呈束状丛生，整体呈鲜黄色至带褐黄色，老化后前端枯萎变褐色。**菌肉：**不脆。

【食用方法】虽可食用，但不普遍。

分布范围：全日本、欧洲、北美、澳大利亚
生长环境：杂木林
生长季节：夏季~秋季
大小：高10cm
生长类型：腐生菌

呈鲜黄色至带褐黄色

不脆

呈束状丛生

一株株散开

稍扁平的长刀状

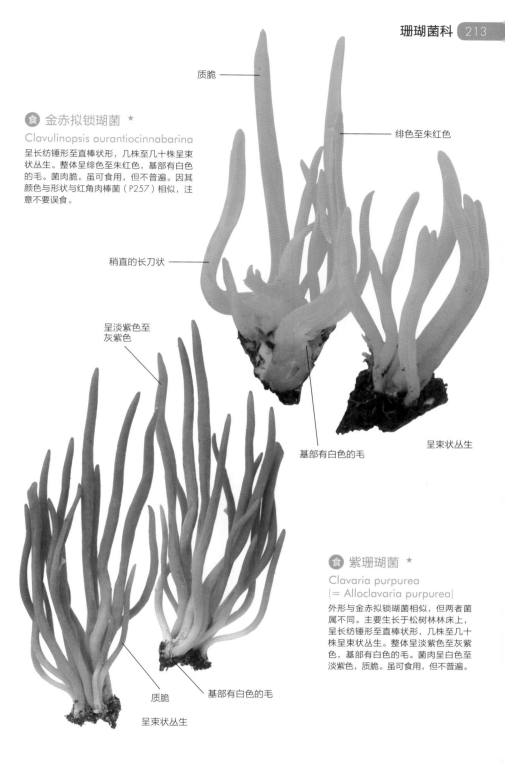

质脆

食 金赤拟锁瑚菌 ★

Clavulinopsis aurantiocinnabarina

呈长纺锤形至直棒状形，几株至几十株呈束状丛生。整体呈绯色至朱红色，基部有白色的毛。菌肉脆。虽可食用，但不普遍。因其颜色与形状与红角肉棒菌（P257）相似，注意不要误食。

绯色至朱红色

稍直的长刀状

呈淡紫色至灰紫色

基部有白色的毛

呈束状丛生

食 紫珊瑚菌 ★

Clavaria purpurea
(= Alloclavaria purpurea)

外形与金赤拟锁瑚菌相似，但两者菌属不同。主要生长于松树林林床上，呈长纺锤形至直棒状形，几株至几十株呈束状丛生。整体呈淡紫色至灰紫色，基部有白色的毛。菌肉呈白色至淡紫色，质脆。虽可食用，但不普遍。

质脆

基部有白色的毛

呈束状丛生

注 香肉齿菌 ★★

Sarcodon aspratus

不 粗糙肉齿菌

香气类似酱油，干燥后香气倍增。

　　生长于混杂着枹栎等的树林中。干燥后有独特的香气。类似菌种有中部的下陷不深入基部的翘鳞肉齿菌（S. imbricatus），两者也有不少中间型菌种，也有研究人员认为两者为同种。

【特征】**菌盖：**呈向基部下陷的漏斗形。初期呈带桃淡褐色至深褐色，后期呈红褐色至黑褐色。干燥后近黑色。表面被粗大、向内翻卷的厚鳞片覆盖。**菌褶：**初期呈灰白色，后期呈紫褐色，被1cm左右的针状物覆盖。**菌柄：**粗，与菌盖的区别不明显。在针状物下方连接。**菌肉：**带桃灰白色。干燥后呈黑色。无苦味，有独特的香气。

【食用方法·注意事项】煮熟后晾干，作为干货使用。皮肤接触到生蘑菇肉汁会有刺痛感，严重时会致皮肤溃烂。生食会引起口腔麻痹、肠胃系统中毒、排泄时肛门疼痛等症状。适合用来油炸或蒸菜饭等。

分布范围：	日本
生长环境：	阔叶林（山毛榉科）
生长季节：	秋季
大小：	直径10cm~20cm
生长类型：	外生菌根菌

不 **粗糙肉齿菌** Sarcodon scabrosus

秋季生于松林中。菌盖为不正的圆形，呈山形，后期展开后呈浅漏斗形边缘有不规则的波纹。呈茶褐色至暗褐色等，表面密集生长着微毛，后期变成鳞片状。菌褶呈柔软的针状，呈灰色，前段呈白色，垂生于菌柄上。菌柄呈灰色至与菌盖同色，基部呈青黑色。菌肉呈黄白色至带黑色，肉质紧密。苦味重，不适合食用。

注 香肉齿菌

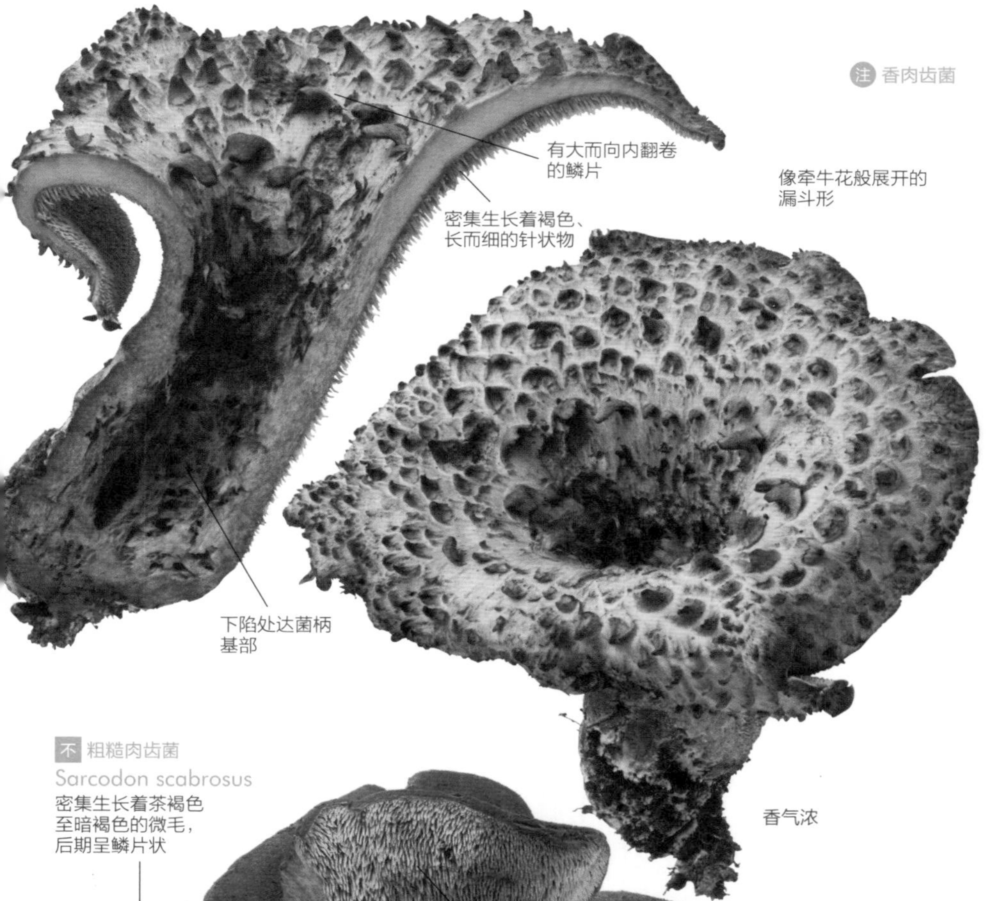

有大而向内翻卷
的鳞片

密集生长着褐色、
长而细的针状物

像牵牛花般展开的
漏斗形

下陷处达菌柄
基部

不 粗糙肉齿菌
Sarcodon scabrosus
密集生长着茶褐色
至暗褐色的微毛，
后期呈鳞片状

呈灰褐色，前端密集
生长着白色的针状物

香气浓

粗糙肉齿菌日语名意
为多毛的白黑拟牛肝
孔菌。

有中药的
味道

基部呈青黑色

有不规则波纹

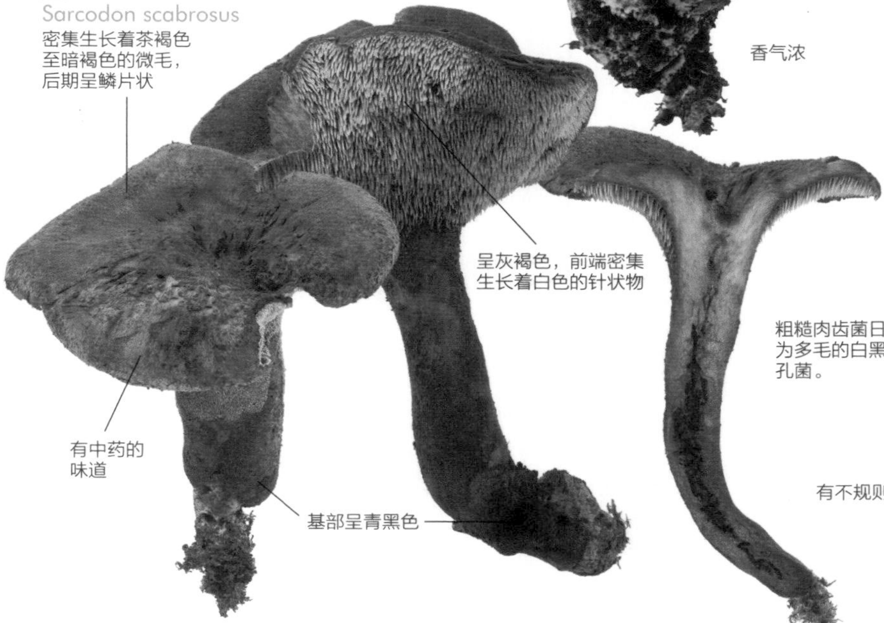

食 褐白班克齿菌 ★
Bankera fuligineoalba

生于松林里，最初以为是牛肝菌，将菌盖翻过来会发现里面带很多针状物。

群生于松林中。有桦木般的香气。因其生于深堆着松叶的地方，不熟悉的话难以发现，但由于其群生且形成蘑菇圈，只要发现一个，就可以接连发现大量同类蘑菇。

【特征】**菌盖**：呈丸山形至平展，中部下陷。边缘有波纹，有浅切痕。呈偏肉桂色至桃色，无鳞片，呈皮革状。有白色边缘。**菌褶**：呈柔软的针状，白色至灰白色。**菌柄**：粗而短，与菌盖同色或颜色更深。**菌肉**：稍厚而柔软，边缘肉薄。呈白色至污白色，有放射状纤维纹。菌柄比菌盖硬。有桦木的芳香。

【食用方法】菌肉有嚼劲，用热水烫过、切细后可用来做凉拌。适合用来蒸菜饭或做日本杂烩汤、油炸等。

分布范围：	日本、欧洲、北美洲
生长环境：	松林
生长季节：	秋季~晚秋
大小：	直径5cm~15cm
生长类型：	外生菌根菌

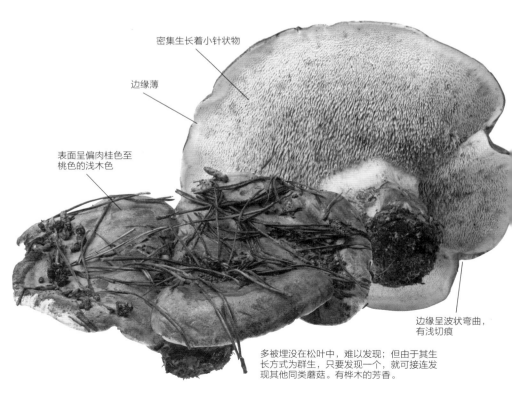

密集生长着小针状物

边缘薄

表面呈偏肉桂色至桃色的浅木色

边缘呈波状弯曲，有浅切痕

多被埋没在松叶中，难以发现；但由于其生长方式为群生，只要发现一个，就可接连发现其他同类蘑菇。有桦木的芳香。

食 白黑拟牛肝孔菌 ★★★

Boletopsis leucomelaena

比松口蘑更贵重，有美食家喜欢的苦味。

　　生于松树林或日本冷杉等针叶树林地上。样子与地花菌科的黑盖新地花菌（Neoalbatrellus yasudae）相似，但随着生长会带黏性，管孔稍大。

【特征】**菌盖：**呈丸山形至近扁平状。周边有大波纹。初期呈灰白色，后期呈黑褐色，有时带紫红色。被微毛覆盖，呈皮革状。无黏性。**管孔：**初期呈白色，管口呈圆形；很快变为杂灰色，边缘变成锯齿状。**菌柄：**与菌盖同色，呈圆柱状，粗且结实。**菌肉：**白而厚，受伤后变紫红色。

【食用方法】因其有独特的苦味和美味而受欢迎。搭配酱油烤或用来凉拌都很美味。同时也适合煮汤，不过汤会变黑。

分布范围：	日本、欧洲、北美
生长环境：	针叶林
生长季节：	秋季
大小：	直径5cm~20cm
生长类型：	外生菌根菌

针叶树林里数量多。味苦，且内部多有虫子。

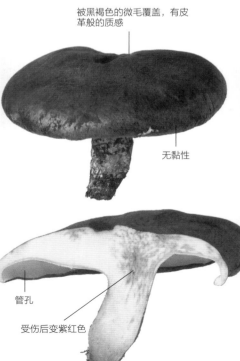

被黑褐色的微毛覆盖，有皮革般的质感

无黏性

管孔

受伤后变紫红色

注 卷缘齿菌 ★★
Hydnum repandum

日语名意为"鹿的舌头"，法语名意为"羊蹄"。

夏季至秋季，单生至丛生于杂木林中。日语名"鹿舌"，其菌褶呈针状密集生长的样子被比作"鹿的舌头"，该菌种在法语中被称为"羊蹄"。在全世界广泛食用，但包含一定有毒成分，需要注意。
【特征】**菌盖：**呈卵黄色至黄色的不规则圆形。表面有微波纹，无毛且平滑。有相邻的个体会黏合在一起。**菌褶：**呈带肉色的针状，稍垂生。针状物易折。**菌柄：**与菌盖同色，内实。菌柄偏生或侧生，偏离中部。**菌肉：**软而脆。

【食用方法·注意事项】口感独特，切成稍大的切片，用足够的黄油可制成菜肉蛋卷。虽然其美味且被食用，但因其含有带细胞毒性的化合物，注意不要生食或过度食用。

分布范围：	全世界
生长环境：	杂木林
生长季节：	夏季~秋季
大小：	直径2cm~10cm
生长类型：	外生菌根菌

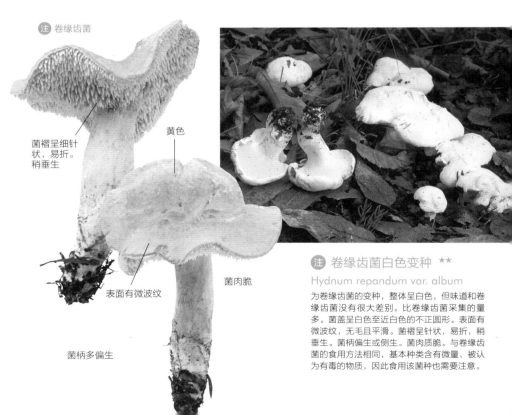

注 卷缘齿菌

菌褶呈细针状，易折。稍垂生

黄色

表面有微波纹

菌肉脆

菌柄多偏生

注 卷缘齿菌白色变种 ★★
Hydnum repandum var. album

为卷缘齿菌的变种，整体呈白色，但味道和卷缘齿菌没有很大差别。比卷缘齿菌采集的量多。菌盖呈白色至近白色的不正圆形。表面有微波纹，无毛且平滑。菌褶呈针状，易折，稍垂生。菌柄偏生或侧生。菌肉质脆。与卷缘齿菌的食用方法相同，基本种类含有微量、被认为有毒的物质，因此食用该菌种也需要注意。

（食）蓝孔地花菌 ★

Albatrellus caeruleoporus (= Neoalbatrellus caeruleoporus)

虽然外皮呈青黑色，但无苦味。

　　单生至数个呈株状生长，相互黏合。稀零地生长于松树或铁杉的林床。

【特征】**菌盖：** 呈圆形至偏圆形。初期呈青绿色，后期呈天蓝色，但很快褪色变为灰褐色。近平滑。**管孔：** 初期呈淡青色，后期呈杏色。管口呈圆形，微细。**菌柄：** 与菌盖同色。偏离中部，偏生至离生。常常有多株基部黏合在一起。**菌肉：** 淡杏色至橙黄色，肉厚。

【食用方法】有独特的味道和口感，除了用来油炸，也可以用开水烫过后用来做菜。适合用来炒菜或就着香辣调味料煮汤。

分布范围：	日本（东北、关东、中部地区）、北美洲东北部
生长环境：	针叶林（松树、铁杉）
生长季节：	秋季
大小：	直径2cm~17cm
生长类型：	外生菌根菌

Albatrellus cristatus (= Laeticutis cristata)

生于落叶山毛榉科阔叶林或杂木林的崩坏地等，数量稀少。与绵地花菌（A.ovinus）十分相似，但两者生长环境不同。菌盖呈黄白色至带绿黄色，周边颜色稍浅，有大波纹，平滑。管孔长而垂生；虽为白色，老化后与菌盖同色。管口与管孔同色，呈圆形至不正圆形。菌柄生于中部至偏生，多变形，内实至中空；呈白色，下方呈小鳞片状。有香气，但根据瑞士相关图鉴（Breitenbach, J. & Kränzlin, F. 1986）记载，该菌种的香气和味道都令人不悦。不明确其是否可食用。

（食）蓝孔地花菌

最初呈青绿色至天蓝色，很快褪色变为灰褐色。菌肉呈淡杏色至橙黄色，质厚。

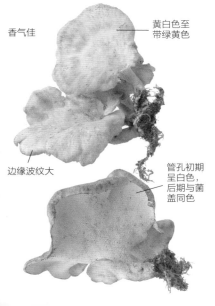

香气佳

黄白色至带绿黄色

边缘波纹大

管孔初期呈白色，后期与菌盖同色

食 地花菌 ★

不 散放多孔菌

Albatrellus confluens

生于松林，菌盖互相推挤的地花菌。

秋季生于松树、日本冷杉、云杉等针叶树林地上，能形成直径达30cm以上的整体。

【特征】**菌盖：**呈扇形至勺形，相互叠加、黏合生长，形状大而歪斜。表面呈黄白色至肉色，无毛而平滑。边缘有浅波纹。**管孔：**呈白色至奶油色，垂生。管口呈圆形，后期呈多角形。**菌柄：**粗，偏生至侧生。多株从共同的块状基部生长。**菌肉：**白色至奶油色。

【食用方法】用开水烫过后发挥其药味，可用来凉拌或炒菜。

分布范围：	日本、亚洲、欧洲、美国
生长环境：	针叶林（松树、日本冷杉等）
生长季节：	秋季
大小：	直径2cm~17cm、整体大小为30cm以上
生长类型：	外生菌根菌

不 散放多孔菌

Albatrellus dispansus
(= A. lithophylloides, Polypus dispansus)

秋季生长于针叶树林地上，因该菌种有明显分枝的菌柄和多个黄色菌盖，而呈灰树花孔菌形。时而群生。菌盖呈勺形、扇形、半圆形等，边缘下方有弯曲的波纹。呈鲜黄色，表面平滑，或带小鳞片。干燥后保存会逐渐变成淡红色。菌柄基部有显著分枝。管孔呈纯白色，垂生于菌柄，有时延伸到菌柄基部。管口圆形或不规则形状，微细。菌肉呈白色，薄而脆。味极辣，不适合食用。

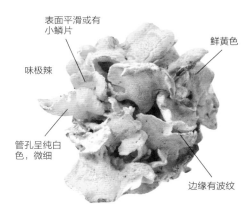

表面平滑或有小鳞片

鲜黄色

味极辣

管孔呈纯白色，微细

边缘有波纹

食 地花菌

食 长齿白齿耳菌 ★★
Mycoleptodonoides aitchisonii

食 北方肉齿耳

在洋溢着香气的倒木上，能看到菌褶呈针状的长齿白齿耳菌。

群生于山毛榉或枫树的枯木等地，香气重，只分布于日本和印度北部。

【特征】菌盖：呈扇形至勺状，基部狭小。白色至黄白色。边缘薄，全缘略呈锯齿状。表面平滑，几乎没有菌柄。多重叠生长。菌褶为白色，呈3mm~10mm左右的尖针状，多下垂。**菌肉：**白色，呈海绵状，易带水分。虽然柔软，干燥后稍强韧。成熟后有乙酸丁酯的令人愉快的果香气味。干燥后变为淡橙黄色至深橙黄色，香气消失。

【食用方法】用来蒸菜饭时会散发出与松口蘑相似的香气。可用来煮汤、做烩菜、煮火锅、炒菜、西餐等。香气过重时可过一下水或用开水烫一遍。

分布范围：	日本、印度北部
生长环境：	主要为山毛榉科的枯木
生长季节：	秋季
大小：	直径3cm~10cm
生长类型：	木材腐朽菌

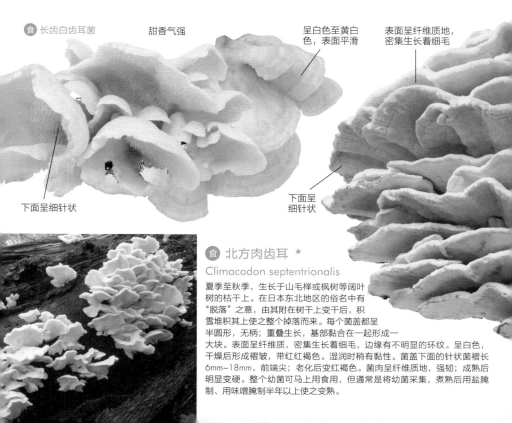

食 长齿白齿耳菌

甜香气强

呈白色至黄白色，表面平滑

表面呈纤维质地，密集生长着细毛

下面呈细针状

下面呈细针状

食 北方肉齿耳 ★
Climacodon septentrionalis

夏季至秋季，生长于山毛榉或枫树等阔叶树的枯木上。在日本东北地区的俗名中有"脱落"之意，由其附在树干上变干后，积雪堆积其上使之整个掉落而来。每个菌盖都呈半圆形，无柄；重叠生长，基部黏合在一起形成一大块。表面呈纤维质，密集生长着细毛，边缘有不明显的环纹。呈白色，干燥后形成褶皱，带红红褐色。湿润时稍有黏性。菌盖下面的针状菌褶长6mm~18mm，前端尖；老化后变红褐色。菌肉呈纤维质地，强韧；成熟后明显变硬。整个幼菌可马上用食用，但通常是将幼菌采集，煮熟后用盐腌制、用味噌腌制半年以上使之变熟。

食 绣球菌 ★★

Sparassis crispa

虽然被称为"绣球菌"，在地面上却像胖墩墩的甘蓝一样。

　　生于日本落叶松或松树等针叶树的立木根部或树桩。整体由花瓣状的薄片集合在一起，一株直径能达30cm。作为健康食品受人工栽培。

【特征】呈白色至淡黄色，老化后变红褐色。菌柄不断分枝，分枝前端扁平，呈波形弯曲，整体呈甘蓝状。根据孢子的子实层的形成地点情况不同，花瓣状的分枝呈水平状态时在靠近地面的一侧形成孢子，而分枝呈直立状态时在全面形成孢子。**菌肉：**软而结实。

【食用方法】味道清爽，口感好。用水烫过后可以用来凉拌或做沙拉、炒菜等。做西餐时适合搭配奶油或番茄酱。

分布范围：日本、中国、欧洲、北美洲
生长环境：针叶林（主要为亚高山带）
生长季节：夏季~秋季
大小：直径10cm~30cm
生长类型：木材腐朽菌

尤其多生于赤松林，其中也有引起褐色腐朽的害菌。

食 猴头菌 ★
Hericium erinaceus

食 珊瑚状猴头菌

山毛榉的树干上，像白色块状挂面。

生于山毛榉科树木的枯木或倒木、立木的树干。其日语名为"山伏茸"。该菌种被人工栽培，是人气很高的健康食品。

【特征】 初期呈倒卵形至偏球形等丸子状，后期除了上背部之外，整体垂挂着无数长1cm～5cm的针状物，并于针状物表面形成孢子。上面密集呈束生长着短毛。初期呈纯白色，后期变为淡黄褐色。**菌肉：**柔软，呈多孔质地的海绵状。

【食用方法】 味道清淡，无独特味道，用水烫过后可以用来凉拌或搭配芥末酱油。也适合用来煮火锅、炒菜等。有的稍带苦味。

分布范围：日本、中国、欧洲、北美
生长环境：阔叶林（山毛榉科）
生长季节：夏季～秋季
大小：直径5cm～10cm
生长类型：木材腐朽菌

食 猴头菌
附着于山毛榉科的树干上，会引起木材白腐。

食 珊瑚状猴头菌 ★
Hericium coralloides

生于阔叶树的枯木上，被人工栽培。与猴头菌相似，本菌种会分枝，与猴头菌区别。呈珊瑚状分枝的菌柄下方附着多数1mm～6mm的短针状物。呈纯白色，干后变为红黄色至黄褐色。选出针状物为白色的该菌种，用来凉拌或做烩菜。用来做浇汁时，针状物之间能入味。

生于山毛榉或水楢等枯木上，呈珊瑚状分枝的菌柄下方附着多数1mm～6mm的短针状物。

食 灰树花孔菌 ★★★
Grifola frondosa

生于大树根部。

广义上的多孔菌的同类。市面上有该菌种的人工栽培品种，野生种则因其味道和香气而十分贵重。

【特征】**菌盖：**呈扇形至勺形的菌盖多数重叠生长，形成大株。初期呈黑色至黑褐色，颜色逐渐变浅，呈灰褐色至淡褐色。表面平滑至呈绒毛状。常有放射状纤维纹和不鲜明的环纹。**管孔：**白色，垂生于菌柄。管口呈圆形至不正圆形，形状小。**菌柄：**与菌盖的分界线不明显。基部粗而短，分成无数复杂的分枝。**菌肉：**白色，柔软而质密。香气佳。

【食用方法】味道佳，搭配任何什么料理都合适。

分布范围：	北半球温带以北
生长环境：	阔叶树（山毛榉科，主要为水栖）的大树根部或树桩
生长季节：	秋季
大小：	直径30cm以上
生长类型：	木材腐朽菌

生于山毛榉或水楢、栲木等山毛榉科的大树根部。一株超过3kg也不稀奇。会引起木材白腐。

食 巨盖孔菌 ★

食 伯克利瘤孢多孔菌

Meripilus giganteus

像降落地面的老鹰，触摸后会变黑。

群生于山毛榉大树的根部或树桩。会引起木材白腐。从基部或粗短的菌柄长出扇形的大菌盖，菌盖重叠生长形成一大株。其学名中"giganteus"意思为"巨大的"，一株大的巨盖孔菌直径可达50cm。

【特征】**菌盖：** 幼时呈勺形，随着生长变成扇形至半圆形；边缘不规则弯曲，有浅切痕。初期呈淡黄白色，后期呈茶褐色至深茶褐色，老化后发黑。菌盖都很薄，表面有放射状纤维纹和褶皱，有同心环纹，略呈绒毛状。**管孔：** 白色，垂生。管口呈圆形，微细。触碰后变黑色。**菌柄：** 菌盖和菌柄的界限不明显。**菌肉：** 柔软而强韧。初期呈白色，逐渐变黑。

【食用方法·注意事项】其幼菌适合油炸。煮后颜色变黑。生食需要注意。

分布范围：	日本、亚洲、欧洲、北美洲
生长环境：	山毛榉科的大树根部或树桩
生长季节：	夏季
大小：	直径30cm以上
生长类型：	木材腐朽菌

食 伯克利瘤孢多孔菌 ★

Bondarzewia berkeleyi

生于日本本州以南的栎木或青冈等阔叶树的立木或树桩上，会引起木材白腐。为一年生菌种，直径能达30cm。因生于阔叶树上这一点而与生于亚高山带针叶树的邦氏孔菌（B.mesenterica）相区别。带柄的扇形菌盖为淡黄褐色，表面带短而密的毛，有呈放射状分布的条纹和环纹。管孔呈白色，垂生于菌柄上。管口与管孔同色，初期呈圆形，后期呈多角形至不规则形。肉质柔软，后期强韧。幼菌个体可以食用。

食 巨盖孔菌

受伤后变黑

每个菌盖都比灰树花孔菌大

表面略呈绒毛状

清香四溢的树子灰树花（**Grifola gargal**）发现记

原田荣津子（日本株式会社岩出菌学研究所）

发现了清香四溢的树子灰树花

　　我在研究生课程结束后参加了为期两年的志愿活动，以蘑菇队队员的身份将蘑菇的栽培技术教授给智利青年。提到"蘑菇队员"，许多人都会有这究竟是什么队员的疑问。在日本青年海外支援队中，"蘑菇队员"的工作类型为栽培蘑菇，而工作内容则是在当地传授蘑菇栽培技术。至今为止，日本向世界各国派出了41445名青年海外支援队队员，其中有45名蘑菇队员，包括4名女性队员（截至2016年3月31日）。虽然蘑菇队员的数量很少，但日本人是十分喜欢蘑菇的民族，日本的超市中也出售非常多种类的蘑菇，日本有着在世界先进的蘑菇栽培技术。至今为止，日本向菲律宾、不丹、洪都拉斯派遣了数名蘑菇队员，而我是首次被派到智利。

　　智利有蘑菇爱好者也很向往的蘑菇"Cyttaria sp."。该菌种是有名的种类，被称为"Pan de Indio"（美洲的面包），《比格号航海记》（《Journal of Researches into the Natural History and Geology of the Countries Visited during the Voyage of H.M.S. Beagle round the World》）一书中也有关于该菌种的记载。我怀着想见到寄生于南极山毛榉的Cyttaria sp.的激动心情，前往地球另一端的智利，并利用周末游览智利南部的湖水地带等地寻找蘑菇。除了Cyttaria sp，我还见到了许多日本没有的菌种。我因为喜欢蘑菇而从日本来到智利这件事，在当地传开后，有和春季采

野生Grifola gargal

野菜一样采集Cyttaria sp的活动时，人们就会叫上我，还会请我吃珊瑚菌烤肉（西班牙语为asado）。带着"不管在哪儿、只要有蘑菇的地方都想去看一看，想见在智利所有与蘑菇有关系的人！"的振奋心情，我在当地过着沉浸于蘑菇中的、幸福的冒险生活。

　　最开始将树子灰树花介绍给我的，是智利农牧研究所的研究员莫妮卡·科尔特斯。我不禁想，为什么至今为止我都不知道有杏香蘑菇的存在，我是多么想见到带香气的蘑菇。根据相关文献记载，著名的菌类学者洛夫·辛格（Rolf Singer）博士是该菌种的命名者，并于1969年在《南方真菌》（《Mycoflora Australis》）一书中对南半球的蘑菇进行了相关的记录，其中也提到了灰树花孔菌与树子灰树花不为同一种类。最近我才知道，Gargal在智利当地的语言中意为"树的孩子"。这种说法在日本和智利都一样。大概是因为它生于南极山毛榉上，才有了这样的名字。

　　近两年的时间里，我一边实地观察树子灰树花生长的姿态，一边听莫妮卡为我介绍。在美洲狮出没的巴塔哥尼亚森林

中，像宫崎骏漫画《风之谷》中腐海（由菌类构成的新生态体系）深处被净化的土地一样的南极山毛榉原生林里，树子灰树花悄无声息地生长着，伫立于浓雾中、散发着浓浓的杏香，像是在等待我前来寻找。那一瞬间，我对树子灰树花一见钟情，从那以后我便在日本株式会社岩出菌学研究所中不断进行树子灰树花的人工化栽培实验，终于在几年后，树子灰树花以乳白色花瓣状的动人姿态出现在我眼前。实验进行得不顺利时，我会将自己关在培养室中，闻着树子灰树花的杏香，心情也会平静下来。心里想着"我是唯一一个将树子灰树花带到人们眼前的人！"，使命感和优越感涌上心头，我也重新找回了干劲。我在小白鼠们的帮助下奋斗着，有泪水，也有欢笑，进行了十几年的研究。我从这种清香四溢、美味且药效高的"贪心"的蘑菇处得到了成长。同时，当树子灰树花有所变化、成长时，我也随着欢呼雀跃。当前，在多个大学的共同研究下，确认了树子灰树花具有抗衰老、抗酸化作用、抗动脉硬化、抗过敏等多种功效。令人不可思议的是，随着对树子灰树花功效研究的推进，我们与智利的菌类研究人员又再次被连结到一起。在我第一次在国际学会上发表树子灰树花的研究之际，我与最开始将树子灰树花介绍给我的莫妮卡偶然在中国北京的会场重逢了。仿佛有一股不可思议的力量牵引着我们。就像菌丝相连一般，我们两人通过蘑菇结下了这段缘分。今后，树子灰树花也必将成为智利与日本的桥梁，我们也会与智利的研究人员一起，一步步脚踏实地，继续对蘑菇进行研究，为国际社会做出贡献。

享用清香四溢的树子灰树花

　　在智利，主要会用树子灰树花做西班牙馅饼（西班牙语为empanada，是智利的当地美食）或意大利面，同时也会反复试验各式各样只用树子灰树花的料理。只有在热情开展"孢子活动"的饭泽耕太郎开的"惠丸写真集食堂（PHOTOBOOK DINER MEGUTAMA）"餐厅中举办的蘑菇集会，或由蘑菇爱好者的女子代表丰田木之子主办的"蘑菇之夜"等聚集蘑菇爱好者的活动中，才会提供树子灰树花料理；除此之外，在日本三重县津市也可以品尝到意式或日式的树子灰树花料理。一年中会多次举办这样的活动，人们一边享用着新鲜的树子灰树花，一边热烈地谈论蘑菇。在日本全国各地，会像蘑菇的出现一般，突然、不定期地举办这种活动，请一定要瞄准机会，品尝清香四溢的树子灰树花。

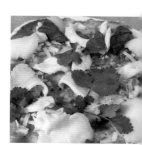

用树子灰树花和香菜制成的
智利风味比萨

造福人类的树子灰树花！

　　不仅是智利或日本，为了能对世界上所有人的健康有所贡献，树子灰树花在巴塔哥尼亚优美的自然环境中扩大生长指日可待。作为一名研究人员，我为遇见像这样从前全然不为人所知而魅力十足的蘑菇感到幸运。之后，我的心也伴随着当时前去取到的树子灰树花菌根的扩大、生长而激动不已，我也与树子灰树花一起成长着。而且，若未来对树子灰树花的研究能与仍然未知、未被调查过的南美蘑菇分类学研究以及保护正在消失的南极山毛榉原生林等紧紧联系在一起，回报智利的大自然所给予的恩惠，就再好不过了。

注 高山绚孔菌 ★★

注 奶油绚孔菌

Laetiporus montanus

生于针叶树上的黄色巨盖孔菌，香气佳。

以前，根据奶油绚孔菌的味道、生态、形状的不同将其分为"针叶林型"和"阔叶树型"两个种类，但通过对菌种的遗传基因或种间交配进行详细的研究分析后发现，以前的"奶油绚孔菌"下，分为针叶树型的高山绚孔菌和阔叶树型的奶油绚孔菌两个种类（参见P231专栏）。

【特征】**菌盖：**半圆形的菌盖从基部开始重叠生长，形成一大株。表面呈橙色，平滑无毛，有呈放射状的褶皱，边缘有波纹。**管孔：**黄色，管孔呈圆形，微细。**菌肉：**带红白色至淡红色，幼时柔软，之后很快变为软木质。有柑橘系的香气。

【食用方法·注意事项】如耳垂一般柔软，适合用来油炸等。生食会引起肠胃系统中毒症状或速脉、头晕等症状。

分布范围：	日本、东亚、欧洲
生长环境：	针叶树的枯木
生长季节：	夏季~秋季
大小：	直径5cm~20cm
生长类型：	木材腐朽菌

注 高山绚孔菌

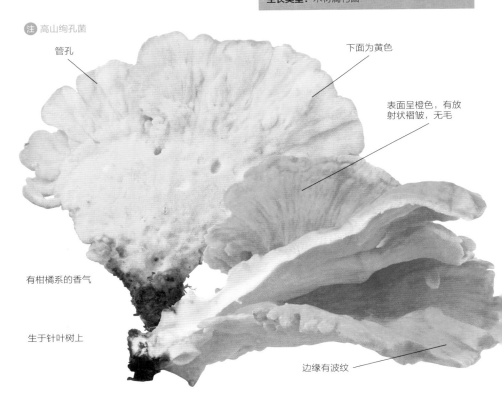

管孔

下面为黄色

表面呈橙色，有放射状褶皱，无毛

有柑橘系的香气

生于针叶树上

边缘有波纹

注 奶油绚孔菌
生于寒温带地区至北方树林中。

注 奶油绚孔菌 ★

Laetiporus cremeiporus

通过对DNA进行详细的研究分析后发现，以前的"奶油绚孔菌"下分为针叶树型的高山绚孔菌和阔叶树型的奶油绚孔菌两个种类。半圆形的菌盖从基部开始重叠生长，形成一大株。表面呈橙色，平滑无毛，有呈放射状的褶皱，边缘有波纹。下面的管孔呈奶油色，也有的带粉红色。管口呈圆形，微细。菌肉偏红白色至淡红色，幼时质地柔软，很快变为软木质，质脆。无柑橘系的香气，有尘粉味。食用方法与巨盖孔菌相同。生食会引起中毒，需要注意。

生于日本九州至北海道的寒温带地区至北方树林中

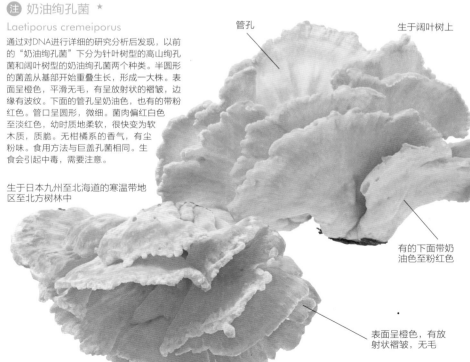

管孔

生于阔叶树上

有的下面带奶油色至粉红色

表面呈橙色，有放射状褶皱，无毛

边缘有波纹 ————

有尘粉味

注 变孢绚孔菌 ★

Laetiporus versisporus

与奶油绚孔菌属于不同菌种。

　　该菌种以前被赋予学名l. sulphureu（硫磺绚孔菌），同时被认为是旧奶油绚孔菌的基本种；但对DNA等进行详细的分析后，结果表明奶油绚孔菌分为两个种类，且不包括该菌种。

【特征】与奶油绚孔菌属（P228~229）的形态相似，但更多样。菌盖表面呈淡黄色至橙黄色，菌盖下面的管孔呈鲜黄色至偏白色，管口呈圆形。菌肉呈偏白色至黄色，干后变白色；初期多湿柔软，老化后变脆。有柑橘系的香气。常在初夏生于板椎等树干的枯死部分。从疙瘩状生长至半圆形至歪形的菌盖。初期呈鲜黄色至污白色，后期呈污褐色。因其内部有厚膜块状孢子，成熟后白色的菌肉会变成暗褐色且质脆。

【食用方法】食用方法与奶油绚孔菌相同。生食会引起中毒。

| 分布范围：日本、东亚其他地区 |
| 生长环境：阔叶树的树干 |
| 生长季节：初夏~晚秋 |
| 大小：直径5cm~20cm |
| 生长类型：木材腐朽菌 |

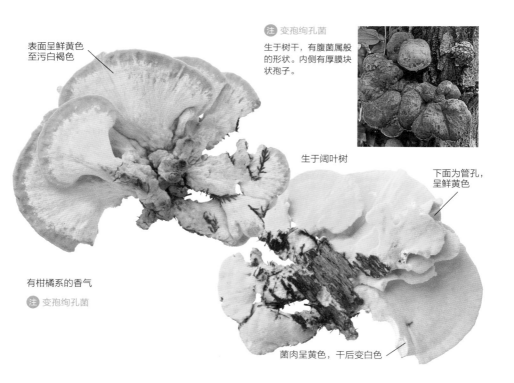

表面呈鲜黄色至污白褐色

注 变孢绚孔菌
生于树干，有腹菌属般的形状。内侧有厚膜块状孢子。

生于阔叶树

下面为管孔，呈鲜黄色

有柑橘系的香气

注 变孢绚孔菌

菌肉呈黄色，干后变白色

不同种类的"奶油绚孔菌"，味道也不同

太田祐子（日本大学生物资源学部）、服部力
（日本国立研究开发法人 森林综合研究所）

生长场所不同，味道也不同？

在夏季的森林中，能看见深橘色的、形状美丽的多孔菌。其菌盖的颜色与鳟鱼肉的颜色相同，因此奶油绚孔菌在日语中被称为"鳟茸"。

"奶油绚孔菌"生于针叶树或阔叶树上，被认为是变化多端的菌种。在相似的蘑菇中有生于栲树、青冈等上的变孢绚孔菌，还有一眼看上去与奶油绚孔菌十分相似的变孢绚孔菌也是其同类，是生长后内部会变为粉状的、特别的蘑菇。

生于东日本、日本铁杉等针叶林中的"奶油绚孔菌"，和生于西日本、栲树及青冈林中的"奶油绚孔菌"在味道上有区别，这点为人所知。但其本体依旧是个谜。

同种被分为异种，异种被归为同种！

因此我们通过形态比较、DNA鉴定、菌种交配等手段，对上述"三种"蘑菇进行详细的调查。根据结果，重新将日本产"奶油绚孔菌"的同类分为三组。结果，作为一个种类的"奶油绚孔菌"被分成了两种，"平赘"和"间皮茸"则被明确为同个种类。

生于针叶树，菌盖表面呈橙色，下面呈黄色的"奶油绚孔菌"被赋予了"高山绚孔菌"的新学名；而生于阔叶树，菌盖表面颜色为橙色，下面呈奶油色的"奶油绚孔菌"则被赋予了"奶油绚孔菌"的新学名。阔叶树型菌种的学名"Laetiporus cremeiporus"是由我们命名的。

另外，因为明确了日本的"间皮茸"虽然在日本以外的学名为"Laetiporus sulphureus（硫磺多孔菌）"，但实际并不属于同一种类，所以将日本"间皮茸"与"平赘"的学名都定为"Laetiporus versisporus"。虽说"间皮茸"和"平赘"这一组的分类与命名等非常棘手，但这一组还有其他有趣的"信息"。

哪种更美味？

虽然遗憾的是我只尝过"阔叶树型的奶油绚孔菌"，因而无法告知各位不同种类在味道上的区别，但我有自信告诉大家它们在香气上的不同。高山绚孔菌的香气最佳，略带柑橘系清爽的香气。变孢绚孔菌也有一样的香气。而奶油绚孔菌则没有太多香气。

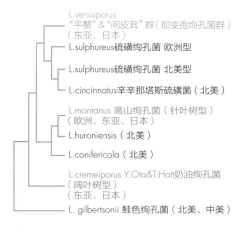

L.versisporus
"平赘"&"间皮茸"群（即变孢绚孔菌群）
（东亚、日本）

L.sulphureus硫磺绚孔菌 欧洲型

L.sulphureus硫磺绚孔菌 北美型

L.cincinnatus辛辛那塔斯硫磺菌（北美）

L.montanus 高山绚孔菌（针叶树型）
（欧洲、东亚、日本）

L.huroniensis（北美）

L.conifericola（北美）

L.cremeiporus Y.Ota&T.Hatt奶油绚孔菌
（阔叶树型）
（东亚、日本）

L. gilbertsonii 鲑色绚孔菌（北美、中美）

不 梭伦剥管菌

Piptoporus soloniensis (= Piptoporellus soloniensis)

幼菌时期与奶油绚孔菌相似，不形成株状。

生于水楢等山毛榉科的枯木上。幼时表面橙色深，与奶油绚孔菌相似，以菌肉强韧、重叠生长而不形成株状等特点与奶油绚孔菌区分。

【特征】**菌盖：**呈半圆形，有放射状褶皱。初期呈鲜橙色，后期带肉桂色至暗褐色的粉状密毛，老化后褪色变白，表面无毛平滑。边缘无大波纹。下面的管孔和菌肉同色。管口微细，呈偏圆形至多角形。**菌肉：**初期呈鲑肉色，后期褪色，干燥后偏白色。菌肉多湿、柔软，质地强韧。

【注意事项】幼时易与奶油绚孔菌相混淆，菌肉强韧，不适合食用。

分布范围：	日本、中国
生长环境：	阔叶树（山毛榉科）的枯木
生长季节：	夏季~秋季
大小：	直径10cm~20cm
生长类型：	木材腐朽菌

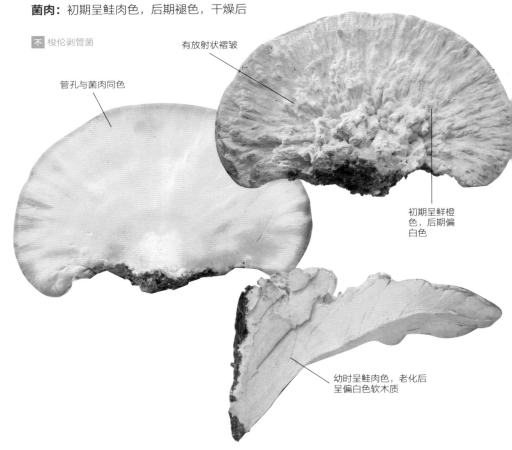

不 梭伦剥管菌

有放射状褶皱

管孔与菌肉同色

初期呈鲜橙色，后期偏白色

幼时呈鲑肉色，老化后呈偏白色软木质

药 亮盖灵芝
Ganoderma lucidum

在日语中被称为"万年茸",生长期却不到一年。

在中国被称为"灵芝",从古代开始作为祥瑞的象征而受到珍视。一年生菌种,有的灵芝在菌盖扩张时会有虫子从菌柄进入其中,从而变得空洞。被用于中药中,也被人工栽培。

【特征】**菌盖:**呈棒状生长,柔软的时期呈卵黄白色,随着菌盖形成逐渐变为黄褐色至红褐色、栗褐色至黑褐色。在分泌出漆状覆盖物后会变成漆光,呈软木质。菌盖呈肾形,表面有明显的环沟纹,有时有放射状的细褶皱。**菌褶:**管孔初期呈偏白色至鲜黄色,被触碰后变深色。干燥后变深肉桂色。管口呈小圆形。**菌柄:**比菌盖颜色深或与菌盖同色,侧生或生于中部。菌柄直立,附着于肾形菌盖的凹陷处。**菌肉:**变为上下两层,上层几乎呈白色;下层呈淡肉桂色,比上层质地稍坚硬。菌肉上面的黑色壳层发达。味苦。

【食用方法·注意事项】根据个人体质不同会出现身体不适应的情况,避免盲目食用。

分布范围:	全世界
生长环境:	阔叶树(山毛榉科等)立木的根部边缘、树桩
生长季节:	夏季~秋季
大小:	直径10cm~15cm
生长类型:	腐生菌

药 亮盖灵芝

肾形

边缘呈黄白色时质地柔软

幼菌

表面有漆光

呈红褐色至黑褐色

比菌盖色深,有的菌柄侧生

食 网纹马勃 ★
Lycoperdon perlatum

食 头状秃马勃
食 梨形马勃
食 日本拟秃马勃

敲一敲会抖落尘埃，现在是双孢蘑菇的同类。

群生于树林中或草地、田地等富含有机质的土地上。有呈球形的头部和粗短的菌柄，成熟后头部中央的孔打开，尘埃般的孢子从中散发。不形成孢子的菌柄部分被称为不孕基部。

【特征】子实体呈球形至偏球形，外皮呈白色，逐渐变为淡黄褐色至黄褐色。中部稍尖、颜色深。表面被或长或短的圆锥状小刺覆盖，后期小刺变红褐色至暗褐色而脱落，残留网眼纹。孢体呈棉花软糖状，后期带橄榄绿色，分泌带强臭气的汁液，形成褐色的粉状孢子块。不孕基部颜色浅，有竖纹，附着有疣状至粉状物。有白色的根状菌丝束。

【食用方法】内部为白色的幼菌可用来做烩菜、烧烤。

分布范围：	全世界
生长环境：	杂木林、草地
生长季节：	梅雨期~秋季
大小：	直径2cm~6cm、高3cm~6cm
生长类型：	腐生菌

食 网纹马勃　群生于富含有机质的土地上。外皮被圆锥状小刺覆盖。

食 头状秃马勃 ★
Calvatia craniiformis

梅雨期至秋季，生长于富含有机物的土地上。最初呈白色，成熟后呈茶色。外皮平滑或呈微粉状，成熟或干燥后表面龟裂。孢体呈白色，成熟后分解为黄褐色的液体并散发出恶臭气体。老化、成熟后变干，成为绵屑状的孢子块，表皮裂开散发出孢子，留下不孕基部（如下图）。去除其幼菌的外皮后可用来做烩菜或煮火锅。

食 梨形马勃 ★
Lycoperdon pyriforme

梅雨期至秋季群生于倒木或地上的落叶层上，头部呈褐色，外皮呈糠状、粉状，少部分呈疣状。孢体呈近白色的棉花软糖状，成熟后变为黄褐色至橄榄褐色的粉状体，同时留下褐色纸质状内皮，打开顶部的孔散发孢子。不孕基部和表皮同色，有白色的根状菌丝束。该菌种只有幼菌可以食用，适合用来煮清汤、油炸或炒菜等。与有毒的黄硬皮马勃（P238）相似，需要注意。

食 日本拟秃马勃 ★
Calvatia nipponica

日本固有的菌种。生于草地或庭院等处，大的个体直径可达60cm。呈近球形，无不孕基部，只有一点根状菌丝束。外皮初期呈白色，表面平滑；成熟后呈黄褐色，有网眼状褶皱，后期剥落。白色内皮后期变为褐色，不规则裂开后剥离，显露出孢子块。孢体幼时呈白色，稍有黏性；伴随着成熟会分泌出大量汁液，后期变为黄褐色，呈绵屑状的粉状孢子块，随着其滚动而散发孢子。去除其幼菌的外皮后，可将其用来烤或做烩菜等。

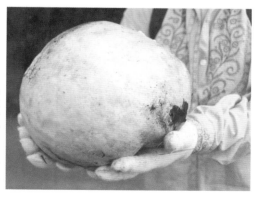

（食）瑰色须腹菌 ★★

Rhizopogon roseolus (= R. rubescens)

在日本从江户时代开始就为人喜爱，如今变得贵重。

生于海边的黑松林或内陆的赤松林等地。为地中性至半地中性的蘑菇，成熟时呈一半被埋在地里的状态。尤其常见于树龄小的松树。断面为白色的幼菌，内部可食用；但成熟至老化后会释放出燃气般的臭气，不适合食用。从古时候开始就被食用，在日本江户时代各种各样的文献中都出现过。已知瑰色须腹菌有几个近缘种类，近几年的调查研究又不断发现了新的近缘菌种，未来还有可能继续发现近似的种类（详见下页）。

【特征】呈卵形至近球形，外皮呈白色，露出地表的部分呈黄褐色，受伤后为变淡红色。虫子咬食等情况不久后，能看见其中部的孢体。孢体呈白色，成熟后变黄褐色。有根状菌丝束。

【食用方法】最适合用来做清汤或蒸菜饭等。近来被当作高级食材，非常贵重。

分布范围：	北半球一带
生长环境：	松林（主要为）
生长季节：	春季、秋季
大小：	直径1cm~4cm
生长类型：	外生菌根菌
相似的毒蘑菇：	黄硬皮马勃（P238）

除去瑰色须腹菌附近的砂土。
可看见从瑰色须腹菌伸出的根状菌丝束。

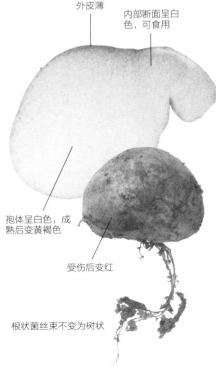

外皮薄

内部断面呈白色，可食用

孢体呈白色，成熟后变黄褐色

受伤后变红

根状菌丝束不变为树状

日本产须腹菌的辨别方法及特征

小泉敬彦（日本东京大学大学院新领域创成科学研究科）

日语中的"松露"

日语中的瑰色须腹菌汉字写为"松露"。像日语中的名字一样，瑰色须腹菌的同类呈块状，形成于松林附近的地面上。它们从松树旁冒出来的样子，用"松的露"作比喻再适合不过了。

松树种类是区分菌种的关键

须腹菌属菌种有与松属、黄杉属的树木菌根共生的特点。在区分须腹菌属蘑菇的时候，生长于采集场所中松树树种能提供很大的线索。在野外区分须腹菌属菌种时，请参照以下的特征。

赤松林、黑松林

●浅黄须腹菌（Rhizopogon luteolus）
直径达4cm。外皮呈白色至淡黄色，受伤后不变色，被菌丝束覆盖。

●变黑根须腹菌（R.nigrescens）
直径达3cm，外皮呈白色，触碰后带红褐色至黑色。被菌丝束覆盖。

●瑰色须腹菌（R.roseolus）
直径达4cm。外皮呈白色至黄褐色，受伤后变淡红色。详细信息参考P236。

●Rhizopogon succosus
直径达2cm。外皮呈淡黄色至红色，受伤后不变色。有弹力。被菌丝束覆盖。

偃松林

●Rhizopogon alpinus
直径达2cm。外皮呈淡褐色，受伤后不变色。被菌丝束覆盖。

●Rhizopogon nitidus
直径达1cm。外皮呈薄茶色至黑色，受伤后不变色。表面极其平滑，有光泽。

日本黄杉林

●Rhizopogon togasawariana

直径达2.5cm。外皮呈红色，受伤后变深红色。

新的种类相继被确认为须腹菌属

几年前，日本有关须腹菌属蘑菇的报告还比较少，翻阅图鉴，报告的种类一只手也数得过来。但近年，接连报告有新型种类的须腹菌属菌种。除了在日本黄杉林中发现的上述菌种，笔者也于2016年记载了在偃松林发现的两种（见图片）。这些发现也说明了日本国内生存着多种须腹菌属菌种。大概今后也会不断地报告有新型须腹菌属菌种。腹菌属菌种看起来不起眼，但充满着未知的魅力。

毒 黄硬皮马勃

Scleroderma flavidum

切开后呈黑色，完全成熟后变为粉尘。

硬皮马勃的同类会形成近球状的子实体，易与幼时表皮呈白色的瑰色须腹菌混淆。但是硬皮马勃的同类中大部分的孢体会在早期开始带颜色，同时根状菌丝束会变成树状，上述特点能将其与瑰色须腹菌区分开来。

【特征】呈偏球形，壳皮薄，无变色性。表面呈茶褐色至黄褐色，有细小裂纹。孢体幼时呈白色，后期成熟后呈暗褐色至黑灰色，变为粉状后从顶部的孔扩散。基部的菌丝束呈树状伸展。

【中毒症状】会引起心情不悦、呕吐、贫血、恶寒、头痛等症状。

分布范围：	日本、欧洲、北美洲
生长环境：	杂木林
生长季节：	夏季~秋季
大小：	直径2cm~4cm
生长类型：	外生菌根菌

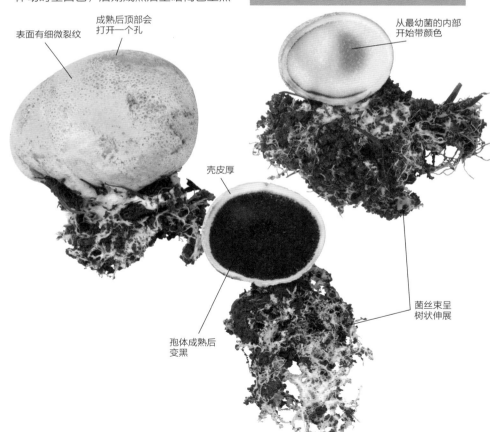

表面有细微裂纹

成熟后顶部会打开一个孔

从最幼菌的内部开始带颜色

壳皮厚

孢体成熟后变黑

菌丝束呈树状伸展

食 硬皮地星 ★★
Astraeus hygrometricus

森林地面上的"星星"，根据不同的湿度"眨眼睛"。

根据湿度不同而开闭。

【特征】幼菌为半地中生至地中生，呈偏半球形，质硬。成熟后外皮呈星形裂为6~10片。外皮变为三层。外层呈皮革质而厚，中层呈胶质、吸水膨胀而干燥时收缩，内层呈白色膜质、不规则裂开。孢体呈偏白色，后期成熟后变褐色。被灰褐色、有细毛的薄膜袋状内皮包裹。基部与外皮黏合在一起。顶部开一个孔，散放粉状的孢子块。基部有黑而短的根状菌

丝束。

【食用方法·注意事项】切开后将其中白色的幼菌用盐水煮，或煮成咸甜口味。注意不要与有毒的黄硬皮马勃混淆误食。

分布范围： 全世界
生长环境： 林内的裸地或斜坡
生长季节： 夏季~秋季
大小： 直径2cm~3cm，裂开时为6cm~8cm
生长类型： 腐生菌
相似的毒蘑菇： 黄硬皮马勃（P238）

内皮平滑，有时有细毛

顶部的孔张开

外皮裂为6~10片

淋到雨滴时内皮下陷，孢子乘势向外散发

孢体成熟后呈粉状

湿润时展开

● 硬皮地星罐头

硬皮地星在日本福岛县、岩手县、宫崎县用盐水煮或煮成咸甜味后食用。在东南亚也作为食材，照片中为泰国产的水煮硬皮地星，可用来炒菜或做咖喱等，咬一口未开的幼菌，可享受从中流出的产孢组织（孢体）奶油般的口感。

干燥时蜷曲

根状菌丝束黑而短

食 长裙竹荪 ★

食 黄裙竹荪

Phallus indusiatus (= Dictyophora indusiata)

有蕾丝"斗篷"，以优美的形状被誉为"蘑菇界的女王"。

生于竹林中，被白色的蕾丝状"斗篷"（菌网），形状稀有。清晨开始伸展，历经2~3小时，在日中左右枯萎。是中餐里有名的食材。市面上有该菌种的干物出售。
【特征】菌蕾呈白色，近球形，成熟后壳皮裂开，使菌托伸长；菌托伸长后期，从菌盖和菌托中间部分向下长出白色的蕾丝状菌网。菌盖呈白色至淡黄色的钟形，顶部张开白色的环状孔口。表面具网眼状隆起；附有黏液化的孢子（产孢组织=孢体），呈暗绿色，带强烈的粪臭味。能召集苍蝇等昆虫助其散发孢子。菌托呈白色圆筒形，有大量小孔，中空。壳皮呈菌托状残留。
【食用方法】将菌网冲洗后，除去菌托，可将其用来煮中华汤品。味道鲜美，口感爽脆。

分布范围：	以热带地区为中心扩散，中国、日本、北美洲、澳大利亚
生长环境：	竹林等
生长季节：	梅雨期~秋季
大小：	高15cm~18cm
生长类型：	腐生菌

食 长裙竹荪
蕾丝状的菌网长度及地，成熟后有黑色黏液流出并弄脏菌网。

食 黄裙竹荪 ★

Phallus luteus (= Dictyophora lutea)

菌盖表面呈黄色，有网眼状的突起。顶端呈白色的环状。带有暗绿色、黏液化的孢体。孢体无粪臭味，有稍带氨味的麝香。菌托呈白色至淡黄色，中空。菌网呈黄色至金黄色，长且几乎垂到地面。生长时，菌网和菌柄中间的白色薄膜会向下变成菌环状，附着于其上。菌托表面呈白色，带粉红色。梅雨期和秋季，生长于气候暖和的树林中。被称为"长裙竹荪"的黄色型，实际上两者种类不同。用来做菜时，其黄色的菌网会残留颜色。

（食）**白鬼笔** ★

Phallus impudicus

（食）重脉鬼笔

从竹林里白色的卵中突然冒出头来的"鳖"。

生于竹林中，是长裙竹荪的同类，无菌网。散发出强烈的气味，引来昆虫为其传播孢子。

【特征】菌蕾呈白色，近球形。有白色的粗根状菌丝束，有时超过1m。有3层壳皮，外皮为膜质，中皮为琼脂质，内皮为薄膜质。成熟后壳皮顶部裂开，菌托在几十分钟至几小时内伸长。菌盖呈圆锥状钟形，边缘稍下陷。有白色至淡黄色的网眼状隆起，带有暗绿色、黏液化的孢体。顶部开有白色、盘状的孔，或不开孔而稍下陷。菌托呈白色圆筒状，中空，表面有很多小孔。壳皮呈菌托状残留。

【食用方法】食用方式与白鬼笔相同。

分布范围：	全世界
生长环境：	竹林等
生长季节：	梅雨期~秋季
大小：	高9cm~15cm
生长类型：	腐生菌

（食）白鬼笔

长裙竹荪的同类，无菌网。

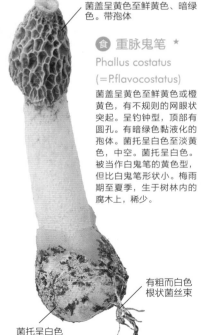

菌盖呈黄色至鲜黄色、暗绿色。带孢体

（食）**重脉鬼笔** ★

Phallus costatus

（＝*P.flavocostatus*）

菌盖呈黄色至鲜黄色或橙黄色，有不规则的网眼状突起。呈钓钟型，顶部有圆孔。有暗绿色黏液化的孢体。菌托呈白色至淡黄色，中空。菌托呈白色。被当作白鬼笔的黄色型，但比白鬼笔形状小。梅雨期至夏季，生于树林内的腐木上，稀少。

有粗而白色根状菌丝束

菌托呈白色

食 木耳 ★★

Auricularia auricula-judae(= A. auricula)

食 毛木耳　　食 银耳
食 胶质假齿菌　食 茶色银耳
食 （黑）茶色银耳

山中的木耳，每年都出现在同样的地点。

在中餐中有着不可或缺的地位。市面上出售的干货中多为毛木耳的人工栽培品种，相比之下木耳的质量更上乘。若生长在结实的枯木材上，可以多年在此反复采集。

【特征】初期呈圆盘状至碗状，生长后形成耳朵状的裂片。湿润时呈具有透明感的胶状，呈黄褐色至褐色；表面（子实层面）平滑、时而有波纹，相近的个体之间有时会黏连融合在一起。干后收缩变硬。变为黑褐色至黑色。无菌柄，背面（非子实层面）的一部分附着于树皮上。背面和表面同色，密集分布着呈圆筒状、直立的微毛。

【食用方法】适合做中式炒菜或烩菜等。

分布范围：	中国、日本、北美洲、墨西哥、欧洲
生长环境：	阔叶树的枯木
生长季节：	春季~秋季
大小：	直径6cm
生长类型：	木材腐朽菌

食 木耳

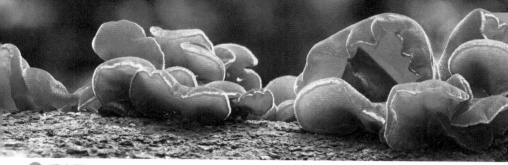

🍴 毛木耳 ★

Auricularia polytricha(= A. nigricans)

本菌种属于南方系菌种，而木耳属于北方系菌种。市面上出售的多为本菌种。呈碗状至耳朵状，边缘有大波纹。表面（子实层面）呈褐色至暗紫褐色，平滑；背面（非子实层面）密集覆盖着灰黄色至灰褐色、直立的圆筒状长细毛。背面的一部分附在树上，有时子实体之间会黏连融合。该菌种呈明胶质，干后收缩、变硬，但湿润时变回原形。口感比木耳硬。除了可以用来做中餐的炒菜或浇汁之外，还可以用来做杂菜（韩国料理）或拉面。

🍴 银耳 ★

Tremella fuciformis

生于阔叶树的枯木上。在中国被人工栽培。颜色为透明的纯白色，呈重叠的花瓣状，裂片的边缘呈波状或不规则裂开。裂片的表面和里面没有区别，表面整体的子实层面发达。呈明胶质，表面平滑，干后变胶状而硬。最适合用来做中餐的汤品等。用开水烫过后可用来做沙拉，或浇上糖浆做成甜品。

🍴 （黑）茶色银耳 ★

Tremella fimbriata (=T. foliacea)

与子囊菌类的有毒的叶状盘菌（P253）相似，本种属于担子菌类，用显微镜可以将两者相区别。呈重瓣花状，边缘有微波纹。呈黑红褐色至暗红褐色，平滑，几乎无透明感。裂片的表面整体有发达的子实层面。呈明胶质，基部呈软骨质。干燥后收缩，近黑色。与茶色银耳的食用方法相同，但为避免误食叶状盘菌，最好不要食用该菌种。

🍴 茶色银耳 ★

Tremella foliacea

生于阔叶树的枯木上。裂片重叠、融合，呈重瓣花状。看上去像成块的很多木耳，但只有一点基部。裂片边缘有微波纹，呈淡褐色至暗红褐色，稍有透明感。适合用来做中餐，但由于其出汁鲜美，也能做日本料理凉拌、烩菜或煮火锅。比木耳柔软，老化的茶色银耳摸起来无弹性，需避免食用。

🍴 胶质假齿菌 ★

Pseudohydnum gelatinosum

单生至群生于针叶树的倒木上。由其子实体的形状和触感，在日语中得"猫舌"一名。呈勺形至扇形等，无柄或侧面有短柄，个别菌柄发达。呈明胶质，上面呈淡灰褐色至黑褐色，被短毛状突起（菌丝束）覆盖；下面有大量白色至黄白色、长圆锥状的刺状构造，表面全体形成子实层面。除了可用来凉拌，还可搭配糖浆食用。

食 滑润锤舌菌 ★

Leotia lubrica f. lubrica

? 畸果无丝盘菌
? 绿头锤舌菌

幼菌时期始，宛若戴上笑嘻嘻的灶神头巾。

秋季生于树林内。有菌柄，呈伞形，是半透明状的小形菌。因其整体呈明胶质，而湿润时有黏性，尤其在雨天里难以采摘该菌种。

【特征】**头部：**边缘向内卷。呈黄绿色、淡橄榄色、带黄红褐色、暗橙色等的近半球形。表面有不规则的褶皱。孢子形成于表面。**菌柄：**为带黄色、黄色、带黄红褐色、淡黄绿色；呈圆柱状，偏平；表面有微细的鳞皮；中空。**菌肉：**外被层的外侧一层带明胶质。

【食用方法·注意事项】以前对于日本产的滑润锤舌菌类的变种及各品种不加区别食用。目前已知有6个菌种，5个品种，而本菌种包括f.gigantea、f.minima、f.ochracea三个品种。绿头滑润锤舌菌（L.stipitata）在第二次世界大战前到战争期间被广泛食用，也多制成罐头。

分布范围：	中国、日本（北海道和本州）、欧洲、北美洲、澳大利亚
生长环境：	针叶林、阔叶林
生长季节：	夏季~秋季
大小：	直径0.3cm~1.5cm
生长类型：	腐生菌

食 滑润锤舌菌

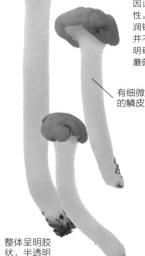

湿润时有黏性

有细微的鳞皮

整体呈明胶状，半透明

整体呈明胶状，半透明

? 绿头锤舌菌

Leotia chlorocephala

秋季孤生至群生于林中的落叶间。整体呈绿色至暗绿色的半球丸山形。边缘内卷，呈暗绿色。表面有不规则的褶纹。菌柄呈圆筒形，表面带黄白色，分布着绿色的鳞皮或颗粒。整体为明胶质，因此呈半透明状且湿润时有黏性。以前对于日本产的滑润锤舌菌类的变种或品种并不区别食用，近年来未明确绿头锤舌菌是否为毒蘑菇。

绿色的鳞皮或颗粒

湿润时有黏性

? 畸果无丝盘菌

Neolecta irregularis

呈鲜黄色至卵黄色。呈勺状至舌状，有时形状不规则。基部细，呈白色。与担子菌门的绚丽拟锁瑚菌（Clavulinopsis pulchra）十分相似，没有显微镜无法将两者区分。虽然滑润锤舌菌为可食用蘑菇，但未明确畸果无丝盘菌是否为毒蘑菇，需要注意。

食 胶陀螺 ★

Bulgaria inquinans

食 大胶鼓

触感如橡胶，不会伸缩。

夏季至秋季，主要生长于枥木属的枯木上。作为原木栽培香菇的害菌而为人所知。

【特征】**头部：**黑褐色，呈洋芝麻形。子实层面光滑，外面被深褐色的疮痂状鳞片覆盖。**菌柄：**无菌柄。**菌肉：**由含明胶质的菌组织形成。有橡胶般的弹力，干后变为皮革质。

【食用方法·注意事项】去除外皮后可食

用其内部的琼脂质。有的地方会生食，也有的地方将其用开水烫过、杀菌后凉拌等。有魔芋般的口感。

分布范围：	北半球温带
生长环境：	阔叶树（主要生长在枥属的枯木材上）
生长季节：	夏季~秋季
大小：	直径2cm~4cm
生长类型：	腐生菌

子实层面平滑

食 胶陀螺
外面被深褐色的疮痂状鳞片覆盖

外面被深褐色短毛覆盖

子实层面平滑

食 大胶鼓 ★

Galiella celebica (= *Trichaleurina celebica*)

整体呈黑褐色、有厚度的肉盘菌。呈半球形至倒圆锥形状。子实层面几乎平滑，新鲜时表面黑亮；外面和边缘被深褐色短毛覆盖。几乎无柄，因其菌组织由明胶质形成而具有橡胶般的弹力。夏季至秋季生长于阔叶树的倒木或落枝上。食用时将其外皮去掉，用开水烫过后搭配糖浆或黄豆面等制成甜品。

注 皱柄白马鞍菌 ★

Helvella crispa

? 赭鹿花菌
? 球孢鹿花菌
注 马鞍菌

若将其子囊盘被视作云朵，菌柄从云中伸出来的样子则像龙卷风。

特征为菌柄上有深沟纹。近缘种类中有全体呈黑褐色的棱柄马鞍菌（H.lacunosa）。
【特征】**头部：**初期呈白色，后期呈黄白至淡红褐色。子实层面向外卷，呈不规则的马鞍形，有大程度凹凸的波纹，有时开裂。初期里面有软毛。**菌柄：**呈黄白色的圆筒形，长而平滑。有如用刻刀雕刻出来般的沟纹。**菌肉：**薄而易坏，煮过后口感变好。
【食用方法·注意事项】曾被食用，今年发现其含有少量有毒成分鹿花菌素。食用时一定要将其煮熟，建议不要除去表面的水珠。因其无特别需要注意的地方，适合用来做西式杂烩等。

分布范围：	日本各地
生长环境：	阔叶林、杂木林
生长季节：	夏季~秋季
大小：	直径2cm~4cm
生长类型：	腐生菌

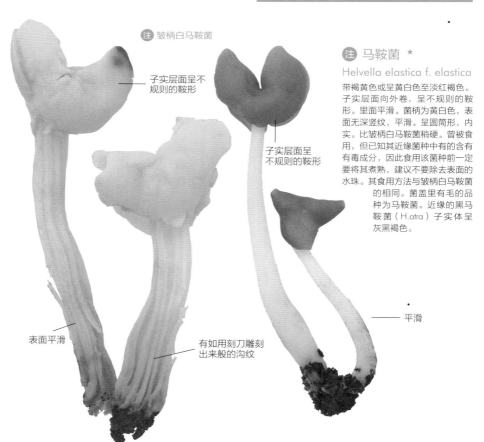

注 皱柄白马鞍菌

子实层面呈不规则的鞍形

子实层面呈不规则的鞍形

表面平滑

有如用刻刀雕刻出来般的沟纹

注 马鞍菌 ★

Helvella elastica f. elastica

带褐黄色或呈黄白色至淡红褐色。子实层面向外卷，呈不规则的鞍形。里面平滑。菌柄为黄白色，表面无深竖纹，平滑。呈圆筒形，内实。比皱柄白马鞍菌稍硬。曾被食用，但已知其近缘菌种中有的含有有毒成分，因此食用该菌种前一定要将其煮熟，建议不要除去表面的水珠。其食用方法与皱柄白马鞍菌的相同。菌盖里有毛的品种为马鞍菌。近缘的黑马鞍菌（H.atra）子实体呈灰黑褐色。

平滑

平盘菌科 247

边缘有不规则的弯曲

呈肉桂色至红褐色，多呈马鞍形

边缘多与菌柄融合

表面呈粉状或绒毛状

基部膨大

? 赭鹿花菌
Gyromitra infula

秋季群生或单生于腐朽的倒木上或其周边的土地上。有时与紫褐鹿花菌（P248）相似。头部形状不规则，多呈鞍形，边缘多与菌柄融合。表面（子实层面）平滑，弯弯曲曲，有小褶皱。呈肉桂色至红褐色，或呈紫褐色至黑色。里面（非子实层面）呈白色的绒毛状。内部有不规则的空洞。菌柄呈白色至近白色，有时呈肉色。呈圆筒形，基部膨大。表面呈粉状至绒毛状，几乎中空。虽不明确其为可食用蘑菇或毒蘑菇，但鹿花菌属的蘑菇可能含有毒成分鹿花菌素，需要注意。

淡褐色至暗褐色

边缘内卷，多与菌柄分离

呈白色或淡黄色，有时呈淡红色，有纵深沟纹

? 球孢鹿花菌

Gyromitra sphaerospora (= Pseudorhizina sphaerospora)

春季至初夏，生于林内腐朽的倒木上或其周边的地上。头部呈球形膨大，有时与紫褐鹿花菌（P248）相似。边缘裂为多片，下垂并内卷，多与菌柄分离。表面（子实层面）平滑，有些凹凸。呈淡褐色至暗褐色。内部有不规则的空洞。菌柄呈白色至淡黄色，有时为淡红色。有粗短而明显的深竖纹。菌肉脆。不明确该菌种为可食用蘑菇或毒蘑菇，记录本菌种的日本菌学者今井三子在《平盘菌科的分类及其日本产的种类（Ⅲ）》（1967）中提到："不明确该菌种为可食用蘑菇或毒蘑菇，可能没有毒性。"但因为本菌种的近缘种中有紫褐鹿花菌这样带猛毒的种类，需要注意。

毒 紫褐鹿花菌
Gyromitra esculenta

虽然带剧毒，但除去毒素后可以食用。需要注意煮的时候冒出的蒸汽。

虽然为形状奇怪的毒蘑菇，其拉丁学名中却含有"可食用"的种名。其有毒成分的沸点比水低，毒素经煮沸10分钟左右能挥发99%以上，因此在西欧地区的市场上有其水煮罐头出售。

【特征】**头部：**呈球形至不规则形，表面（子实层面）呈茶褐色至红褐色。呈有显著凹凸或者褶皱的大脑状，内部中空。**菌柄：**表面有浅竖纹，呈黄褐色至肉色。呈粗圆柱形或下方粗，内部有不规则的空洞。**菌肉：**生时肉脆，煮后有弹力。

有毒成分：鹿花菌素类。

【中毒症状】食用后4~24小时后，会出现呕吐、腹泻、腹痛等肠胃系统中毒症状，之后变为黄疸等肝脏和肾脏疾患的症状，情况严重时会导致循环器官功能衰竭、呼吸困难、昏迷而致死。吸入煮水时冒出的蒸汽也会中毒。

分布范围：温带地区
生长环境：赤松或日本扁柏等针叶林
生长季节：春季~初夏
大小：高5cm~15cm
生长类型：腐生菌

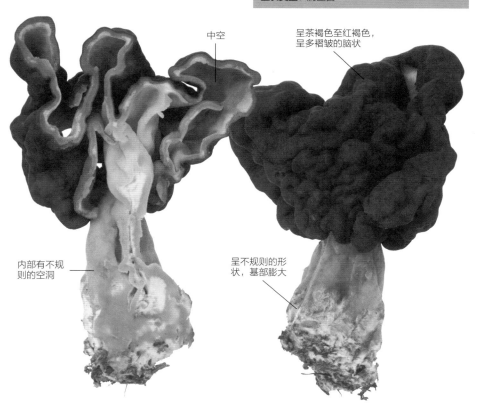

中空

呈茶褐色至红褐色，呈多褶皱的脑状

内部有不规则的空洞

呈不规则的形状，基部膨大

毒 大鹿花菌
Gyromitra gigas (= Discina gigas)

出没于针叶林，形状如人的大脑。

春季生于亚高山带的松林或杉林、日本冷杉林等地上及树桩的周围或被埋木材上等。与紫褐鹿花菌相似，但形状更大且呈黄土褐色。日本菌学者今井三子记录道，"据说其在欧洲无毒，可食用。"
【特征】**头部：**呈球形至不规则形，黄土褐色至红褐色。呈表面有显著凹凸或褶皱的脑状，中空。**菌柄：**呈黄褐色至黄白色，圆柱状形，下方粗；表面有浅竖纹。内部有空洞。**菌肉：**脆。**有毒成分：**鹿花菌素。

【中毒症状】与紫褐鹿花菌的中毒症状一样。

分布范围：	日本、北美洲、欧洲
生长环境：	针叶林（亚高山带的松林、杉林等）
生长季节：	春季~初夏
大小：	高8cm~15cm
生长类型：	腐生菌

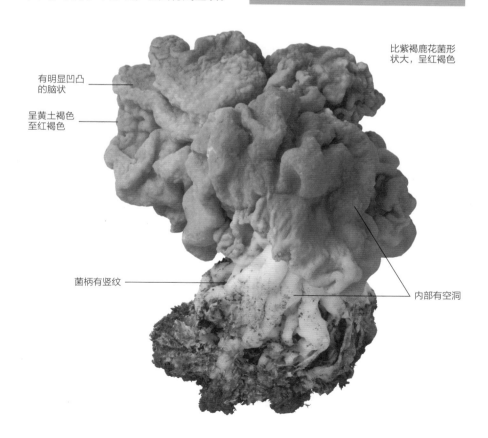

比紫褐鹿花菌形状大，呈红褐色

有明显凹凸的脑状

呈黄土褐色至红褐色

菌柄有竖纹

内部有空洞

注 羊肚菌 ★★

Morchella esculenta

注 尖顶羊肚菌
注 肋脉羊肚菌

春日蘑菇旺季的报晓菌。

春季生于树林内的地上或路边等。头部呈卵形，有粗网眼纹。其报春的气味令人感到亲切。

【特征】头部：表面有网眼状的深凹陷，并于表面形成子囊孢子。菌柄：白色至带黄色，呈圆筒形，有凹孔，常呈粉状。基部或多或少带粗褶皱。菌肉：薄而脆。

【食用方法·注意事项】生食会中毒，需将其加热、煮透后再用来料理。煮过的菌肉带弹性。适合用黄油或生奶油慢炖。

分布范围：	日本、欧洲
生长环境：	草地、路边、公园等
生长季节：	春季
大小：	高5cm~8cm
生长类型：	腐生菌
相似的毒蘑菇：	紫褐鹿花菌（P248）

注 羊肚菌

(注) **羊肚菌**

日本产的羊肚菌类有各种各样的颜色或形态，虽然使用的是欧美产羊肚菌的学名，但其正式的分类未解决。本菌种属于黄色羊肚菌支系，与Elata clade系黑色羊肚菌支系在约一亿年前从共同的祖先分开来，也有针对有明显区别的这两组进行的研究。虽然它们形态多样且肉眼可见，但在显微镜下也难以区别，将来有待解决这一问题。

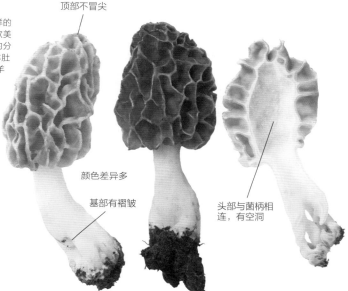

顶部不冒尖

颜色差异多

基部有褶皱

头部与菌柄相连，有空洞

网眼粗大

纵脉棱明显

(注) **尖顶羊肚菌** ★★

Morchella conica

比羊肚菌的形状稍大。头部呈圆锥形至卵状圆锥形，顶部冒尖。边缘下部稍与菌柄隔生。脉棱初期有软毛，后期变黑。横脉棱少，纵脉棱明显稍长，多呈平行状。网眼状的凹陷部分（子实层面）形状长而狭小，呈带褐色至橄榄褐色。菌柄呈白色至带黄色，圆筒形；基部膨大，略带纵沟纹，粒状；从头部开始有连续的空洞。菌肉稍有弹力。适合用来煮西式汤品或烩菜。因其含有微量的挥发性剧毒成分鹿花菌素，食用时注意将其煮透，同时应注意加热时散发的水蒸气。严禁生食。

(注) **肋脉羊肚菌** ★★

Morchella costata

高度可达20cm以上。即使本菌种的分类已较明确，但欧洲产的该菌种有着不同的形态，有待进一步探讨。头部呈长圆锥形至卵状圆锥形，顶部稍冒尖。边缘下部稍与菌柄隔生。纵脉棱明显，横脉棱少。网眼状的凹陷部分（子实层面）形状长而大，呈灰黄色至灰褐色，多少呈凹凸状。菌柄比头部颜色稍淡，呈圆筒形，从头部开始有连续的空洞；基部粗大。菌肉薄，稍有弹力。与其他的羊肚菌类菌种的食用方法相同。生食会引起中毒。

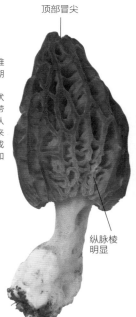

顶部冒尖

纵脉棱明显

毒 皱盖钟菌

Verpa bohemica

注 指状钟菌

孢子在草笠状的菌盖处形成，是一个子囊里有两个子囊孢子的特殊类型。

皱盖钟菌的子囊里通常有两个极大的子囊孢子（少数情况下有4个），以此与指状钟菌（有8个子囊孢子）相区分。另外，皱盖钟菌形状稍大，钟状的菌盖表面有竖纹。

【特征】**头部：**呈钟形、帽子状，表面有平行的竖纹。**菌柄：**近白色，呈圆筒形，长，表面被绵屑状的鳞片覆盖。基部多粗，中空。**有毒成分：**不明。

【中毒症状】虽被当作可食用蘑菇，但食用后可能会引起肠胃系统中毒症状。

分布范围：	日本、欧洲、北美洲
生长环境：	草原、林中
生长季节：	春季
大小：	高20cm
生长类型：	腐生菌

注 **指状钟菌** ★

Verpa digitaliformis

春季单生至群生于草原或林树林内，数量较少。比皱盖钟菌形状稍小，菌盖上无纵褶皱，子囊里有8个子囊孢子。头部呈钟形、帽子状，稍带褶皱。呈红褐色至褐色，边缘与菌柄离生。菌柄呈黄白色，被横纹状的小鳞片覆盖，中空。菌肉脆。在日本以外也有食用的案例，但不普遍。

呈钟形的帽子状，有竖纹

黄色至褐色

有绵屑状的鳞片

毒 皱盖钟菌

呈钟形的帽子状

呈黄土褐色至褐色，稍带褶皱

有呈横向褶皱状的小鳞片

毒 叶状盘菌
Cordierites frondosa

黑色木耳状的蘑菇，分辨不清的时候用显微镜观察。

该菌种为日本特产的菌种。春季至秋季，生于阔叶树的倒木上。与（黑）茶色银耳在日语命名、形状和生长条件上都很相似；但（黑）茶色银耳属于担子菌，叶状盘菌属于子囊菌，用显微镜观察就能立刻将其分辨出来。可明确本种的8个子囊孢子斜着排成一列的样子。

【特征】重生花瓣状，呈动物胶状、皮革质地，整体呈黑色；边缘呈波状弯曲。表面（子实层面）初期平滑，后期出现褶皱，表面黑亮。里面（非子实层面）呈粒状、粗糙，带橄榄褐色。**有毒成分：** 不明。

【中毒症状】会引起严重的腹泻或腹痛等肠胃系统中毒症状。

分布范围：	日本（本州~九州）
生长环境：	阔叶林
生长季节：	秋季~初冬
大小：	直径1cm~6cm
生长类型：	木材腐朽菌

毒 叶状盘菌

秋季至初冬生长于树林里的倒木上，表面黑亮，有褶皱。

相似的可食用蘑菇

食 （黑）茶色银耳（P243）

生于阔叶树枯木上木耳的同类。呈明胶质，干燥后收缩且变硬。本菌种属于担子菌。

食 印度块菌 ★
Tuber indicum

将喜马拉雅和日本联系起来，是松露的同类。

该菌种是松露的同类，在欧洲很珍贵。19世纪末，在喜马拉雅半山腰海拔约2000m的栎木林中被记载下来，分布于印度北部、中国、日本。在日本，被认为主要分布于西日本的栲树、青冈林中。以欧洲为中心，本属的蘑菇报告有100种以上；目前在未被调查过的亚洲被报告有多个新的种类（尤其在中国，参见下一页的专栏）。

【特征】呈块状至近球状，虽生于地中，也有的冒出地表。表面呈黑褐色，被高1mm左右的疙瘩覆盖，顶端不冒尖。断面呈白色至黑褐色的斑驳大理石纹。成熟后会散发出咸烹海苔的气味。

【食用方法】中国产的该种在市面上有售，被当作欧洲的松露使用，用于做菜肴的装饰配菜或汤等。

分布范围：	中国、日本、印度北部
生长环境：	阔叶林（山毛榉科）
生长季节：	秋季~冬季
大小：	直径2~8cm
生长类型：	外生菌根菌

生长着槲栎的庭院里，有数十个印度块菌。前面的是被切成一半的印度块菌。

呈金字塔形的疙瘩

黑褐色

在日本也能采到块菌吗？

木下晃彦（日本国立研究开发法人 森林综合研究所）

在日本也能采到块菌

　　块菌（松露属）作为"世界三大珍肴"之一而为人所知。虽然已知世界上有100种以上的块菌，但您知道日本有20多种块菌吗？目前有会东块菌（Tuber Huidongense）、Tuber sp.（有两种）、以近喜峰块菌（T. pseudohimalayense s.l.）为代表于最近被记载的新种类、印度块菌（T. japonicum）、凹陷块菌（T. flavidosporum），还有黑松露的Tuber longispinosum、喜马拉亚松露（T.himalayense）等菌种存在。其中有的像生长于欧洲的菌种一样，散发出块菌特有、浓厚的芳香。日本产的块菌还有许多的种类或生态、芳香成分等未知，烹饪的空间很大。

鲜美味道和西方的块菌一样吗？

　　提起块菌，以在欧洲采集、高价买卖的黑松露（T.melanosporum）与白松露（T.magnatum）两种最为有名。此外，欧洲有30种以上的块菌被发现，而日本的菌种与生长在中国等东亚的菌种为近缘种类。这与块菌特有的繁殖方法有很深的关系。

　　一般生于地上的蘑菇，其孢子会随风扩散，但块菌发育于土地中，因此无法依托风传递孢子。取而代之的是其通过散发出浓浓的香气吸引动物摄入，通过动物粪便扩大其分布范围。也就是说，动物的移动范围是决定其分布范围的关键。在冰河时代，日本列岛有过与亚欧大陆接壤的历史，比欧洲更近的东亚地区与日本之间的近缘种类因此也会更多。

　　但也不是说因为日本的块菌与欧洲的块菌种类不同就没有食用的价

爱好者在采集块菌

值。日本的黑松露与真正的黑松露香气很相似，其中，还有像近喜峰块菌（T. pseudohimalayense s.l.）一样散发着大蒜或熟芝士般能激发食欲的香气。

生在什么地方？如何判断？

　　然而究竟在什么地方可以采到日本产的块菌呢？或许您会认为只有山里才采到，但实际上在我们生活圈内的绿地或野营地等注意不到的环境中就有块菌。由于块菌是与松科或山毛榉科等树种共生的外生菌根菌，不在这些树下就找不到块菌。

　　如果幸运地发现块菌，可用小刀将其割开，看看内部。发育于地中的蘑菇有多种同类（地下真菌），虽然寻找蘑菇很困难，但若其断面呈大理石纹状，则很有可能是块菌。而为了进一步确定其种类，用显微镜观察细胞、参考DNA信息是必要的。

　　日本仍有发现多种块菌的可能性，或许它们就悄然无声地生长在您的身边。

●参考：《地下真菌鉴别图鉴》
（2016年，日本诚文堂新光社）

药 蛹虫草
Cordyceps militaris

从蛾蛹中生出来，在树林中十分显眼的冬虫夏草。

常从蛾蛹中生长出来。生长时寄生于蛾蛹，并将幼虫杀死，在内部形成内生菌核。本菌种属于有性世代，不完全世代（无性繁殖分生孢子的子实体）为虫草棒束孢[Paecilomyces darinosus（=Isaria farnosa）]。

【特征】从宿主头部丛生出一株至多株，呈棒棍形，肉质。头部呈圆柱形至棍棒形，橙黄色。表面密集分布着疣状半埋生的子囊壳。菌柄呈圆柱状，少数分歧；呈橙黄色，基部比头部色浅。

【食用方法·注意事项】含有药用成分虫草素，近年来尝试人工培养。采集时注意不要将其与带剧毒的红角肉棒菌混淆。

分布范围：	全世界
生长环境：	林中
生长季节：	初夏、秋季
大小：	直径2cm~7cm
生长类型：	昆虫寄生菌
相似的毒蘑菇：	毒肉座壳菌

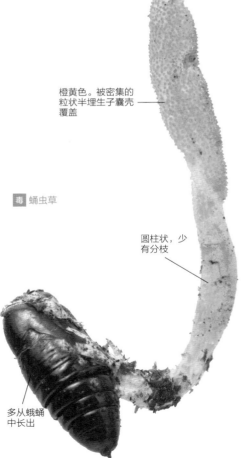

橙黄色。被密集的粒状半埋生子囊壳覆盖

毒 蛹虫草

圆柱状，少有分枝

多从蛾蛹中长出

每个个体的左侧为子实体。虫体被菌丝填满

作为中药被出售的冬虫夏草菌

药 冬虫夏草菌

Ophiocordyceps sinensis
(= Cordyceps sinensis) 线虫草科

从青藏高原等高地的蝙蝠蛾科幼虫生长出来。狭义的"冬虫夏草"指的是该菌种。作为中药在市场上流通。

毒 红角肉棒菌

Podostroma cornu-damae

地面上红色的红角肉棒菌，不燃烧也会致人烫伤。

有时会将其误认为冬虫夏草或红珊瑚菌、棍棒状的多孔菌类采集，但红角肉棒菌含有刺激皮肤的成分，一定要注意不要让红角肉棒菌的肉汁接触到皮肤。查明该菌种有毒成分的桥本贵美子建议道："比起触碰该种蘑菇，绝对要避免咬食这样的行为。"红角肉棒菌是最近被查明含有毒成分，也有致死案例的剧毒毒菌。以前该菌种不常见于身边，近些年有报告称，以日本关西地区为中心、栎木的枯萎范围扩大后，本菌种的生长数量增加。

【特征】无菌盖或菌柄，有橙红色至橙黄色的外菌幕，外菌幕被圆柱形、扁平形、掌状、树枝状、束生状的子囊壳埋没。整体有光泽，老化后褪色，带紫色。**菌肉：** 硬而紧密，呈白色。**有毒成分：** 单端孢霉烯类。

【中毒症状】食用30分钟后，会出现恶寒、腹痛、头痛、麻痹、呕吐、腹泻等肠胃系统和神经系统的中毒症状。此后，会出现各脏器功能不全、脑损伤等全身症状且致死。体表也会出现皮肤或黏膜溃烂、脱毛等症状。该菌种有毒成分的刺激性强，仅碰到肉汁都会导致皮肤受损。

> **分布范围：** 日本、爪哇
> **生长环境：** 阔叶林（山毛榉科）
> **生长季节：** 夏季~秋季
> **大小：** 高3cm~13cm
> **生长类型：** 腐生菌

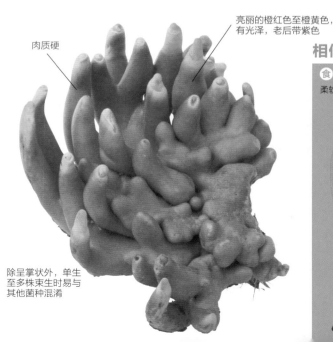

肉质硬

亮丽的橙红色至橙黄色，有光泽，老后带紫色

除呈掌状外，单生至多株束生时易与其他菌种混淆

相似的可食用蘑菇

食 金赤拟锁瑚菌（P213）

柔软而易折

和白蚁共生的美味蘑菇

吹春俊光

生于白蚁巢的白蚁伞属（Termitomyces）蘑菇，作为与用于栽培蘑菇的台湾乳白蚁共生的蘑菇，以前叫作根白蚁伞（T.eurhizus）、尖盾白蚁伞（T.clypeatus），为人所知。

但是，日本具代表性的研究机关、爱知县基础生物学研究所中的小林裕树通过对其他的DNA进行研究后发现，产于琉球群岛、从白蚁巢中生出到地面上的菌种，虽然形态多变，但只有一个种类。在研讨会（2015年2月）上，他在展示研究数据的同时，利用从琉球群岛广泛收集到的大量数据（近100个样本），将多个遗传因子部位，在地球范围内进行比较。另外，小林裕树还称该菌种与至今被报告为冲绳产的根白蚁伞或尖盾白蚁伞都不同，现在既存的学名已不适用于该菌种。

除本研究之外，高桥春树的小组，在2016年2月，基于八重山产蘑菇的形态，将生长于台湾乳白蚁巢中的蘑菇以间型鸡㙡（T.intermedius）的名字记载为新种。

因为两个研究各有各的亮点，因此无

法断言哪个才是正确的。但若要强行与现阶段的状况联系起来，就会变成《生长于琉球列岛广阔土地上白蚁伞属蘑菇只有间型鸡㙡（T.intermedius）一种》。

根据小林裕树所说，琉球产的白蚁伞属菌种与分布在广大东亚地区的菌种为一种，且也有相关的数据。日本八重山的间型鸡㙡与东亚产的种类还有待比较。

顺便一提，在冲绳6月上旬左右冒出地面的蘑菇，以前就有被食用的案例。该种蘑菇含有强烈鲜味，以其美味而为人所知。

参考资料:
小林裕树（2015）.从遗传因子的信息了解琉球列岛白蚁伞属菌的实态.《寻找冲绳蘑菇的不可思议之处》（2015年2月4日）
高桥春树、种山裕一（2016）.间型鸡㙡.In 寺岛芳江（编著）《西南日本菌类志》日本东海大学出版部，P324~335

地下有台湾乳白蚁的巢穴。

台湾乳白蚁孕育蘑菇的"菌圃"。

民宿中将蘑菇立刻烹饪。

采蘑菇的基础知识

拟橙盖鹅膏

采蘑菇的要领

在天气好的假日里，边远足边采蘑菇吧。建议一开始与有经验的人同行。

服装和道具

穿方便出行的服装即可，不需要带特别的装备。但是，若要真正进山采蘑菇，请换上与一日登山或远足时一样的服装和装备。结实的靴子（橡胶长靴等也行）、雨具、防寒器具等都是必须的。

爬山时的携带用品和注意事项

和平常爬山时一样，带上水、便当和方便食物，充足的水和甜食会让人内心平和，迷路等遇到困境的时候，也能从容应对，成为慎重行动的动力。

关于雨具，雨伞能够在平地采蘑菇时起作用，进山时雨衣（上下分离的雨具等）则更好。不仅防雨，还能防冷风或日落时的寒冷，是让人壮胆的装备。

进入不熟悉的地方，需要准备好地图。虽然手机在紧急情况下能起作用，但也有收不到信号的情况，不能过于相信手机。另外，请不要忘记，在能采到蘑菇的山里，有时也生活着熊、蛇、水蛭、蜂、扁虱等生物。

便于采蘑菇的工具

筐： 采蘑菇的原则为"不破坏蘑菇的形状"、"不闷到蘑菇"。不会使蘑菇受损、结实且透气性好的竹筐最适合用于采蘑菇。也可用大型纸袋代替，超市的购物篮等也很便利。

纸袋、报纸等： 将采集的蘑菇按种类装入纸袋中，或用报纸包裹后装入筐里。报纸这类纸质品具有透气性，且能吸收蘑菇的湿气或水分，最适合用来包裹蘑菇；同时还能防止蘑菇在筐中移动受损、变脏

或附带其他毒蘑菇的残片。

小刀： 虽然严禁因采蘑菇而伤害树木，但是在取下生于树木枯死部分的蘑菇时，可以使用小刀。用小刀削除带土的菌根也很方便。也有柄上带刷子、专用于采蘑菇的小刀，但美工刀就已经足够了。

钳子： 在采集深入土里或嵌入木材中的蘑菇时，钳子是意外之宝。型号大而结实的钳子使用起来很方便。

割野菜用镰刀： 用于采集生长在树上等触手不及的蘑菇。携带时需要小心刀刃部分。

采蘑菇的着装：必备结实的鞋子。图中人手握的是割野菜用镰刀。

小刀后面带刷子，是便利的采蘑菇用小刀

采蘑菇的窍门

找蘑菇时，掌握窍门是必须的。不要在山中乱走。真正喜欢蘑菇的人，在山中一眼望去，便能预估出蘑菇的数量；即使在家中，也清楚蘑菇长出来的时间。找蘑菇的7个要领如下。

❶ 了解蘑菇生长的时期

要清楚，随着春季到来天气变暖、梅雨期放晴、秋季转冷等时候，符合蘑菇的生长习性，是蘑菇生长的时期。雨后二三日是采蘑菇的最佳时间。

然而，在海拔高或纬度高的地方，采蘑菇的时期会偏移。即使于某一时期在日本关东地区适合采蘑菇，但在日本山梨县、长野县等高原或日本东北地区、北海道等纬度高的地方，需要注意季节的偏移。

❷ 观察山中环境

有经验之后，一看就能发现可能长着蘑菇的地方。在林床干净且通风好的地方、阔度适当的微斜面等会有蘑菇，是采蘑菇的窍门。了解目标蘑菇生长在哪种森林中十分重要（参见P264）。细竹或杂草生长密集的地方、湿度过高的地方、过暗的地方等，几乎不会长出蘑菇。

美味的蘑菇是森林的馈赠（蜜环菌）

蘑菇经常出现在明亮且杂草少的森林中。

❸ 从下往上、从上往下看斜面

在山坡处往上走时，从下往上看，找到蘑菇的可能性会变高。然而，也可以从上往下找蘑菇。来到蘑菇可能出现的地方，就从下到上、从上到下仔仔细细地找。要领是，蘑菇常出现在树木根部、被草或枝隐蔽住的地方等。

❹ 别忘了"仙人圈"

蘑菇有呈环状、直线状或块状生长的特性。若发现了一株蘑菇，也仔细地找找其周边还有没有其他蘑菇。蘑菇呈环状生长的状态被称为"仙人圈"。

❺ 确认倒木的表里面

倒木是蘑菇特别喜欢的生长场所。若发现倒木，应扫视其整体，也要仔细地确认其里面、下面是否有蘑菇。

另外，冬季在雪深的山里，通过滑雪移动起来更方便。如果在这时能找到倒木并记录其位置，隔年再去，此后每年都能在那里采到蘑菇。

❻ 对气味敏感

松口蘑或灰树花孔菌是常能因其气味辨别出来的蘑菇。森林中也常飘散着蘑菇的气味。调动你的感官去找蘑菇吧。

❼ 对当地的情报敏感

去不熟悉的地方时，可以先去野生蘑菇的直销地。在那可能满是平常见不到、而当地人常食用的蘑菇，同时也能了解到蘑菇生长的季节。野生蘑菇的直销地是重要的学习场所。

在山中遇到采蘑菇的人，尽可能地获取信息。若能看到对方筐中采到的蘑菇，当地会长出哪种蘑菇也一目了然了。若从他人处获得了信息，记得表示感谢。

确认倒木或树木上有无蘑菇（高山绚孔菌）

也有的生长于草丛中（灰粉褶菌）

建议住在被称为"蘑菇之家"的旅馆。在那里一定能获得各种各样有关蘑菇的信息。在爬山采蘑菇有困难的情况下，在"蘑菇之家"吃着分量足够的野生蘑菇，悠闲地眺望漫天星星，也能充分体会到采蘑菇的趣味。

树林的种类和蘑菇的形态

熟练采集蘑菇的基本，在于了解哪种树林中会生长着哪种蘑菇。理由在后面叙述的"外生菌根"生长方式中也会提到（参见P275）。腐生菌也会偏好特定的树林或木材，特征在于生长在特定树林里。以下是代表性的树林种类和其中的蘑菇形态。

山毛榉林

广泛分布于日本东北地区，在西日本海拔1000m左右的地方也有山毛榉林。树林以山毛榉（山毛榉科山毛榉属）为中心，有着与栲树、青冈林或枹栎林中的蘑菇非常不同的外生菌根菌形态。有的树林中混生着大叶栎（山毛榉目壳斗科栎属），也有栎属的外生菌根菌混生于山毛榉林中。

作为守护林或神社、寺院的树林被留下来的栲树、青冈林

松树的人工林

山毛榉带的木材腐朽菌也很独特，有食用的美味扇菇、真姬菇、小孢鳞伞、长齿白齿耳菌、灰树花孔菌、巨盖孔菌、毒蘑菇月夜菌等。在山毛榉林中能见到独有的蘑菇，树林充满魅力。

栲树、青冈林

以日本西部为中心，栲树、青冈林的生长范围从冲绳至北关东地区扩大，是以大叶锥（山毛榉目壳斗科锥属）、日本常绿橡树、小叶青冈（山毛榉目壳斗科青冈属）、日本石栎（山毛榉科石栎属）等的常绿山毛榉目树木为主要构成种类的树林。这种树林分布范围从喜马拉雅山半山腰直至中国南部，在日本也有分布。植物学者中尾佐助提出"栲树、青冈林有东亚植被的中核构造"，并将该种树林称为"照叶树"。本书上记载的拟卵盖鹅膏、假松口蘑、栗褐口蘑等为生长于该种树林中的外生菌根菌代表。另外，尼泊尔或中国的中华鹅膏，以及马来半岛或中国的刻鳞鹅膏也是代表该种树林的外生菌根菌。

赤松林

赤松（松科松属）原本生长在山脊处营养贫瘠之地。但人类对其原生林进行采伐并从其次生林中继续获取燃料或堆肥，导致次生林林床贫瘠化。结果，松树的生长地点从山上下移到了村庄中。也有人认为松林已扩大到日本各地的村庄里，变得随处可见。除了被称为松林食用菌根菌的红汁乳菇、黏盖牛肝菌、瑰色须腹菌之外，在赤松林中还能看见从《万叶集》时代就受人喜爱的松口蘑。现在随着松林数量的减少，松林中的蘑菇也变成了珍贵的野生品种。

上：枹栎的杂木林
下左：杂木林的管理工作（除杂草和落叶）
下右：铁杉林

枹栎的杂木林

在栲树、青冈林等被采伐后形成的次生林为枹栎（山毛榉目壳斗科栎属）的杂木林。从江户时代至昭和时代前半期于村庄附近可见、被称为"里山（指受到人类活动影响的生态系统）"的树林，被人为管理。人类从中获取柴火、堆肥。可看见食用的拟橙盖鹅膏、美网柄牛肝菌、紫褐牛肝菌、香肉齿菌、剧毒的鳞柄白毒鹅膏等种类繁多的蘑菇，是采蘑菇的最佳场所。

日本落叶松林

通过植树造林在日本全国范围内扩大生长范围的日本落叶松（松科落叶松属）林中外生菌根菌的数量不多，但可以采集到黄乳牛肝菌、亮色丝膜菌等优质食用外生菌根菌，另外还能采集到绣球菌等独具魅力的蘑菇。

白桦林

白桦（桦木科桦木属）林是森林火灾后长出的次生林。在白桦林中可以发现以游戏或动画角色闻名的毒蝇鹅膏，该种树林也成为蘑菇爱好者必到之处。

日本冷杉林、铁杉林

日本冷杉（松科冷杉属）林中有梭柄松苞菇、壮丽环苞菇、亮色乳菇等优质而充满魅力的食用外生菌根菌。铁杉（松科铁杉属）林中有多数像松口蘑一样也生长在赤松林中的外生菌根菌。

发现蘑菇之后

在山中发现了蘑菇，常常会兴奋地采集很多。但实际上，应该仔细观察后再对蘑菇的种类做出判断，并思考其是否可食用，慎重地采集。

别采老化的蘑菇

当看到了蘑菇，就想将它们全部收入囊中。但是，采蘑菇的目的是为了食用，而老化的蘑菇上会有霉菌繁殖，食用后可能会中毒。另外，也不要采遭受虫子严重咬食的蘑菇，注意不要将奇怪的蘑菇当作可食用蘑菇采集，也很重要。

将蘑菇上的脏东西去除后再放入筐是基本要点。特别需要去除菌根上的泥土。

用刷子将菌盖或菌柄上沾着的脏东西扫落。

尽可能仔细地除去蘑菇上的泥土

若蘑菇的菌褶中夹入泥土，之后去除泥土需要费很大的工夫。以食用为目的采集蘑菇时，最好用小刀等切除带泥土的菌根。细心地采集蘑菇能为烹饪前的准备工作带来很大的便利。

不受损、不被闷到

蘑菇容易受损、被闷坏。利用好竹筐或报纸，小心地将蘑菇带回去。将种类相同的蘑菇用报纸等包起来，与其他的东西分开，将其在无损状态下放入筐中再携带。

当场为蘑菇分类

下山后就为蘑菇分类吧。将沾有泥土的清洁干净，如果蘑菇中混有携带霉菌的个体，注意将其筛除，否则会导致其他蘑菇发霉。确认其中没有混杂着毒蘑菇。为了回去后能马上着手烹饪蘑菇，尽量将蘑菇清洁干净后再带回去。

为了不闷到所采的蘑菇，需将其放入筐中搬运。最好将种类相同的蘑菇集中用报纸等包住。

采蘑菇的❸条原则

只以食用为目的采集

即使有大量的蘑菇，也应根据食用的量采集。盲目采集会导致蘑菇腐烂，是一种浪费。

通过品尝来记住蘑菇是很好的方法。通过食用捕获到的生物来记住其名字，是人类最原始的、颇有趣味的行为。也是人类与高级野生生物的相处方式。

不破坏山地

蘑菇的本体为地下的菌丝，采地面上的蘑菇时，对地下的菌丝几乎不会有所影响。采集地上的蘑菇时，为了不伤害地下的菌丝，应将挖出来的土放回原处，并用落叶覆盖。不要除去青苔，同时也尽量避免剥去树皮。将带进山里的垃圾全部带回，就更不用说了。

获得进入私有地或共有林的许可

日本的山大致可分为私有地、共有林、国立公园等。应确认所到之处是可以采蘑菇的地方。如果是私有土地或农村等的共有林，必须要获得进入的许可。国立公园内则禁止采蘑菇。

采完蘑菇后，最好在带回家前整理一次。为了防止给蘑菇分类时出错，最好听取他人的意见。

舌尖上的美味蘑菇

只有美味地享用到在山中采集的蘑菇，才能充分地感受到采蘑菇的乐趣。下面为您介绍美味的蘑菇料理及烹饪蘑菇的要旨。

享用天然蘑菇美味

MUSHROOM 餐厅　山冈昌治

享用采到的蘑菇美味吧!

在野山中采到蘑菇或山菜是十分令人开心的事情，还能解决运动不足和视力的问题。被树林中的凉气治愈的同时，入手美味的食材，对如此快乐游玩着迷的人每年都在不断增加。

然而，看到蘑菇就想把它们全部采走，是人的贪欲。忘我地采集一通后将蘑菇带回家，才突然意识到清洁蘑菇需要费很大的工夫、这么多蘑菇应该怎么保存、到底怎么煮才好吃等问题。也有因为不得不一直吃蘑菇而导致家人，特别是小孩变得讨厌蘑菇的案例。珍贵的蘑菇也因此变得可怜。要想认真对待蘑菇的生命，除了将采来的蘑菇全部美味地食用之外再无其他方法（被用于研究的蘑菇除外）。

不管做什么事都要懂得适度，这个道理看上去容易理解，但其实很难做到，如同开窍与顿悟一般。更不用说，不成熟的我们尚未达到开窍的境界。

蘑菇汤虽味道鲜美，但也推荐将蘑菇用来做西式料理

到底有什么烹饪蘑菇的方法呢？一般多将其用于日式料理的烹饪中，但是偶尔将同样的蘑菇用来做西餐时，能感受到新的味道及乐趣。蘑菇做的西餐特别适合总受到家人"又是蘑菇汤"等话语责备的人。

即使是煮蘑菇汤，将蘑菇与切好的番茄或洋葱等蔬菜一起，加上水或市面上有售的调味汤块等煮，然后放入橄榄油和芹菜等切碎的香草，最后煮出来的蘑菇味道总是不同。加入芝士粉、用莳萝或龙蒿代替芹菜放入汤中，则会马上有南法风味。

因为芝士粉美味且呈块状，若用其来做沙拉最后的装饰，则看上去像凯撒沙拉，十分美味，是很方便的单品。像这样用于提鲜的原材料中就有梅干。往淡味、切碎的果肉中加入少量的盐和蜂蜜等，搭配自己喜欢的油，就能制成风味十足的沙拉汁了。可将制成的沙拉汁浇在沙拉上，也可拿来拌用开水烫过的蘑菇。

做沙拉时，用铁丝网烤蘑菇最佳，而用烤面包器也不错。接着，因蘑菇表面带沙拉汁，可将其素烧，挥发水分、凝聚香气。

选择适合蘑菇的烹饪方法

建议将体积大的蘑菇和肉一起煮杂烩。若有红酒和甜料酒、鸡汤的话就简单了。将大小适中的肉块稍微煎一下后，用其脂肪部分煎蘑菇。加入红酒和甜料酒煮开后再加入鸡汤煮透。远东疣柄牛肝菌的菌柄等质地紧致，不管怎么煮看上去都很美味。而这时，熟透了的牛肝菌属种的菌盖会分离，不适合这么煮。反过来，这样的菌盖用黄油小火炒，会变成十分美味的蘑菇

银耳上淋着桑葚和覆盆子果酱的甜点，装饰着重瓣萱草的花和花蕾。

酱。将蘑菇酱涂在吐司上享用吧。如果认为虫子是蘑菇鲜味的来源，用刀将蘑菇剁碎后便不会那么在意了（就这么想吧）。

虽然黏性强的蘑菇适合用来做凉拌或烩菜，但若将其和芋头一起用来做奶汁烤干酪菜，也会很美味。尽量使用大蘑菇。如果能吃市面上出售的白色调味汁，将蘑菇在耐热的容器中摆好，倒入白色调味汁，抹上芝士，最后放入烤箱即可，做法简单。

小的蘑菇就用来做意大利面吧。和大蒜或洋葱一起用橄榄油煎炒，倒入白葡萄酒后放入切好的西红柿，没有的话用市面上在售的西红柿肉酱也足够。煮至整体呈黏稠状时，与煮好的意大利面充分混合，再撒上芝士和黑胡椒即可。这道菜是我店中的保留菜品，名为滑溜溜的意大利面。将受损的蘑菇切碎后，用来做意大利面或饺子馅、奶汁烤干酪菜等都不会导致浪费。

千万不可让毒蘑菇混入食材中。若无意间将毒蘑菇放入筐中与食材混杂在一起，会酿成惨祸。毒蘑菇加热后与可食用蘑菇长得相似，切开后也不能分辨。掌握食用蘑菇与毒蘑菇区别的基本知识十分重要。食用蘑菇使人延年益寿，不要适得其反。

采集量大需干燥保存

将采集的大量蘑菇干燥后保存很有效。蘑菇的香气和鲜味也会变得更浓，菌盖缩小后，其占地面积也随着变小。没有比东西不占冷藏库或冷冻库的空间更令人开心的事了。但是，完美地将蘑菇干燥是一件难事。可将蘑菇切片后放在网或报纸上，或是将其吊起来晾干。但最关键的是要有可干燥蘑菇的风。将干燥蘑菇恢复原状后，熬干其肉汁，可用来做意大利面或汉堡。另外，将干蘑菇研磨成粉末可制成万能的调味料。

在蘑菇状态佳、新鲜的时候，取适量用新奇的烹调方法煮食并享用，是从采到的蘑菇中获得多倍乐趣的秘诀。最后，如果您无论如何都无法将蘑菇做出美味，欢迎您来日本东京都惠比寿的"MUSHROOM"餐厅，我们会教给您专业的烹饪方法。

※山冈昌治：
法餐和蘑菇料理餐厅"MUSHROOM"主厨。
日本东京都涩谷区惠比寿西 1-16-3

蘑菇的保存方法

不浪费且有效地利用所采蘑菇的方法。最好的方法是将采到的蘑菇马上食用，但根据种类的不同，也有的蘑菇只能大量采集。基于这种情况，在此介绍一些蘑菇的保存方法。

干燥保存

　　该保存方法适用于香菇、糙皮侧耳、灰树花孔菌、香肉齿菌、羊肚菌、木耳等。被干燥的香菇、香肉齿菌、羊肚菌等，会散发出处于生长状态时没有的香气和鲜味，变得更加美味。这种保存方法适合大多数蘑菇，但不适用于像小孢鳞伞一般有黏液的蘑菇。

　　尽量不要水洗蘑菇，用沾湿了的毛巾将脏东西擦掉即可。香菇等则切掉其菌丝，将形状大的个体切成薄片。而灰树花孔菌、木耳等则将其分为一小串，摊开摆在筐子里，放在通风处晒干。用风扇的风吹也有效果。

　　像香肉齿菌等大蘑菇，去掉其表面的脏东西或泥土后会导致细微裂痕出现。也可以用结实的绳子将其挂在通风性好的窗边等。在盛产香肉齿菌的地方，经常可以看到农家的屋檐下悬挂着干香肉齿菌的风景。

被切成薄片干燥后的蘑菇

　　待蘑菇干透后，将蘑菇与干燥剂一起放入塑料袋，放置于阴凉且干燥的地方保存。食用时先将其放在温水中浸泡，使其恢复原样后再食用。泡过蘑菇后恢复的原汁也很鲜美，不要倒掉，可加以利用。

冷冻保存

　　最近几乎每家的冰箱都有冷冻室，因此这种保存方法较简单，值得推荐。将适量的热水倒入蘑菇中并煮开，冷却后将蘑菇与汤汁一起放入大小适当的密闭容器，或分装于用于冷冻食品的拉链塑料袋中，进行冷冻。同时也推荐用酱油或甜料酒调味后再冷冻。食用时可直接使用冻住或半解冻状态下的蘑菇。这种保存方法适合将蘑菇用来煮汤，蘑菇的风味渗入到汤中，每次煮汤都可以放一些。

冷冻保存的蘑菇

用盐腌制的蘑菇

用盐腌制后保存

几乎所有的蘑菇都适合这种保存方法。蘑菇清洗后用大量的热水煮，倒掉水后在大碗中摊开，将足量的盐涂抹在蘑菇上并充分混合。蘑菇中会有水渗出，盐也溶于水中，一直加盐，直到在蘑菇表面能看见残留的盐粒为止。

接下来，在腌制用的容器底部厚厚地敷上2cm~3cm厚的盐，放一层用水煮过、与盐充分混合的蘑菇，再倒上2cm~3cm的盐。不断重复上述操作，使蘑菇和盐不断重叠，直到容器口装满盐为止，盖紧盖子，就大功告成了。食用时用流水冲半天至一天，除去其中的盐分后就可使用。

瓶装罐头 资料提供/村上胜利

瓶装罐头法

将蘑菇清洗干净后，加入没过蘑菇的水煮沸，与汤汁一起装入玻璃瓶中（带旋盖）。使用瓶子前需要将瓶子洗净、干燥。重点是要将汤汁倒至接近瓶口处，若汤汁和盖子间有缝隙，则会失败。将汤汁倒至接近瓶口处，轻轻旋上盖子，但不密闭。将罐子放在沸腾的大锅中，使热水没过瓶子，加热杀菌30分钟左右，关火后再旋紧盖子保存。因为需要趁热将盖子关紧，注意不要烫伤。

*不管使用什么方法都要记录保存加工日期，尽早食用为佳。

蘑菇的生物学

也许有很多人认为，采蘑菇不需要了解很难的理论。但详细了解蘑菇后，一定可以更易于找蘑菇、提升蘑菇分类的能力、使采蘑菇变得更有趣。来学习蘑菇生物学的基本知识吧。

蘑菇的菌丝和孢子

一听到蘑菇，脑海中浮现出的是超市里卖的香菇一般冒出地表的菌盖和菌柄的部分，但这仅仅是蘑菇的一部分。

蘑菇的本体

蘑菇的本体为扩大于土地中或枯木中的菌丝块。菌丝块向远处扩大时，形成能附着气流、大小合适的孢子。形成孢子的器官，就是所谓的"蘑菇"，在生物学中被称为"子实体"，而菌盖下形成孢子的部分被称为"子实层"。蘑菇属菌种的菌褶或牛肝菌属的管孔是子实层所处的部分。

蘑菇的主体由"菌丝"形成，由"子实体"形成的"孢子"而增大。

孢子的形状和大小

孢子的大小达10微米。孢子营养越丰富，着陆后再出发就越容易，但其会变重，难以飞散。合适的孢子大小为刚好可以附着气流飞向远处的程度。

大盖小皮伞的菌床

生于落叶上的蘑菇（小皮伞同类）。
像黑线一样的为菌丝束。

像这样，虽然孢子小得肉眼不可见，但其大小和形状、颜色等是给菌种分类的关键。本书中的相关拓展较少，若想更详细地了解蘑菇，一定要用显微镜观察孢子。

另外，孢子利用水的表面张力，以约2万G的加速度被喷射到空气中。孢子散发的状态，在新鲜的蘑菇上用肉眼也能充分观察到。

发散孢子的香菇。肉眼可见。

获取孢子印的方法。孢子的颜色是分类的关键。

孢子的颜色和孢子印

孢子虽小，但肉眼可以观察到。有菌褶的蘑菇属菌种或带管孔的牛肝菌属菌种的孢子颜色，是给蘑菇分类时重要的特征。阅读专业的图鉴就能发现，书中一般会将蘑菇按孢子颜色为白色（蜡伞科、白蘑科）至孢子颜色为深色（丝膜菌科、球盖菇科）的顺序排列。

为了对孢子正确取色，需要取"孢子印"。将新鲜的菌盖从菌柄上摘除后，将菌盖放置在白纸上，保持几小时湿润的状态；孢子在纸上堆积、形成菌褶形的纹路，从而得到孢子印。

孢子的颜色为孢子印干后显现的颜色。但是刚获得孢子印、还处于湿润状态的时候，以及经过一段时间的干燥后，少有孢子颜色完全不同的情况。另外，由于有像酒红菌褶滑锈伞孢子的红色一般，经过很长时间（10年左右）会褪色的情况，因此只将干燥到一定程度的新鲜的孢子印的颜色作为该种蘑菇孢子的颜色。

孢子和菌丝

乘着气流飞散的孢子，到达温度和适度适宜、能获得营养的地方就会发芽、开始伸展菌丝。这种菌丝被称为"初生菌丝"。初生菌丝间发生细胞融合、细胞中形成两个以上的核则为"次生菌丝"。次生菌丝形成后，在各种意义上开始活跃地进行活动，迅速地往落叶上或枯枝上伸长菌丝，占领自己的地盘，不久后形成子实体（蘑菇）。

次生菌丝有两个核（或两个以上），每个核中携带着稍有不同的遗传基因。稍有不同的两个核的组合促成了各种性质，像生长佳、有各种各样的抵抗性这样的特性。对蘑菇进行品种改良，使其味道更佳、形状更大，就是发展了它的特性。

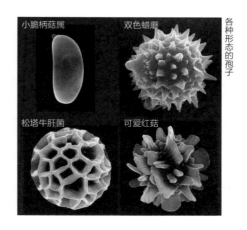

小脆柄菇属　双色蜡蘑

松塔牛肝菌　可爱红菇

各种形态的孢子

蘑菇的分类

一般意义上的"蘑菇"是指，形成孢子的器官（子实体）变成可见的大小。在菌类中形成大子实体的有担子菌类和子囊菌类两种。

担子菌类和子囊菌类

这两种约在4亿年前从共同的祖先分出来，主要在陆地上进化，在菌类中最多样化、种类最多。有菌褶的蘑菇、有管孔的蘑菇、多孔菌科类、腹菌类菌种等多数蘑菇都属于担子菌类。子囊菌类中有冬虫夏草菌、块菌、盘菌类等菌种。担子菌类和子囊菌类形成孢子的部分有所不同。

担子菌类在担子器中通常有四个孢子（包括担孢子）外生。像前面所说的一样，担孢子基本会利用水的表面张力，以2万G的加速度射入空气中，附着于气流。有人认为，为了不弄湿射出孢子的结构，多数担子菌类都使菌盖变得发达。也有人认为担子菌类因此有各种形态的子实层（菌褶或管孔的部分）。为了形成各种形态的菌盖，担子菌类有比子囊菌类多样化的子实体，担子菌类的蘑菇形态各异。

子囊菌类在子囊袋中基本会形成8个孢子。排列着子囊的组织为子实层。盘菌类的子囊排列在像茶碗一般的可见部分的内侧。若刺激到盘菌类，可以观察到孢子被一起吹出的样子。

腹菌类

在担子菌类中，孢子成熟后也不露出成熟部分的菌类被称为腹菌类。网纹马勃或马勃的同类为腹菌类的代表。其孢体（基本体）成熟后变为担孢子和弹丝块，从壳皮上开着的孔散发出孢子。有的菌种子实体整体衰变后散发孢子；有的菌种孢体散发出香气，引诱栖息于地下的动物前来摄食并在食用后通过排泄物散布孢子（须腹菌等），也有的菌种露出孢体引诱昆虫（白鬼笔等）。

根据目前DNA的鉴定结果，明确属于蘑菇类或牛肝菌类、红菇类等各种各样系统的菌种都为腹菌类。被认为是很久以前形成各种菌褶或管孔的菌种因为某些契机变成了腹菌型菌。

子囊菌类中也有像块菌一样成熟后发散孢子的种类。将担子菌类和腹菌类合在一起，称为地下真菌。

目前属于蘑菇科、腹菌类的网纹马勃。

蘑菇的生长方式

人们认为蘑菇以菌丝将土中的有机物分解后生长，但是，也有生长方式略有不同的蘑菇。

腐生性和菌根性

蘑菇有两种生长方式。一种为通过分解倒木或落叶而获得营养的"腐生"；另一种为被称为"外生菌根"的生长方式。

毛柄金钱菌或小孢鳞伞等多数菌种栽培在以木屑为主要成分的栽培地中，是腐生性的蘑菇。腐生性的蘑菇会逐渐分解森林中生产的有机物。在有该种蘑菇的树林中，只要将落叶和倒木堆积在一起就不需要收拾了。"蘑菇是森林的保洁员"这一说法也由此而来。

另一种生长方式被称为"外生菌根"，以松口蘑为代表。蘑菇在生长着的（树木）根部形成"菌根"组织，是从植物获得糖分等光合作用的产物，而植物从蘑菇获得氮素或磷等无机盐类，同时也为蘑菇提供水分。总而言之，这是一种两者之间互相交换营养、"营养共生"的生长方式。此外，形成外生菌根菌的树根，如同为菌丝穿上袜子，保护其不受寒受冻、不被干旱影响。另外，土壤中有很多微生物，菌丝能起到保护树根不受微生物侵害的作用，这被称为"防卫共生"。

形成外生菌根的植物种类虽然很少，但形成了覆盖除热带地区和沙漠之外北半球和南半球的大森林，显示了外生菌根无论如何都是高性能的结构。鹅膏菌科、丝膜菌科、牛肝菌科、红菇科等菌种是形成外生菌根的菌类。地球上热带地区以外的大森林，生来就是蘑菇的王国。

镰苞鹅耳枥的外生菌根

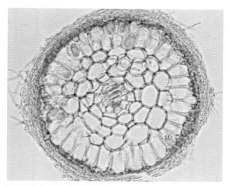

镰苞鹅耳枥外生菌根的断面

了解蘑菇的生长方式，再去采蘑菇

在日本可见、有外生菌根性的主要植物有松科（形成松球）、山毛榉科（形成橡实）、桦木科（桦树或赤杨）的树木。由于菌根共生的生长方式是经过很长的历史形成的，植物和蘑菇的组合间有着特别的联系。因此经常能在松科的森林中见到松口蘑，在桦树林中能看到毒蝇鹅膏。在野外采蘑菇最重要的是了解目标蘑菇的生长方式，是腐生性还是外生菌根性。如果是菌根性，是与什么树木共生。采蘑菇必须要了解蘑菇的生长状态，会意外地发现内涵。

毒蘑菇

蘑菇中有食用蘑菇，而携带对人体有毒的成分的毒蘑菇也不少，食用野生蘑菇时一定要注意细心。蘑菇的有毒成分多种多样，基本上煮熟后也不能分解，因此不吃毒蘑菇是基本。下面为您介绍有代表性的中毒症状。

从中毒症状分辨蘑菇的毒素
致命的蘑菇毒素
（对肝脏、肾脏造成致命的损伤，导致死亡）

鹅膏菌属等菌种含有的鹅膏毒肽类，会起阻碍蛋白质合成、使细胞组织停止再生的作用。因此，食用并消化、吸收蘑菇后，即使反应较慢，但还是会破坏肝脏或肾脏组织，组织变为海绵状，最终致人死亡。鳞柄白毒鹅膏、球基白毒伞、芥橙黄鹅膏等鹅膏菌属或簇生盔孢菌等盔孢伞属菌种含有该种毒素。

紫褐鹿花菌：在西欧食用的毒蘑菇。其有毒成分具有挥发性，吸入煮该蘑菇时冒出的气体也会中毒，需要注意。

中毒症状分为两个阶段。首先，食用几小时后会出现肠胃系统的中毒症状（强烈的腹痛、呕吐、如霍乱般强烈的腹泻）。一旦恢复后，又会再次出现症状，1周左右后死亡。一家在食用后全部死亡的悲剧不在少数。

1989年日本北海道芥橙黄鹅膏中毒的案例就很有名。一家三口中，儿子（15岁）和妻子（40岁）死亡，丈夫（45岁）病危；这起中毒事故中，食用后两小时之内在中毒者身上出现了呕吐和腹泻的症状，虽然隔天去了医院，但没注意到是蘑菇中毒，虽然一时恢复了，但第五天中毒者意识不清，第八天妻子死亡，第十五天儿子死亡，皆因肝、肾功能不全而死。

其他能引起类似致命中毒的蘑菇有亚稀褶黑菇、紫褐鹿花菌、红角肉棒菌等。

刺激肠胃等消化系统的蘑菇毒素
（引起呕吐、腹泻、腹痛等）

被称为"日本三大中毒原因菌"的褐盖粉褶菌（胆碱、毒蕈碱、白僵菌素）、月夜菌、褐黑口蘑等蘑菇带有这类毒素，会引起消化系统中毒。簇生黄韧伞、拟乳头状青褶伞、大青褶伞等也含有能引起中毒的相同成分。

引起宿醉的蘑菇毒素

这种蘑菇毒素通过阻碍乙醇分解过程中产生的乙醛的分解，由乙醇引起宿醉。已知有墨汁拟鬼伞、棒柄杯伞等引起的此类中毒的案例。

影响神经的蘑菇毒素

1）影响自律神经：是杯伞属菌种的一部分和丝盖伞属等菌种含有的毒蕈碱对神经起作用。若中毒，会引发垂涎、发汗、呕吐、腹泻等症状。

月夜菌

簇生黄韧伞　　褐黑口蘑　　大青褶伞

引起多起中毒事故的毒蘑菇：看上去似乎可食用的茶色或白色蘑菇多为毒蘑菇。因误食引起的事故多，需要特别注意。

　　2）影响中枢神经：被认为是豹斑毒鹅或毒蝇鹅膏含有的蝇蕈醇（变化之前为鹅膏氨酸）对神经起作用导致中毒，中毒时会引起轻微醉酒、腹痛、呕吐、精神错乱等症状。蝇蕈醇变化之前的鹅膏氨酸是比谷氨酸（海带鲜味的来源）的鲜味浓20倍的氨基酸，但需要注意（详细参见P72毒蝇鹅膏一项）。

致幻性的蘑菇毒素

　　是以蝶形斑褶菇、阿根廷光盖伞等为代表的光盖伞属、斑褶菇属、锥盖伞属、球盖菇属等含有的有毒成分（裸盖菇素、盖菇素）。和LSD一样含有吲哚核，有强烈的致幻作用，所有含有裸盖菇素、盖菇素的蘑菇都被指定为麻药的原料植物，禁止采集、携带、贩卖、转让。

毒蘑菇对策

掌握正确的知识

没有可以迷信的普遍辨别毒蘑菇的方法。像记住人的名字和脸一样，一种一种地记住并进行区分、辨别毒蘑菇很重要。在各地的林业试验场、博物馆等有专家的地方进行学习吧。不要盲目相信地方上的"蘑菇通"，也很重要。充分利用学者写的图鉴而不是地方图鉴，除了可以食用的蘑菇，深入了解毒蘑菇或无毒但不适合食用的菌种，也是必要的。最好能够看到生长状态中的蘑菇，建议有机会尽可能地参加各地的蘑菇观察会。

毒蘑菇没有那么多

以日本千叶县为例，约700个已知种类中，包括带含有会轻微损胃的毒素的菌种，不到1/10，即约为50种为毒蘑菇，50种中能致死的约有10种左右。

按照这样的比例，将日本全国的已知种类（有名字的蘑菇）记为约3000种，其中不到1/10，即200~300种为毒蘑菇，将剧毒蘑菇按1%算的话有30种。

这是能够记得的数据，请准确地记住。

有关蘑菇的迷信

毒蘑菇可以通过颜色判断

颜色和毒没有关系。颜色鲜红的拟橙盖鹅膏为可食用蘑菇。

菌柄呈纵向开裂的蘑菇为可食用蘑菇

几乎所有的毒蘑菇，菌柄都呈纵向裂开。相反，食用蘑菇中有的菌柄不呈纵向裂开。

即使是毒蘑菇，和茄子一起煮就不会中毒

茄子中没有能够消除蘑菇毒素的成分。另外，也没有能够因烹饪的温度而分解的毒素。例外的是，紫褐鹿花菌的有毒成分能在稍低于水的沸点时挥发，因此将其充分煮沸后可以食用，但注意不要吸入蒸汽。

用盐腌制后，不管是什么毒蘑菇都能食用

虽然在脱盐时，具有水溶性的有毒成分会溶化析出使毒素变少，但用盐腌制不能分解毒素。

味道不奇怪的蘑菇就可以食用

鳞柄白毒鹅膏等剧毒菌也有鲜味。

被蛞蝓或虫子咬食过的蘑菇可以食用

虫子也能吃剧毒的蘑菇。

只触碰到毒蘑菇就会中毒

触碰大部分的毒蘑菇都没事。只要不食用、不使之进入消化系统，就不会中毒。但是红角肉棒菌除外，因其有毒成分对皮肤刺激性高，不能让其汁水接触和腐蚀皮肤。

避免食用未熟或老化的蘑菇；且不要过度食用

因为蘑菇中有的含有氰化物等，食用蘑菇需要加热才能食用。食用老化的松口蘑后可能中毒，蘑菇老化后会有杂菌繁殖。将选择新鲜的食材这点铭记在心，即使是野生品也要选择新鲜的。

另外，因为蘑菇是难以消化的食物，尽量避免大量食用。根据当时的身体状况不同，也有食用过度引起身体不良反应的情况。体质不同，食用时也会有个体差异，也有人食用荷叶离褶伞后中毒。有过敏体质的人，需要清楚自己可以接受的程度，这点很重要。

如果中毒

食用蘑菇后感到不适时，尽可能将吃下去的东西吐出来。因为吃下去的蘑菇可能含有剧毒，需要尽快就医。这种情况下，需要把吃的东西一起带上，便于判断症状。多个种类的蘑菇混在一起吃的情况下，最好能带齐所有种类前去就医。这与生命安全息息相关。请一定不要有"自己会好的"、"去看医生很羞耻"等这样的想法。

提高鉴别蘑菇能力的方法

一个一个准确地记住

没有能够简单区分毒蘑菇的方法。同时，也没有食用后分辨美味蘑菇的简易方法。不要认为只记住可以食用的蘑菇就行，连同毒蘑菇一起记住也很重要。因此，实际地去触摸大量生长着的蘑菇，并记住它们是很重要的。可以通过参加文化中心、文化馆、博物馆等举办的观察会或鉴定会见到大量野生蘑菇。

有自己能够采蘑菇的地方

并非不去远处的山里就采不到蘑菇。在房子的后面、附近的公园、街边的树上等身边的地方也会意外地长出蘑菇。这棵树桩上长的是毛柄金钱菌、这棵枯树上长着糙皮侧耳，如此便能在脑海里形成一幅身边的蘑菇地图，见到同样的蘑菇就可以将其辨别出来。

在冬季学习吧

在蘑菇不生长的冬季，沉下心来，在家通过各种图鉴或书来学习吧。春季至秋季，在现场采蘑菇过程中得到的信息也很重要，因此本书也收录了更普遍的信息。

拉丁学名索引 （注：黑色字是作为相关种类被介绍的菌种）

中文索引 （注：黑色字是作为相关种类被介绍的菌种）

主要参考资料　（关于真菌的分类、学名、菌种特征、毒性等的描述参考了以下资料）

《原色日本新菌类图鉴（第一 二卷）》今关六野、本乡次雄共著（保育社）

《日本毒蘑菇（改订增补版）》长泽荣史主编（学习研究社）

《彩色版山水集　日本真菌（改订增补新版）》今关六野、大谷吉雄、本乡次雄　编辑（山谷社）

《日本产菌类一览》胜本谦　著、安藤胜彦　编辑（日本菌学会关东支部）

《彩色版真菌图鉴》本乡次雄　主编 幼菌会　编（家的光协会）

《北海道真菌图鉴》本乡次雄　主编、池田良幸　著（桥本确文堂）

《原色真菌图鉴》印东弘玄、成田傅藏　主编（北海道馆）

《真菌词源、方言百科辞典》奥泽康正、奥泽正纪　著（山谷社）

Index fungorum (http://www.indexfungorum.org/Names/Names.asp)

　　投稿/安藤洋子（日本东京都立足立高等学校）、远藤直树（日本鸟取大学农学部附属菌类蘑菇遗传资源研究中心）、太田祐子（日本大学生物资源科学部）、木下晃彦（日本国立研究开发法人森林综合研究所）、小泉敬彦（日本东京大学大学院领域创成科学研究所）、柴田尚（日本山梨县森林综合研究所）、田中千寻（日本京都大学农学研究科）、根田仁（国立研究开发法人森林综合研究所）、桥本贵美子（日本庆应义塾大学理工学部应用化学科）、长谷川绘里（国立研究开发法人森林综合研究所）、服部力（国立研究开发法人森林综合研究所）、原田荣津子（株式会社岩出菌学研究所）、帆足美伸（株式会社坂田信夫商店）、水田由香里（日本高知商业高等学校）、村田仁（国立研究开发法人森林综合研究所）、森园智浩（株式会社岩出菌学研究所）、山冈昌治（MUSHROOM餐厅）

　　协助/浅井郁夫、石谷荣次、井本敏和、内堀 笃、小川尚志、糟谷大河、楠田瑞穗、黑木秀一、小寺祐三、小林裕树、小林由佳、小山明人、相良直彦、佐藤博敏、佐野修治、泽泉美智子、泽田有纪、岛田沙代子、下野义人、高桥春树、日本千叶菌类谈话会、日本千叶县立中央博物馆、中条长昭、津田盛也、中村瑠美、西田诚之、日本农事组合法人 蘑菇之乡（日本福冈县大木町）、野边直子、波部 健、藤枝融、宫川光昭、村上胜利、村上康明、山田智子、吉村文彦

日文版制作

装订/菅谷真理子

木版画/木下美香

插图/堀坂文雄

日语书校正/大塚美记、落合有希子

日语书编辑/大西清二

图书在版编目（CIP）数据

实用野生蘑菇鉴别宝典 /（日）大作晃一，（日）吹春俊光，（日）吹春公子著；吴筱茜译. —北京：中国轻工业出版社，2024.9

ISBN 978-7-5184-2810-6

Ⅰ.①实… Ⅱ.①大… ②吹… ③吹… ④吴… Ⅲ.①毒蕈—鉴别②野生植物—蘑菇—鉴别 Ⅳ.①S859.87②Q949.32

中国版本图书馆 CIP 数据核字（2019）第 265266 号

版权声明：
おいしいきのこ毒きのこハンディ図鑑
©Kohichi Ohsaku, Toshimitsu Fukiharu, Hiroko Fukiharu 2016
Originally published in Japan by Shufunotomo Co., Ltd.
Translation rights arranged with Shufunotomo Co., Ltd.
through Shinwon Agency Co.
Chinese simplified character translation rights © 2020 China Light Industry Press

策划编辑：高惠京　杨　迪　　责任终审：张乃东　　整体设计：锋尚设计
责任编辑：杨　迪　　　　　　责任校对：晋　洁　　责任监印：张京华

出版发行：中国轻工业出版社（北京鲁谷东街5号，邮编：100040）
印　　刷：艺堂印刷（天津）有限公司
经　　销：各地新华书店
版　　次：2024年9月第1版第9次印刷
开　　本：880×1230　1/32　印张：9
字　　数：400千字
书　　号：ISBN 978-7-5184-2810-6　定价：78.00元
邮购电话：010-85119873
发行电话：010-85119832　010-85119912
网　　址：http://www.chlip.com.cn
Email：club@chlip.com.cn
版权所有　侵权必究
如发现图书残缺请与我社邮购联系调换
241579S6C109ZYW